“十三五”高等职业教育物联网专业规划教材

物联网系统集成技术

编著　陈志峰

内 容 简 介

本书主要内容包括：物联网基础知识、物联网开发技术和物联网集成实训。首先介绍了电阻、电容、电感、二极管、三极管、集成电路、数字逻辑电路、接插件等物联网应用开发中常用的电子元器件和辅助连接器件的原理和用法，以及电源、常用仪表、电烙铁与焊接等物联网应用实训中常用工具的使用及注意事项；接下来介绍了物联网开发技术，其中包括传感器硬件开发技术、Arduino开发的相关基础知识，以及内置Wi-Fi通信模块的32位高性能MCU ESP8266的Arduino开发，然后介绍了物联网应用中常用的开关型传感器和温湿度传感器；本书的最后一章列出了5个物联网应用项目作为物联网知识的集成实训。

本书适合作为高职高专物联网相关专业的教材，也可供相关领域工程技术人员参考。

图书在版编目（CIP）数据

物联网系统集成技术 / 陈志峰编著．—北京：
中国铁道出版社有限公司，2020.12
“十三五”高等职业教育物联网专业规划教材
ISBN 978-7-113-26401-7

Ⅰ．①物…　Ⅱ．①陈…　Ⅲ．①物联网-高等职业教育-教材　Ⅳ．①TP393.4 ②TP18

中国版本图书馆CIP数据核字（2020）第193003号

书　　名：物联网系统集成技术
作　　者：陈志峰

策　　划：汪　敏　　　　**编辑部电话**：（010）51873628
责任编辑：汪　敏　绳　超
封面设计：付　巍
封面制作：刘　颖
责任校对：张玉华
责任印制：樊启鹏

出版发行：中国铁道出版社有限公司（100054，北京市西城区右安门西街8号）
网　　址：http://www.tdpress.com/51eds/
印　　刷：三河市兴达印务有限公司
版　　次：2020年12月第1版　2020年12月第1次印刷
开　　本：787 mm×1 092 mm　1/16　**印张**：13　**字数**：308千
书　　号：ISBN 978-7-113-26401-7
定　　价：39.80元

前言

为了进一步加强职业教育供给侧改革和学校内涵建设，推进教师、教材、教法“三教”改革，成为当前职业院校办学质量和人才培养质量的重要切入点。教材是课程建设与教学内容改革的载体。为了更好地做好职业教育物联网开发应用教材的探索与创新，我们编写了本书，以满足万亿级规模物联网产业对技术人才的需要。

本书紧紧围绕物联网系统集成一个相对完整的技术链，采用技术手册这样一种方式（包括物联网应用中如何合理选择电子元器件，使用辅助工具对硬件电路进行维护维修，基于 Arduino 开发物联网应用程序，以及对物联网应用中常用的传感器进行编程开发等）进行阐述。案例设计分析与实现则围绕目前世界上广泛应用的国产物联网芯片 ESP8266 的开发与集成技术展开，并进行了活页式教材的探索。

全书共分为 3 章，具体内容包括：物联网基础知识、物联网开发技术和物联网集成实训。书中首先介绍了电阻、电容、电感、二极管、三极管、集成电路、数字逻辑电路、接插件等物联网应用开发中常用的电子元器件和辅助连接器件的原理和用法，以及电源、常用仪表、电烙铁等物联网应用实训中常用工具的使用及注意事项。接下来介绍了物联网开发技术，其中包括传感器硬件开发技术、Arduino 开发的相关基础知识，以及内置 Wi-Fi 通信模块的 32 位高性能 MCU ESP8266 的 Arduino 开发，然后介绍了物联网应用中常用的开关型传感器和温湿度传感器。最后列出了 5 个物联网应用项目作为物联网知识的集成实训，并详细介绍了第 1 个项目。需要指出，物联网所涉及的内容太多，知识面太广，本书只是编者根据自己多年的一线教学经验挑选了物联网系统集成中的部分技术知识进行介绍，书中未展开介绍的物联网知识，读者可查阅相关物联网教材和参考文献。

本书由陈志峰编著，施连敏、田英和卢爱红参与编写。

编著者既拥有职业技术教育领域丰富的教学实践经验，又积极参与行业企业实践，积累了相关的企业生产经验。在成书过程中，参考或引用了许多成熟的电路原理图和代码，在此，向有关作者和专家表示感谢。同时本书得到了苏州金蒲芦物联网技术有限公司和苏州新希望信息科技有限公司的大力帮助，为本书提供了大量的实践素材，并派工程师配合帮助，使本书得以顺利完成编写，在此表示感谢。

鉴于编著者水平有限，书中难免存在不妥之处，衷心希望广大读者提出宝贵意见和建议，反馈邮箱：13402506301@163.com。

编著者

2020 年 2 月

目 录

第1章 物联网基础知识

电子元器件（electronic components）是电子元件和器件的总称，其本身常由若干零件构成，可以在同类产品中通用，如图 1–1 所示。电子元件一般指电阻、电容、电感等，而电子器件则可分为集成器件和分立器件。

图 1–1　电子元器件

电子元器件主要包括电阻、电容、电位器、电子管、散热器、机电元件、连接器、半导体分立器件、电声器件、激光器件、电子显示器件、光电器件、传感器、电源、开关、微特电机、电子变压器、继电器、印制电路板、集成电路、各类电路、压电晶体、石英、陶瓷磁性材料、印制电路用基材基板、电子功能工艺专用材料、电子胶（带）制品、电子化学材料等，如图 1–2 所示。

图 1–2　集成电路、电容、三极管和二极管

电子元器件在质量方面有欧盟的CE认证，美国的UL认证，德国的VDE和TUV认证以及我国的CQC认证等。

1.1 电阻

电阻（resistance）在物理学中表示导体对电流阻碍作用的大小。导体的电阻越大，表示导体对电流的阻碍作用越大。不同的导体，电阻一般不同，电阻是导体本身的一种特性。电阻将会导致电子流通量发生变化，电阻越小，电子流通量越大，反之亦然。而超导体则没有电阻。

电阻器（常简称“电阻”）是一种两端无源电子元件（见图1–3），用于对抗或限制电流，当电流流过时，其两端的电压与电流成正比。电阻在电路中通常起分压分流的作用。对信号来说，交流信号和直流信号都可以通过电阻。

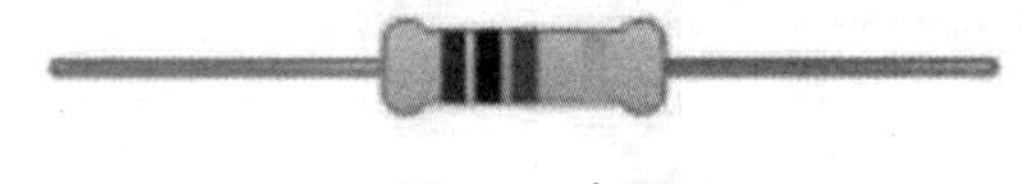

图1–3　电阻

1. 电阻概述

任何材料都会对流经的电流产生阻力，这种阻碍电流的作用称为阻抗。电阻就是利用材料的这一特性制作出来的。电阻是电路中使用最多的器件，由于电流流经它时会在其两端形成不同的电压，于是可利用电阻改变电路节点的电压。

电阻是描述导体导电性能的物理量，用 R 表示。电阻由导体两端的电压 U 与通过导体的电流 I 的比值来定义，即 $R=U/I$。所以，当导体两端的电压一定时，电阻越大，通过的电流就越小；反之，电阻越小，通过的电流就越大。因此，电阻的大小可以用来衡量导体对电流阻碍作用的强弱，即导电性能的好坏。电阻的量值与导体的材料、形状、体积以及周围环境等因素有关。

电阻率是描述导体导电性能的参数。对于由某种材料制成的柱形均匀导体，其电阻 R 与长度 L 成正比，与横截面积 S 成反比，即

$$R=\rho\frac{L}{S}$$

式中，ρ 为比例系数，由导体的材料和周围温度所决定，称为电阻率。它的国际单位是欧·米（Ω·m）。常温下一般金属的电阻率与温度的关系为

$$\rho=\rho_0(1+\alpha t)$$

式中，ρ_0 为0℃时的电阻率；α 为电阻的温度系数；温度 t 的单位为℃。

半导体和绝缘体的电阻率与金属不同，它们与温度之间不是按线性规律变化的。当温度升高时，它们的电阻率会急剧减小，呈现出非线性变化的性质。电阻率的倒数 $1/\rho$ 称为电导率，用 σ 表示。它也是描述导体导电性能的参数，它的国际单位是西/米（S/m）。

不同导体的电阻按其性质的不同还可分为两种类型：一类称为线性电阻或欧姆电阻，满足欧姆定律；另一类称为非线性电阻，不满足欧姆定律。电阻的倒数 $1/R$ 称为电导，也是描

述导体导电性能的物理量，用 G 表示。电阻的单位在国际单位制中是欧姆，简称欧，符号是 Ω。而电导的国际单位是西门子，简称西，符号是 S。电阻的常用单位还有 kΩ 和 MΩ，它们之间的关系是：1 MΩ=1 000 kΩ=1 000 000 Ω。图 1–4 为不同外观和功用的电阻。

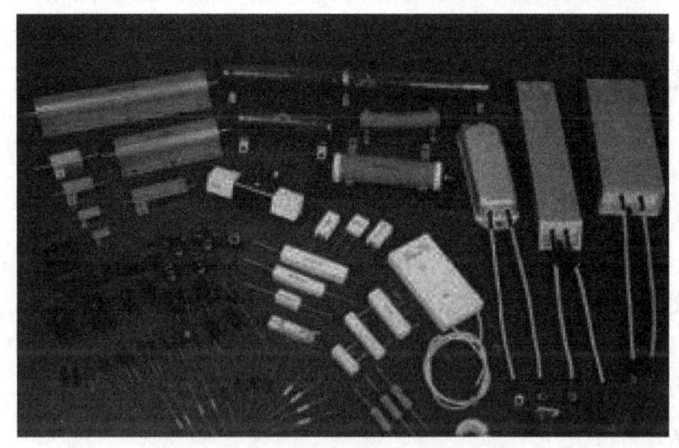

图 1–4　不同外观和功用的电阻

2．欧姆定律

乔治 • 西蒙 • 欧姆（见图 1–5），1789 年 3 月 16 日生于德国埃尔朗根的一个锁匠世家。他于 1827 年提出了一个关系式：$X=a/(b+x)$，式中，X 表示电流强度；a 表示电动势；$b+x$ 表示电阻，b 是电源内部的电阻，x 为外部电路的电阻。这就是欧姆定律，在电学史上具有里程碑意义。

图 1–5　乔治 • 西蒙 • 欧姆

欧姆定律：在同一电路中，导体中的电流与导体两端的电压成正比，与导体的电阻成反比，这就是欧姆定律，如图 1–6 所示。基本公式是 $I=U/R$。其中 R 是常数，称为电阻。

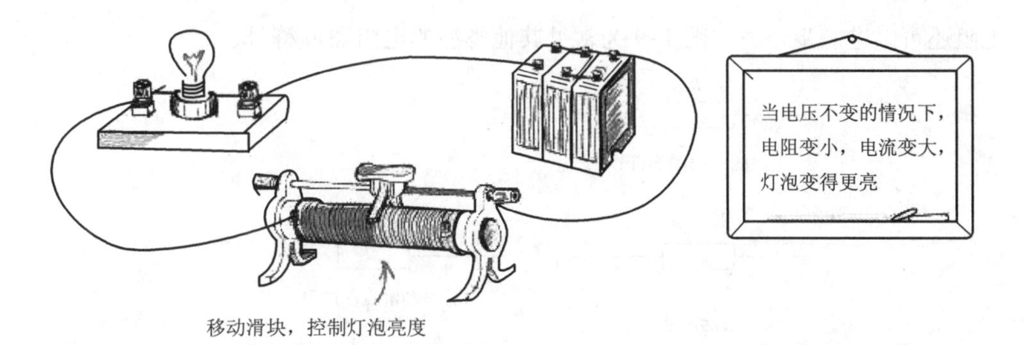

图 1–6　欧姆定律的实验演示

注意：由欧姆定律 $I=U/R$ 的推导式 $R=U/I$ 可知，不能说导体的电阻与其两端的电压成正比，与通过它的电流成反比，因为导体的电阻是它本身的一种性质，取决于导体的长度、横截面积、材料和温度，即使它两端没有电压，没有电流通过，它的阻值也是一个定值，永远不变。欧姆定律通常只适用于线性电阻，如金属、电解液（酸、碱、盐的水溶液）等。

欧姆定律公式 $I=U/R$ 中，I、U、R 三个量属于同一部分电路中同一时刻的电流强度、电压和电阻。

串联电路（见图 1–7）：

$I_{总}=I_1=I_2$（串联电路中，各处电流相等）。

$U_{总}=U_1+U_2$（串联电路中，总电压等于各处电压的总和）。

$R_{总}= R_1+R_2+\cdots+R_n$。

$U_1 : U_2=R_1 : R_2$。

并联电路（见图 1–8）：

$I_{总}=I_1+I_2$（并联电路中，干路电流等于各支路电流的和）。

$U_{总}=U_1=U_2$（并联电路中，电源电压与各支路两端电压相等）。

$1/R_{总}= (1/R_1) + (1/R_2)$。

$I_1 : I_2=R_2 : R_1$。

$R_{总}=R_1 \cdot R_2 / (R_1+R_2)$。

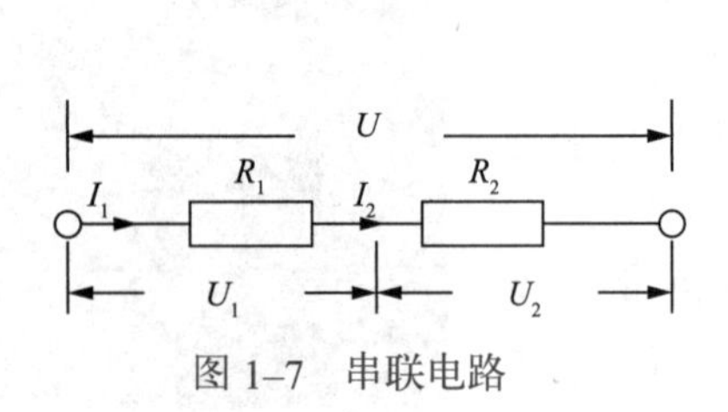

图 1–7　串联电路

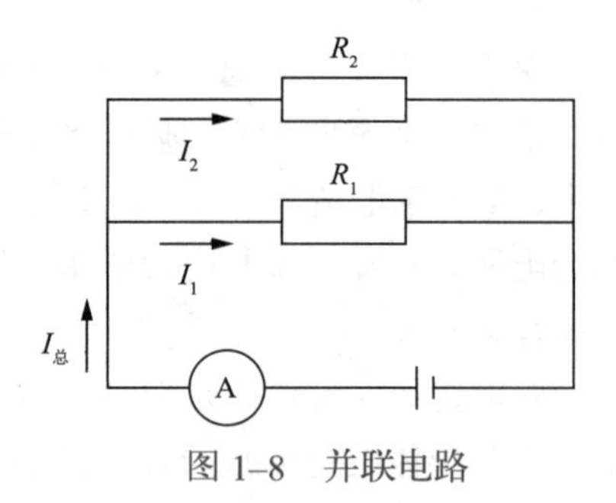

图 1–8　并联电路

3．电阻的分类

电阻还可以进一步分类。图 1–9 为常见其他类型的电阻图形符号。

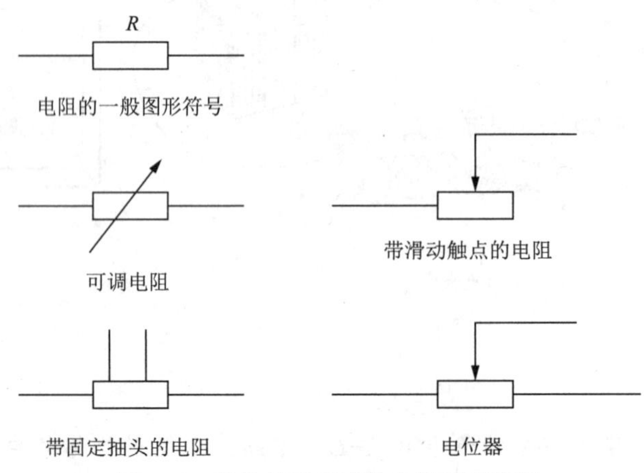

图 1–9　常见其他类型的电阻图形符号

（1）根据电阻值是否固定，可以分为固定电阻和可调电阻。

①固定电阻：这种类型的电阻用于在电子电路中设置正确的条件。在电路的设计阶段确定固定电阻中的电阻值，没有调整功能。图 1–10 所示为常见固定电阻的外观。

图 1–10　常见固定电阻的外观

②可调电阻：用于根据电子电路中的要求改变电阻的装置。这些电阻包括固定电阻元件和滑动器，滑动器接通电阻元件。可调电阻是用于校准器件的三端子器件。图 1–11 为常见可调电阻的外观。

图 1–11　常见可调电阻的外观

（2）电阻还可以根据材料成分等分成绕线电阻、非绕线电阻和敏感电阻等几种。

①绕线电阻（见图 1–12）是用电阻丝在绝缘的骨架上绕制而成。电阻丝一般由具有一定电阻率的镍铬、锰铜等合金制成；绝缘骨架则由陶瓷、塑料等材料制成，有扁型、管型等各种形状。这种电阻误差小，稳定性高，体积大，一般在大功率场合使用。

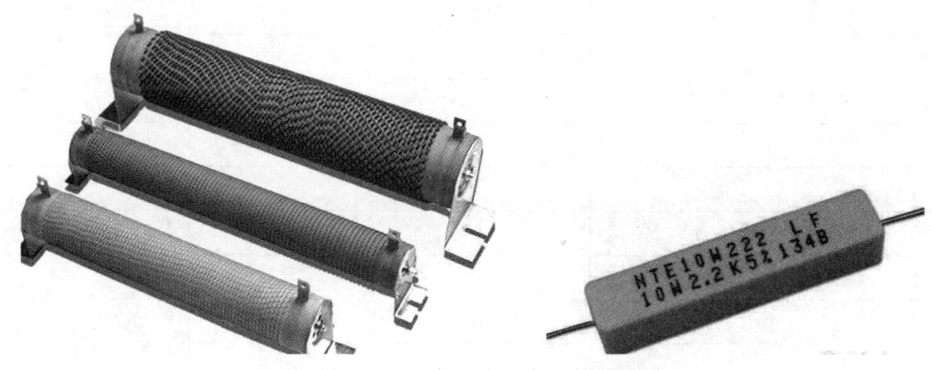

图 1–12　常见绕线电阻的外观

②非绕线电阻包括常见的碳膜电阻和金属膜电阻。此外，还有金属氧化膜电阻、金属玻璃釉电阻、薄膜电阻、厚膜电阻等。实际应用中，一般都采用金属膜电阻。金属膜电阻的精度高、成本低，使得它在现代电子电路中应用最为广泛，如图 1–13 所示。

③还有一类电阻，其阻值会随着环境中某一物理参数（如温度、湿度、压力、光强度等）的变化而变化，如光敏电阻、热敏电阻等，如图 1–14 所示。

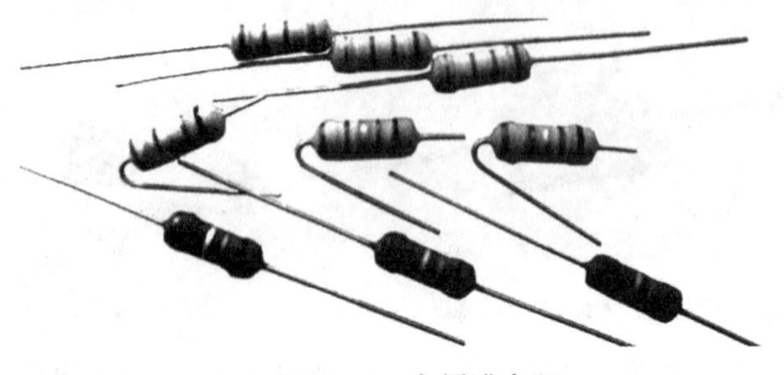

图 1–13　金属膜电阻

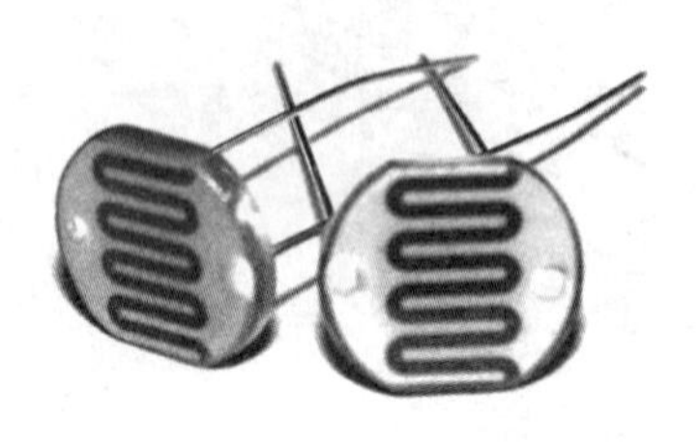

图 1–14　光敏电阻

4．色环电阻

色环电阻是电子电路中最常用的电子元件，采用色环来代表颜色和误差，可以保证电阻无论按什么方向安装都可以方便、清楚地看见色环。色环电阻的基本单位有欧（Ω）、千欧（kΩ）、兆欧（MΩ）。1 000 Ω=1 kΩ，1 000 kΩ=1MΩ。

色环电阻用色环来表示电阻的阻值和误差，普通的为四色环，高精密的用五色环表示，另外，还有用六色环表示的（此种产品只用于高科技产品且价格十分昂贵）。表 1–1 所示为色环电阻对照表。

表 1–1　色环电阻对照表

色环电阻颜色	对照关系			
	数值	倍率	允许误差 /%	温度关系 /（×10 /℃）
棕	1	10	±1	100
红	2	100	±2	50
橙	3	1k	—	15
黄	4	10k	—	25
绿	5	100k	±0.5	
蓝	6	1M	±0.25	10
紫	7	10M	±0.1	5
灰	8		±0.05	
白	9		—	1
黑	0	1	—	—
金	—	0.1	±5	—
银	—	0.01	±10	—
无色			±20	

1）四色环电阻

四色环电阻就是指用四道色环表示阻值的电阻，从左向右数。第一道色环表示阻值的最大一位数字；第二道色环表示阻值的第二位数字；第三道色环表示阻值倍率；第四道色环表示阻值允许误差（精度）。

例如，一个电阻的第一道色环为红色（代表 2）、第二道色环为紫色（代表 7）、第三道色环为棕色（代表 10 倍）、第四道色环为金色（代表 ±5%），那么这个电阻的阻值应该是 270 Ω，阻值的允许误差范围为 ±5%。

2）五色环电阻

五色环电阻就是指用五道色环表示阻值的电阻，从左向右数。第一道色环表示阻值的最大一位数字；第二道色环表示阻值的第二位数字；第三道色环表示阻值的第三位数字；第四道色环表示阻值的倍率；第五道色环表示阻值允许误差。

例如，一个五色环电阻，第一道色环为红色（代表 2）、第二道色环为红色（代表 2）、第三道色环为黑色（代表 0）、第四道色环为黑色（代表 1 倍）、第五道色环为棕色（代表 ±1%），则其阻值为 220 Ω × 1=220 Ω，阻值的允许误差范围为 ±1%。

3）六色环电阻

六色环电阻就是指用六道色环表示阻值的电阻。六色环电阻前五道色环与五色环电阻表示含义一样，第六道色环表示该电阻的温度系数，具体如图 1–15 所示。

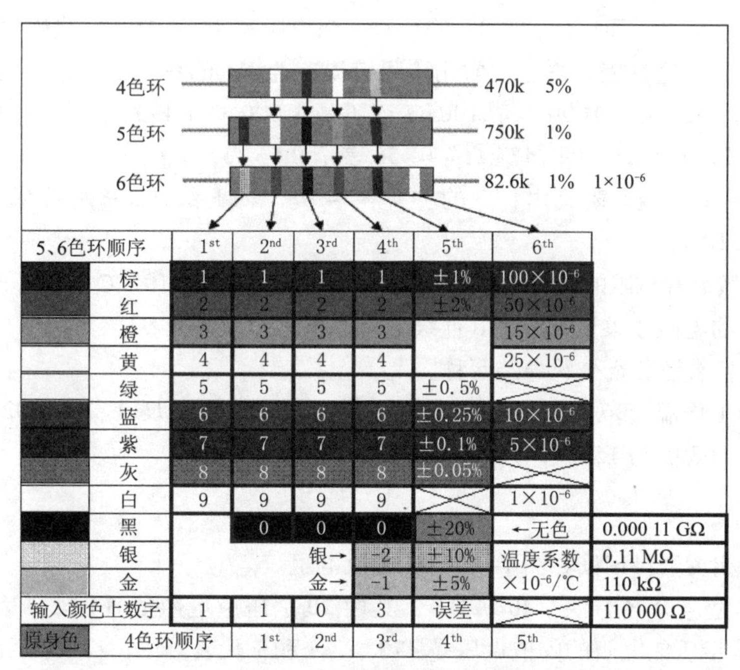

5、6色环顺序		1st	2nd	3rd	4th	5th	6th	
	棕	1	1	1	1	±1%	100×10⁻⁶	
	红	2	2	2	2	±2%	50×10⁻⁶	
	橙	3	3	3	3		15×10⁻⁶	
	黄	4	4	4	4		25×10⁻⁶	
	绿	5	5	5	5	±0.5%		
	蓝	6	6	6	6	±0.25%	10×10⁻⁶	
	紫	7	7	7	7	±0.1%	5×10⁻⁶	
	灰	8	8	8	8	±0.05%		
	白	9	9	9	9		1×10⁻⁶	
	黑		0	0	0	±20%	←无色	0.000 11 GΩ
	银			银→	-2	±10%	温度系数	0.11 MΩ
	金			金→	-1	±5%	×10⁻⁶/℃	110 kΩ
输入颜色上数字		1	1	0	3	误差		110 000 Ω
原身色	4色环顺序		1st	2nd	3rd	4th	5th	

图 1–15 色环电阻的含义

5．贴片电阻

随着小型表面组装技术（SMT）生产设备的开发，SMT 的应用范围在进一步扩大。航空、航天、仪器仪表、机床等领域也在采用 SMT 生产各种批量不大的电子产品或部件，维修人员也开始大量地维修由SMT技术组装的电子产品。

贴片电阻（SMD resistor）是金属玻璃釉电阻中的一种，耐潮湿和高温，温度系数小，可大大节约电路空间成本，使设计更精细化。

贴片电阻（见图1–16）有5个参数，即尺寸、阻值、允差、温度系数及包装。

（1）尺寸系列贴片电阻一般有7种尺寸，用2种尺寸代码来表示：一种尺寸代码是由4位数字表示的EIA（美国电子工业协会）代码，前2位与后2位分别表示电阻的长与宽，以英寸（1英寸=2.54 cm）为单位；另一种是米制代码，也由4位数字表示，其单位为mm。不同尺寸的电阻，其功率额定值也不同。

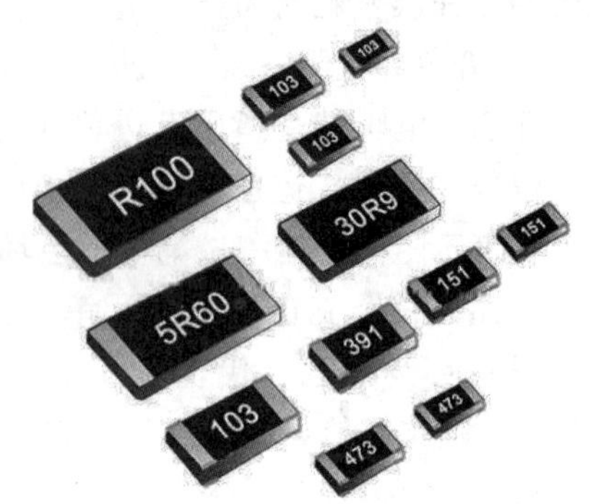

图1–16 贴片电阻

（2）阻值系列标称阻值是按系列来确定的。

5%系列贴片电阻用3位字符表示：这种表示方法前2位数字代表电阻值的有效数字，第3位数字表示在有效数字后面应添加“0”的个数。当电阻小于10 Ω时，在代码中用R表示电阻值小数点的位置，这种表示法通常用于阻值误差为5%的电阻系列中。例如，330表示33 Ω，而不是330 Ω；221表示220 Ω；683表示68 000 Ω即68 kΩ；105表示1 MΩ；6R2表示6.2 Ω。

1%系列精密贴片电阻用4位字符表示：这种表示方法前3位数字代表电阻值的有效数字，第4位表示在有效数字后面应添加“0”的个数。当电阻小于10 Ω时，代码中仍用R表示电阻值小数点的位置，这种表示方法通常用于阻值误差为1%的精密电阻系列中。例如，0100表示10 Ω而不是100 Ω；1000表示100 Ω而不是1 000 Ω；4992表示49 900 Ω，即49.9 kΩ；1473表示147 000 Ω，即147 kΩ；0R56表示0.56 Ω。

（3）允差贴片电阻（碳膜电阻）的允差有4级，即F级，±1%；G级，±2%；J级，±5%；K级，±10%。

（4）温度系数贴片电阻的温度系数有2级，即w级，$\pm 200\times 10^{-6}$/℃；x级，$\pm 100\times 10^{-6}$/℃。只有允差为F级的电阻才采用x级，其他级允差的电阻一般为w级。

（5）包装主要有散装及带状卷装两种。

贴片电阻的工作温度范围为–55~+125℃。最大工作电压与尺寸有关：0201最低，0402及0603为50 V，0805为150 V，其他尺寸为200 V。

6．练习

（1）请查找相关资料识读如图1–17所示压敏电阻。

压敏电阻的型号命名方法：20D471K，其中20是压敏电阻的直径；D表示圆形（S表示方形）；471是指压敏电阻的阈值电压是470 V，4和7代表数值，1表示后面“0”的个数（就是10的次方，如果是14D102K，电压就是1 000 V）；K是电压等级，K表示电压范围是470×(1±10%)V。另外，还有M表示±20%，S表示特殊，J表示±5%等。

当压敏电阻上的电压低于它的阈值时，流过它的电流极小，相当于一个阻值无穷大的电阻，也就是说，相当于一个断开状态的开关。当压敏电阻上的电压超过它的阈值时，流过它的电流激增，相当于阻值无穷小的电阻，也就是说，相当于一个闭合状态的开关。

（2）请查找资料识别如图 1–18 所示热敏电阻。

图 1–17　压敏电阻

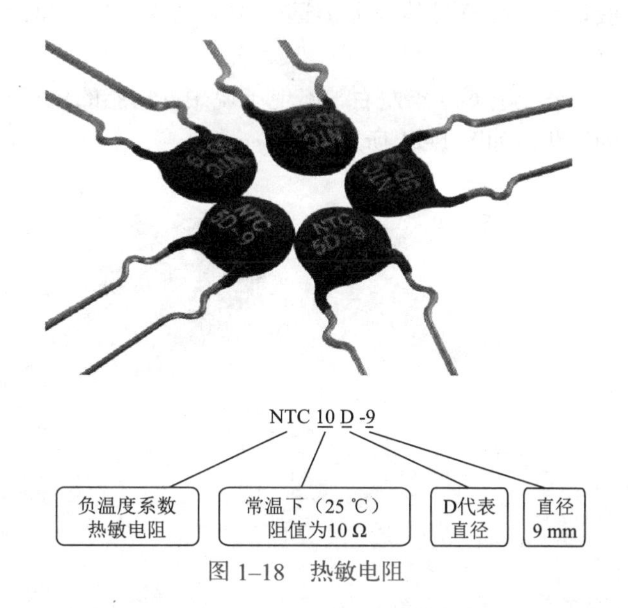

图 1–18　热敏电阻

1.2 电容

在现实生活中，电容器（常简称“电容”）是必不可少的元件之一（见图 1–19、图 1–20），大到各种电器，小到一个小小的电子主板，尤其是单相电动机的启动，更少不了电容的帮助。在电子、电力领域中，主要用于电源滤波、信号滤波、信号耦合、谐振、滤波、补偿、充放电、储能、隔直流等电路中。

电容是指容纳电场的能力，是在给定电位差下的电荷储存量。一般来说，电荷在电场中会受力而移动，当导体之间有了介质时，就会阻碍电荷移动而使电荷累积在导体上，造成电荷的累积储存，储存的电荷量称为电容。

图 1–19　常见电容的外观

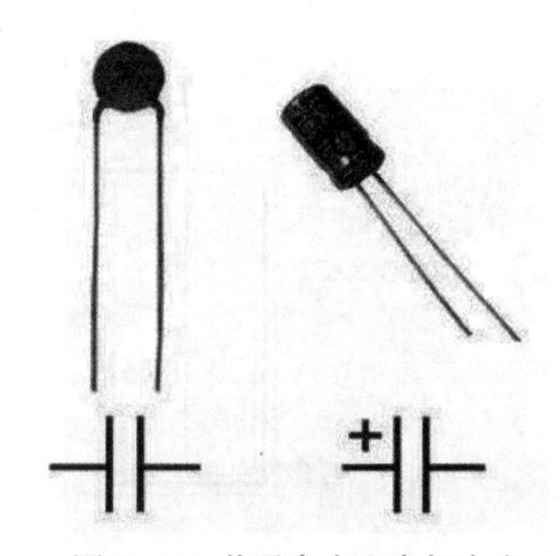

图 1–20　普通电容和电解电容

1. 电容概述

任何静电场都是由许多个电容组成的，有静电场就有电容，电容是用静电场描述的。一般认为：孤立导体与无穷远处构成电容，导体接地等效于接到无穷远处，并与大地连接成整体。

公元前600年左右，出现了琥珀（树脂的化石），相应出现了静电吸引灰尘（摩擦放电）的记载，如图1–21所示。

图1–21　琥珀静电吸引灰尘

莱顿瓶是由荷兰物理学家马森布洛克于1745—1746年发明的，是最早的一种电容器，如图1–22所示。在马森布洛克那个时代，经常出现这种现象，即好不容易取得的电往往在空气中逐渐消失。为了寻找一种保存电的方法，马森布洛克试图将电能储存在装水的瓶内。马森布洛克是荷兰莱顿人，莱顿瓶因此得名。简单来说，莱顿瓶和我们今天所说的电容器并无区别。

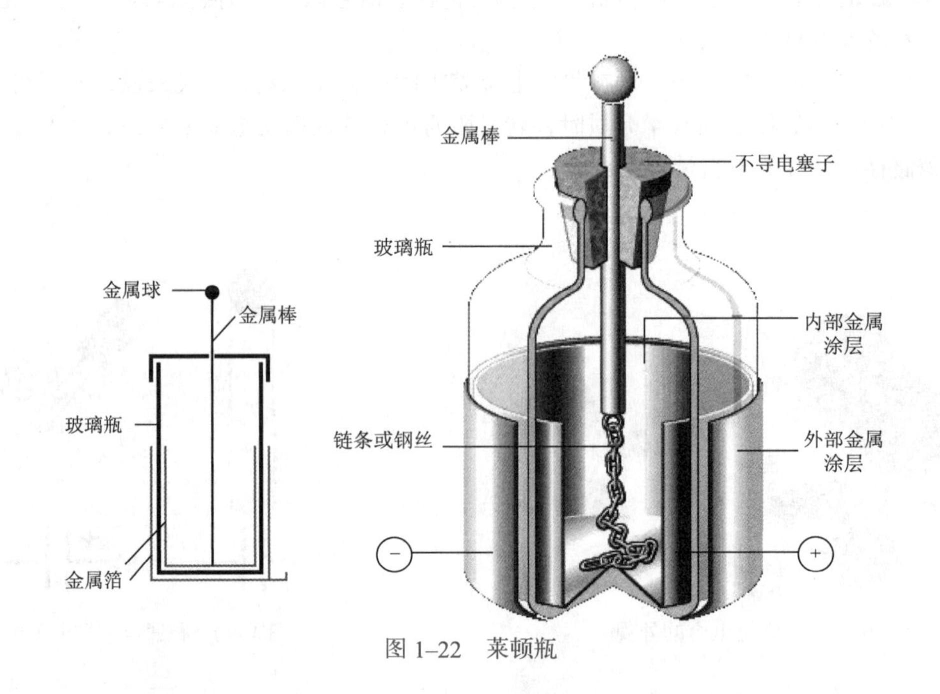

图1–22　莱顿瓶

电容器是由绝缘材料（金属板之间是没有导体的，用绝缘材料填充）隔开的两块导体组成的，两块金属板称为极板，极板与电路相连，如图 1–23 所示。而绝缘材料可以是空气、纸、油等绝缘物。高压电线的导线与导线之间，导线与大地之间等都有电容，只是这是自然形成的，没有什么利用价值，这也说明电容不一定要用金属板隔开。

举个例子，一根通电的导线，剪断后，断口之间也会形成一个电容，只是非常小而已，因为空气也是绝缘材料，导线的断口两端相当于金属板。

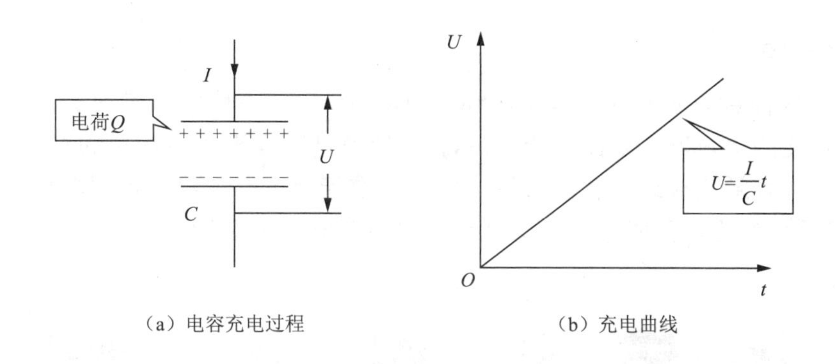

（a）电容充电过程　　（b）充电曲线

图 1–23　电容充电过程及充电曲线

从定义上来理解，感觉电容和电容器没多大区别，都可以储存电荷。无论是电容还是电容器，都是用来储存电的，如果把电比喻成水，那么电容或电容器就相当于水池。它们的不同之处在于电容是自然形成的、纯天然的，而电容器是人工做成的，所以生活中所用的都是电容器，后面所说的电容其实都是电容器，这个了解一下即可，没有必要区分它是电容还是电容器。

电容器所带电量 Q 与电容器两极间的电压 U 的比值，称为电容器的电容。在电路中，给定电势差，电容器储存电荷的能力，称为电容（capacitance），标记为 C。在国际单位制中，电容的单位是法拉，简称法，符号是 F，由于法这个单位太大，所以常用的电容单位有毫法（mF）、微法（μF）、纳法（nF）和皮法（pF）等，换算关系是：1F=1 000 mF=1 000 000 μF；1 μF=1 000 nF=1 000 000 pF。

一个电容器，如果带 1 C 的电量时，两极间的电势差是 1 V，这个电容器的电容就是 1 F，即 $C=Q/U$。但电容的大小不是由 Q（带电量）或 U（电压）决定的，即电容的决定式为 $C=\varepsilon S/d=\varepsilon S/4\pi kd$（真空）$=Q/U$。式中，$\varepsilon$ 是极板间介质的介电常数；S 为极板的正对面积；d 为极板间的距离；k 是静电力常量。

多电容器并联计算公式：$C=C_1+C_2+C_3+\cdots+C_n$。

多电容器串联计算公式：$1/C=1/C_1+1/C_2+\cdots+1/C_n$。

三电容器串联：$C=(C_1\times C_2\times C_3)/(C_1\times C_2+C_2\times C_3+C_1\times C_3)$。

多电容器的串、并联如图 1–24 所示。

串联：$\frac{1}{C}=\frac{1}{C_1}+\frac{1}{C_2}+\frac{1}{C_3}+\cdots$，当$n$个相等的$C_0$串联时，$C=\frac{1}{n}C_0$。

当C_3被短路时，C_2上的分电压：$u_{C_2}=\frac{C_1}{C_1+C_2}U_{ab}$

式中：U_{ab}为ab两端端电压；$\frac{C_1}{C_1+C_2}$为电容分压比。

并联：$C=C_1+C_2+C_3+\cdots$，当n个相等的C_0并联时$C=nC_0$。

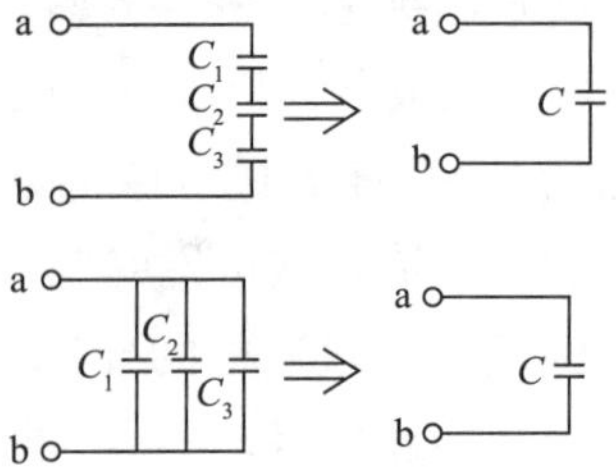

图 1–24　多电容器的串、并联

2．可调电容

可调电容器简称可调电容（adjustable capacitor），是一种电容量可以在一定范围内连续调节、可变的电容器，如图 1–25 所示。一般通过改变极片间相对的有效面积或片间距离，它的电容量就相应地变化。可调电容一般在无线电（如收音机、电视机）或 NFC/RFID 读卡器等设备的各种调谐及振荡电路中作为调谐、补偿电容器/校正电容器而被广泛使用。

图 1–25　可调电容

可调电容的图形符号如图 1–26 所示。用一个斜的箭头穿过常规的电容图形符号来表示其容量是可调的；而带 T 形的钉字头（或箭头）表示容值可改变较少，属微调型电容。

不论是哪一类可调电容，其电极都是由两组相互绝缘的金属片组成的。这里以最早期的空气介质可调电容（可调电容中的一种）来说明其结构和工作原理。如图 1–27 所示，两组电极中固定不变的一组为定片，能转动的一组为动片，动片与定片之间以空气作为介质。当转动空气介质可调电容的动片使之全部旋进定片间时，其电容量为最大；反之，将动片全部旋出定片间时，电容量最小。

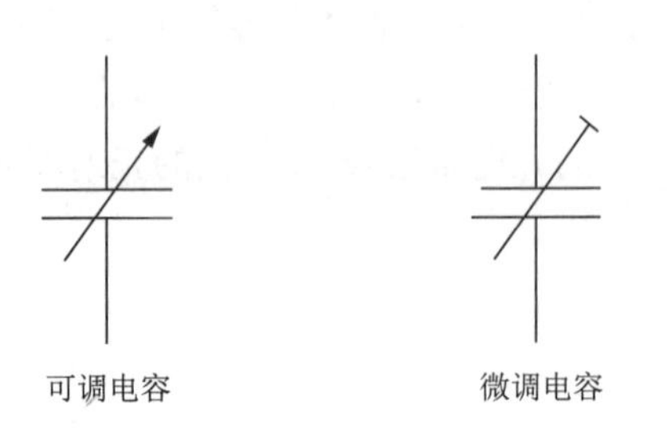

图 1–26　可调电容的图形符号

图 1–27　空气介质可调电容

3．瓷片电容

瓷片电容（见图 1–28）是一种用陶瓷材料作介质，在陶瓷表面涂覆一层金属薄膜，再经高温烧结后作为电极而成的电容器，如图 1–28 所示。通常用于高稳定振荡回路中，作为回路、旁路电容器及垫整电容器。

图 1–28　瓷片电容

瓷片电容中，一般 DC 50 V 以下称为低压，DC 100~500 V 称为中高压，DC 1 000 ~6 000 V 称为高压，安规电容中的 Y 电容属于高压，DC 6 000 V 以上称为超高压。

高压瓷片电容具有耐直流高压的特点，适用于高压旁路和耦合电路中，其中的低耗损高压圆片具有较低的介质损耗，特别适合在电视接收机和扫描等电路中使用。

瓷片电容的识别方法：电容的识别方法分直标法、字母标法和数标法 3 种。

容量大的电容其容量值在电容上直接标明，如 10 μF/16 V；容量小的电容其容量值在电容上用字母表示或用数字表示。

字母表示法：1 m=1 000 μF，1P2=1.2 pF，1n=1 000 pF。

数字表示法：3 位数字的表示法又称电容量的数码表示法。3 位数字的前 2 位数字为标称容量的有效数字，第 3 位数字表示有效数字后面零的个数，它们的单位都是 pF。例如，102 表示标称容量为 1 000 pF；221 表示标称容量为 220 pF；224 表示标称容量为 22×10^4 pF。

在这种表示法中有一个特殊情况，就是当第三位数字用“9”表示时，是用有效数字乘上 10^{-1} 来表示容量大小。例如，229 表示标称容量为 22×10^{-1} pF=2.2 pF。

电容容量误差表：符号 FGJKLM 分别表示允许误差为 ±1%、±2%、±5%、±10%、±15%、±20%。例如，一瓷片电容为 104J，表示容量为 0.1 μF，允许误差为 ±5%。

4．贴片电容

贴片电容和贴片电阻一样，也是为了满足 SMT 生产的需要而产生的一种电容。贴片电容全称为多层（积层、叠层）片式陶瓷电容器，又称片容。贴片电容有两种表示方法：一种是以英寸为单位来表示；一种是以毫米为单位来表示。

很多贴片电容由于体积所限，不能标注其容量，所以一般都是在贴片生产时的整盘上进行标注。如果是单个贴片电容，要用电容测试仪测出它的容量。

如果是同一个厂标，一般来说颜色深的容量比颜色浅的容量要大，一般棕灰容量＞浅紫容量＞灰白容量。最好的方法是用热风枪吹下来，等它冷却后用数字万用表的电容挡或电容表进行测量。

注意：贴片电容的耐高温度一般不要超过 300 ℃。电路贴片电容最忌用大功率烙铁长时间加热。

5．电解电容

电解电容的内部有储存电荷的电解质材料，分正、负极性，类似于电池，不可接反。正极为粘有氧化膜的金属基板，负极通过金属极板与电解质（固体和非固体）相连接。电解电容常用于旁路、去耦和储能。电解电容结构示意图如图 1–29 所示。

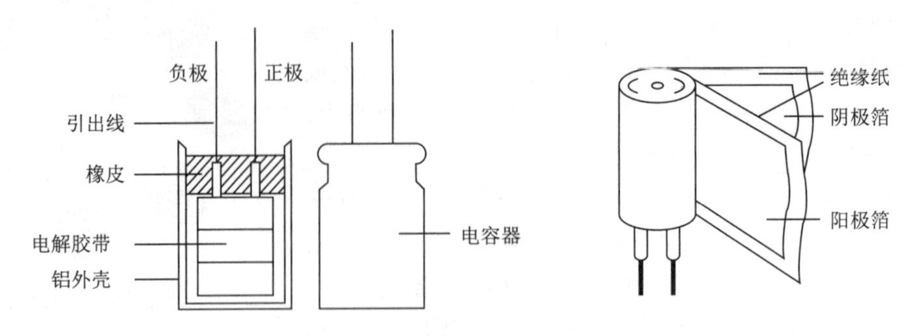

图 1–29　电解电容结构示意图

旁路电容是为本地器件提供能量的储能器件，它能使稳压器的输出均匀化，降低负载需求。去耦又称解耦。在上升沿比较陡峭时，电流比较大，驱动的电流就会吸收很大的电源电流，由于电路中的电感、电阻（特别是芯片引脚上的电感）会产生反弹，这种电流相对于正常情况来说实际上是一种噪声，会影响前级的正常工作，这就是所谓的“耦合”。去耦电容就是起到一个“电池”的作用，满足驱动电路电流的变化，避免相互间的耦合干扰，在电路中进一步减小电源与参考地之间的高频干扰阻抗。

将旁路电容和去耦电容结合起来会更容易理解。旁路电容实际也是去耦合的，只是旁路电容一般是指高频旁路，也就是给高频的开关噪声提供一条低阻抗的泄放途径。高频旁路电容一般比较小，根据谐振频率一般取 0.1 μF、0.01 μF 等；而去耦电容的容量一般较大，可能是 10 μF 或者更大，依据电路中分布参数以及驱动电流的变化大小来确定。旁路是把输入信号中的干扰作为滤除对象，而去耦是把输出信号中的干扰作为滤除对象，防止干扰信号返回电源，这就是它们的本质区别。

理论上（即假设电容为纯电容），电容越大，阻抗越小，通过的频率也越高。但实际上超过 1 μF 的电容大多为电解电容，有很大的电感成分，所以频率高后反而阻抗会增大。有时会看到有一个电容量较大的电解电容并联了一个小电容，这时大电容滤低频，小电容滤高频。电容的作用就是通交流隔直流，通高频阻低频。电容越大，高频越容易通过。具体用在滤波中，大电容（1 000 μF）滤低频，小电容（20 pF）滤高频。

储能型电容器通过整流器收集电荷，并将存储的能量通过变换器引线传送至电源的输出端。电压额定值为 DC 40 ~ 450 V、电容值在 220 ~ 150 000 μF 之间的铝电解电容器是较为常用的，如图 1–30 所示。根据不同的电源要求，器件有时会采用串联、并联或其组合的形式，对于功率超过 10 kW 的电源，通常采用体积较大的罐形螺旋端子电容器。

6．电容的测量

用数字万用表测量电容，可按以下方法进行：

1）用电容挡直接测量

某些数字万用表具有测量电容的功能，其量程分为 2 000 p、20 n、200 n、2 μ 和 20 μ 五挡。测量时可将已放电的电容两引脚直接插入表板上的 Cx 插孔，选取适当的量程后就可读取显示数据。

图 1–30　铝电解电容器

2000 p 挡，宜测量小于 2 000 pF 的电容；20 n 挡，宜测量 2 000 pF 至 20 nF 之间的电容；200 n 挡，宜测量 20 nF 至 200 nF 之间的电容；2 μ挡，宜测量 200 nF 至 2 μF之间的电容；20 μ 挡，宜测量 2 μF 至 20 μF 之间的电容。

经验证明，有些型号的数字万用表（如 DT890B+）在测量 50 pF 以下的小容量电容器时误差较大，测量 20 pF 以下电容器几乎没有参考价值。此时可采用串联法测量小值电容。方法是：先找一只 220 pF 左右的电容，用数字万用表测出其实际容量 C_1，然后把待测小电容与之串联测出其总容量 C_2，则两者之差（$C_1 - C_2$）即待测小电容的容量。用此法测量 1 ~ 20 pF 的小容量电容很准确。

2）用电阻挡测量

实践证明，利用数字万用表也可观察电容器的充电过程，这实际上是以离散的数字量反映充电电压的变化情况。设数字万用表的测量速率为 n 次 /s，则在观察电容器的充电过程中，每秒即可看到 n 个彼此独立且依次增大的读数。根据数字万用表的这一显示特点，可以检测电容器的好坏和估测电容量的大小。此方法适用于测量 0.1 μF 至几千微法的大容量电容器。

3）用电压挡测量

用数字万用表直流电压挡（见图 1–31）测量电容，实际上是一种间接测量法，此法可测量 220 pF ~ 1 μF的小容量电容，并且能精确测出电容器漏电流的大小。

7. 超级电容器

超级电容器是一种电容量可达数千法的极大容量电容器（见图 1–32）。超级电容器可能在微电子领域较少遇到，但在汽车领域、UPS（不间断电源）等领域遇到较多。这种电容又称黄金电容、法拉电容、电化学电容等，最显著的特点是储能作用，但又不是简单的储能，它是一种介于普通电容器和电池之间的一种元器件，由于储能的过程中没有发生化学反应，因此这种电容充放电次达数十万次之多。

根据电容器的原理，电容量取决于电极间距离和电极表面积，为了得到如此大的电容量，要尽可能缩小超级电容器电极间的距离、增加电极表面积，为此，采用双电层原理和活性炭多孔化电极。

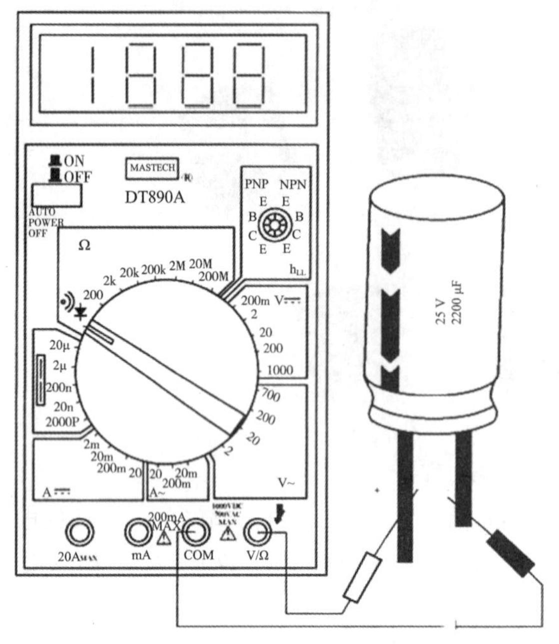

图 1–31　数字万用表测量电容

图 1–32　超级电容器

超级电容器双电层介质在电容器的两个电极上施加电压时，在靠近电极的电介质界面上产生与电极所携带的电荷极性相反的电荷并被束缚在介质界面上，形成事实上的电容器的两个电极，如图 1–33 所示。

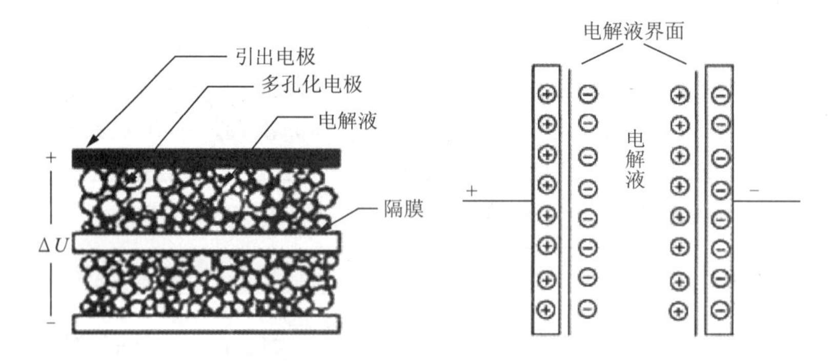

图 1–33　超级电容器内部结构示意图

很明显，两个电极的距离非常小，只有几纳米。同时活性炭多孔化电极可以获得极大的电极表面积，可以达到 200 m^2/g。因而这种结构的超级电容器具有极大的电容量并可以存储很大的静电能量。就储能而言，超级电容器的这一特性介于传统电容器与电池之间。当两个电极板间电势低于电解液的氧化还原电极电位时，电解液界面上的电荷不会脱离电解液，超级电容器处在正常工作状态（通常在 3 V 以下），如果电容器两端电压超过电解液的氧化还原电极电位，那么，电解液将分解，处于非正常状态。随着超级电容器的放电，正、负极板上的电荷被外电路泄放，电解液界面上的电荷相应减少。由此可以看出，超级电容器的充放电过程始终是物理过程，没有化学反应，因此性能是稳定的，与利用化学反应的蓄电池不同。

8．*RC* 电路

RC 电路全称为电阻 – 电容电路（resistor-capacitor circuit），一次 *RC* 电路由一个电阻器和一个电容器组成。按电阻电容排布，可分为 *RC* 串联电路和 *RC* 并联电路；单纯的 *RC* 并联电路不能谐振，因为电阻不储能。*RC* 电路广泛应用于模拟电路、脉冲数字电路中，*RC* 并联电路如果串联在电路中，有衰减低频信号的作用；如果并联在电路中，有衰减高频信号的作用，也就是滤波的作用。下面主要介绍 *RC* 串联电路，如图 1–34 所示。

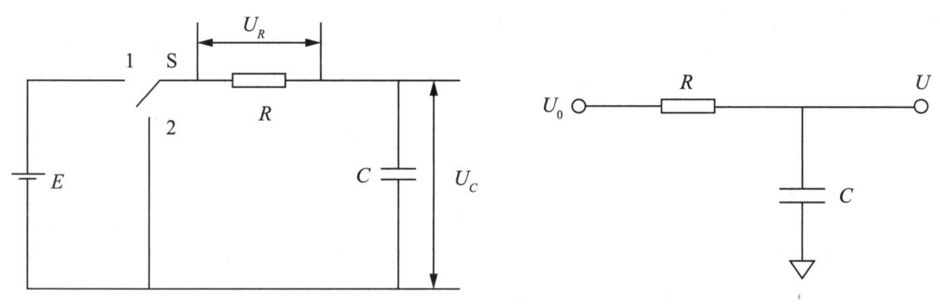

图 1–34　*RC* 串联电路

在电路中，当 S 扳向“1”的瞬间，电容器尚未积累电荷，此时电动势 E 全部降落在 R 上，最大的充电电流为 $I=E/R$；随着电容器电荷的积累，U_C 增大，R 两端的电压 U_R 减小，充电电流 I 跟着减小，这又反过来使 U_C 的增长率变得缓慢；直至 U_C 等于 E 时，充电过程才终止，电路达到稳定状态，如图 1–35 所示。

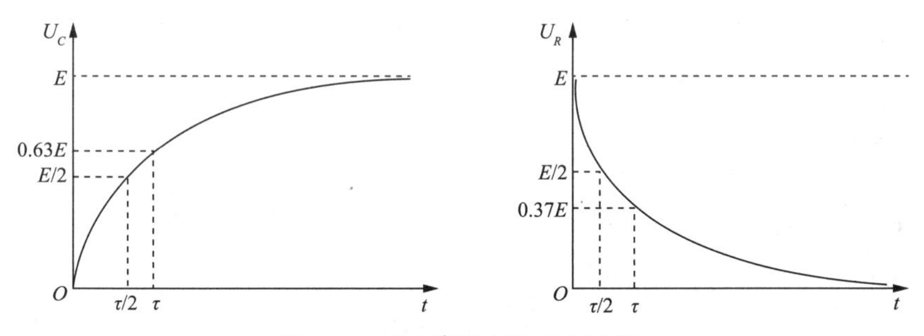

图 1–35　*RC* 串联电路充电过程

在电路中，当电容 C 充电后（$U_C=E$），把开关由“1”扳向“2”，此时电容 C 上的电荷就逐渐通过 R 放电。当开关刚扳向“2”的一瞬间，全部电压 $U_C=E$ 作用在 R 上，最大的放电电流为 $I=E/R$，随后 U_C 逐渐减小，放电电流 I 也随着减小，这反过来又使 U_C 的减小变得缓慢，如图 1–36 所示。

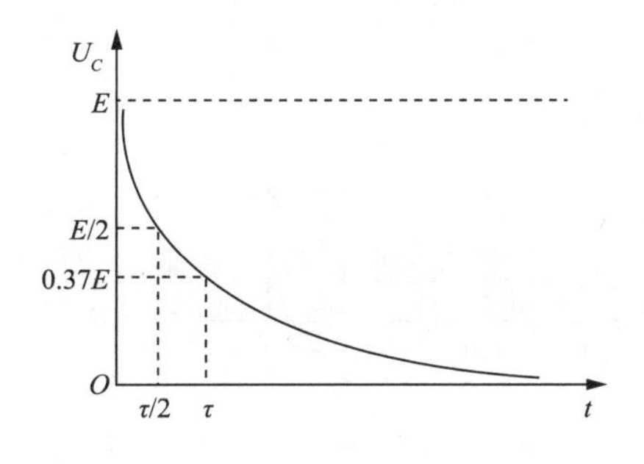

图 1–36　*RC* 串联电路放电过程

若开关 S 在“1”、“2”端迅速来回接通电路时，电容器交替地进行充电与放电。这个开关的作用可用一个方波来代替。在上半个周期内，方波电压为 $+E$，在下半个周期则没有电压，如图 1–37 所示。

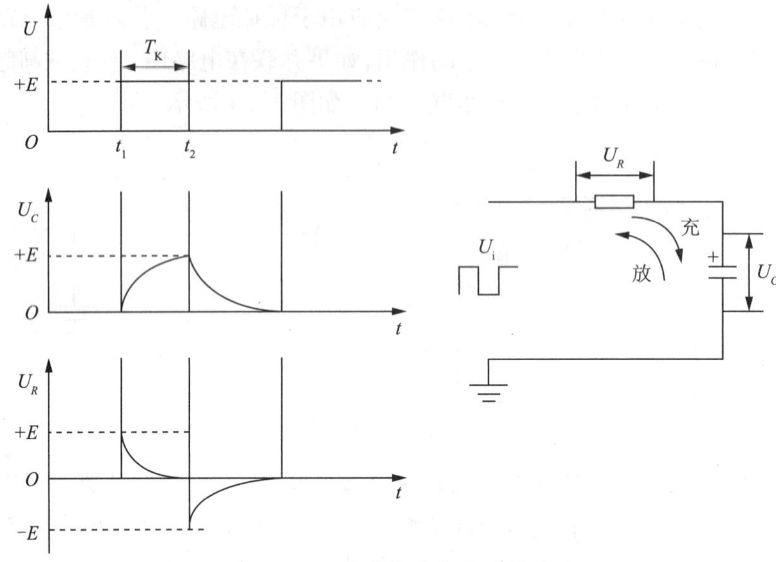

图 1–37 *RC* 串联电路与方波的生成

RC 低通滤波器：当信号频率低于截止频率 f_0 时，信号得以通过；当信号频率高于截止频率时，信号输出将被大幅衰减。这个截止频率即被定义为通带和阻带的界限，$f_0 = 1/(2\pi RC)$。*RC* 低通滤波器电路如图 1–38 所示。

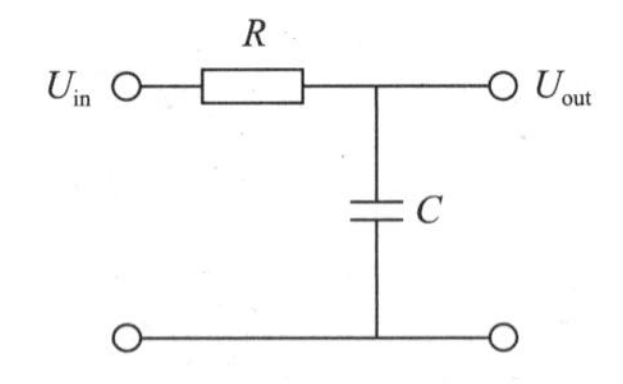

图 1–38 *RC* 低通滤波器电路

通过 *RC* 低通滤波器处理后，低频信号可以顺利输出 U_{out}，而高频信号被电容 C 过滤，其频谱图如图 1–39 所示。

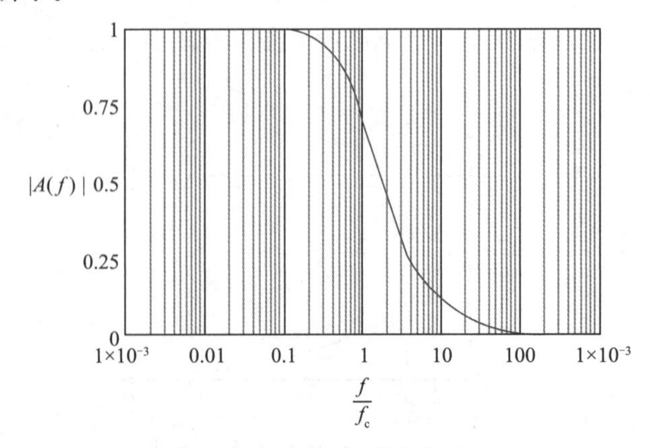

图 1–39 低通滤波器的频谱图

9．练习

（1）请查找相关资料识读图 1–40 所示贴片电容盘的电容参数。

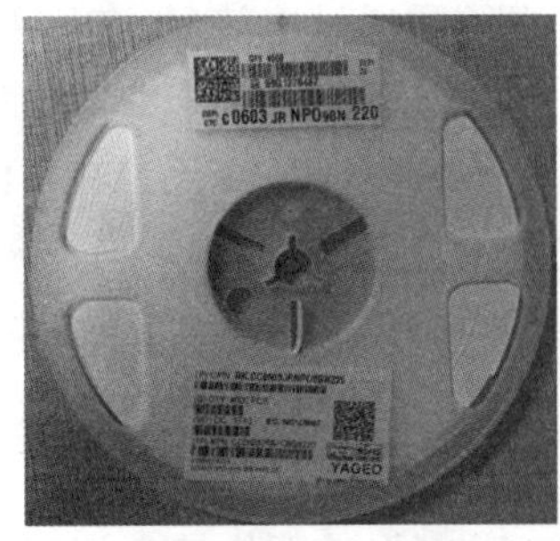

图 1–40　贴片电容盘

（2）请查找相关资料解读图 1–41 所示贴片电容手工焊接步骤。

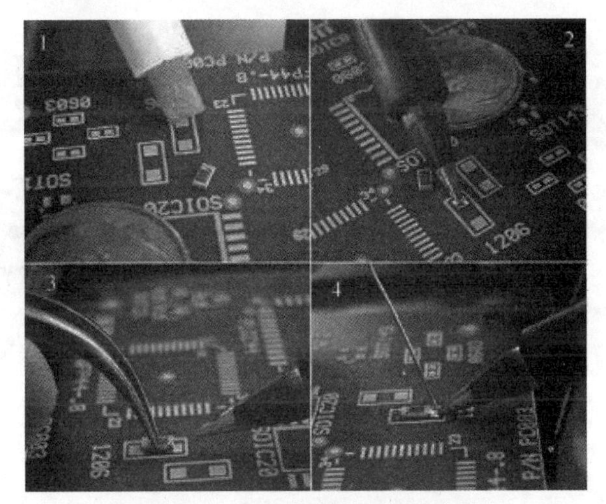

图 1–41　贴片电容手工焊接步骤

（3）请查找相关资料完成简易莱顿瓶实验，制作自己的电容器（见图 1–42）。所用材料：同样大小的塑料杯 2 个、铝箔纸、PVC 水管、毛巾。

图 1–42　简易莱顿瓶实验

1.3 电感

电感是闭合回路的一种属性，是一个物理量。当线圈通过电流后，在线圈中形成感应磁场，感应磁场又会产生感应电流来抵制通过线圈中的电流。这种电流与线圈的相互作用关系称为感抗，也就是电感，单位是亨（H）。电感是描述由于线圈电流变化，在本线圈中或在另一线圈中引起感应电动势效应的电路参数。电感是自感和互感的总称。

提供电感的器件称为电感器，如图 1–43 所示。电感器是能够把电能转化为磁能而储存起来的元件。电感器的结构类似于变压器，但只有一个绕组。电感器具有一定的电感，它只阻碍电流的变化。如果电感器在没有电流通过的状态下，电路接通时它将试图阻碍电流流过它；如果电感器在有电流通过的状态下，电路断开时它将试图维持电流不变。电感器又称扼流器、电抗器、动态电抗器，常见电感器的图形符号如图 1–44 所示。

图 1–43　电感器的外观

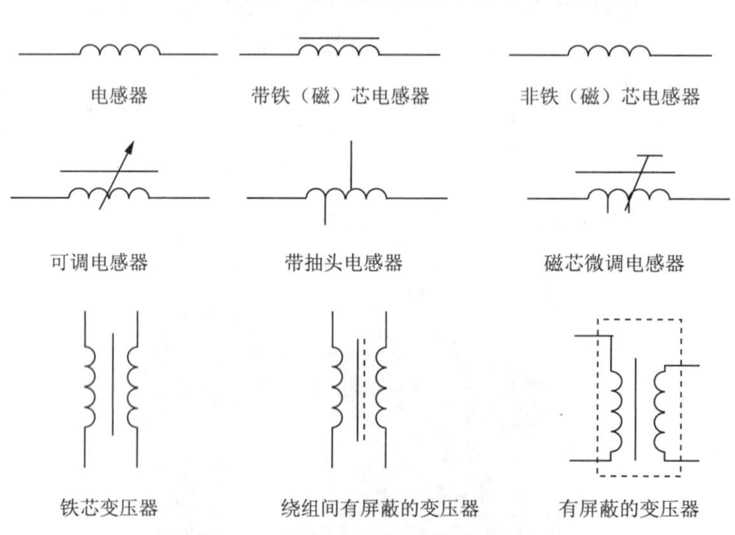

图 1–44　常见电感器的图形符号

常规电感器的电感量通常有以下两种表示法：

（1）直标法。由数字和单位直接标在外壳上，数字是标称电感量，其单位是 μH 或 mH。

（2）数码表示法。通常采用 3 位数字和 1 位字母表示，前 2 位表示有效数字，第 3 位表示有效数字乘以 10 的幂次，小数点用 R 表示，最后一位英文字母表示误差范围，单位为 pH，如 220 K 表示 22 pH，8R2J 表示 8.2 pH。

1．电感概述

最原始的电感器是 1831 年英国的法拉第用以发现电磁感应现象的铁芯线圈。1832 年美国的亨利发表关于自感应现象的论文。19 世纪中期，电感器在电报、电话等装置中得到实际应用。1887 年德国的赫兹、1890 年美国的特斯拉在实验中所用的电感器都是非常著名的，分别称为赫兹线圈和特斯拉线圈。

电感器也称 AC 电阻器，其以磁能的形式储存电能。它抵抗电流的变化，产生磁感线的能力称为电感。

电感的计算式为 $L=(\mu KN^2S)/l$。式中，L 是电感；μ 是磁导率；K 是磁系数；S 是线圈的截面积；N 是线圈的匝数；l 是线圈在轴向上的长度，如图 1–45 所示。

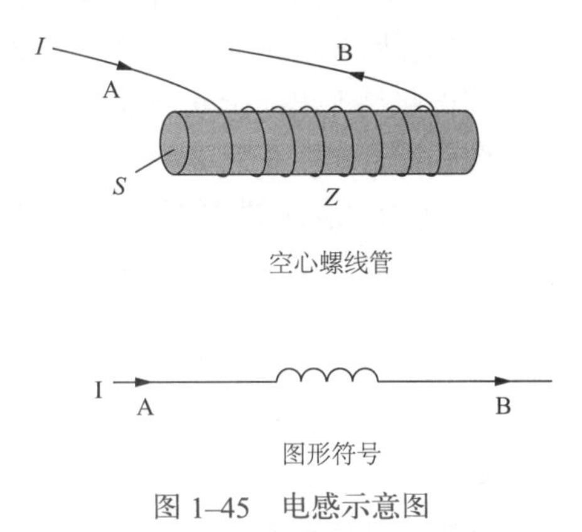

图 1–45　电感示意图

电感器一般由骨架、绕组、屏蔽罩、封装材料、磁芯或铁芯等组成，如图 1–46 所示。

（1）骨架。骨架泛指绕制线圈的支架。一些体积较大的固定式电感器或可调式电感器（如振荡线圈、阻流圈等），大多数是将漆包线（或纱包线）环绕在骨架上，再将磁芯或铜芯、铁芯等装入骨架的内腔，以提高其电感量。骨架通常采用塑料、胶木、陶瓷制成，根据实际需要可以制成不同的形状。小型电感器（如色码电感器）一般不使用骨架，而是直接将漆包线绕在磁芯上。空心电感器（又称脱胎线圈或空心线圈，多用于高频电路中）不用磁芯、骨架和屏蔽罩等，而是先在模具上绕好后再脱去模具，并将线圈各圈之间拉开一定的距离。

（2）绕组。绕组是指具有规定功能的一组线圈，它是电感器的基本组成部分。绕组有单层和多层之分。单层绕组又有密绕（绕制时导线一圈挨一圈）和间绕（绕制时每圈导线之间均隔一定的距离）两种形式；多层绕组有分层平绕、乱绕、蜂房式绕法等多种。

（3）屏蔽罩。为避免有些电感器在工作时产生的磁场影响其他电路及元器件正常工作，就为其增加了金属屏蔽罩（如半导体收音机的振荡线圈等）。采用屏蔽罩的电感器，会增加线圈的损耗，使品质因数值降低。

（4）封装材料。有些电感器（如色码电感器、色环电感器等）绕制好后，用封装材料将线圈和磁芯等密封起来。封装材料采用塑料或环氧树脂等。

(5)磁芯。磁芯一般采用镍锌铁氧体(NX 系列)或锰锌铁氧体(MX 系列)等材料,它有“工”字形、柱形、帽形、E 形、罐形等多种形状。

(6)铁芯。铁芯材料主要有硅钢片、坡莫合金等,其外形多为 E 形。

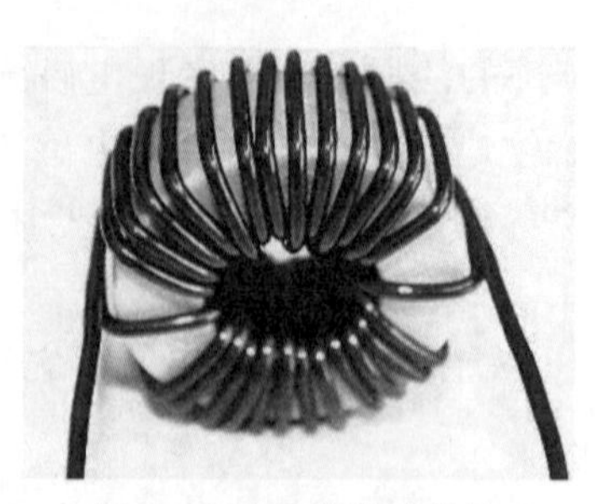

图 1–46　电感器的结构

电感是导线内通过交流电流时,在导线的内部周围产生交变磁通,导线的磁通量与产生此磁通的电流之比。当电感中通过直流电流时,其周围只呈现固定的磁感线,不随时间而变化;当在线圈中通过交流电流时,其周围将呈现出随时间而变化的磁感线。根据法拉第电磁感应定律来分析,变化的磁感线在线圈两端会产生感应电动势,此感应电动势相当于一个“新电源”。当形成闭合回路时,此感应电动势就要产生感应电流。由楞次定律可知,感应电流所产生的磁感线总要力图阻止磁感线的变化。由于磁感线变化来源于外加交变电源的变化,故从客观效果看,电感线圈有阻止交流电路中电流变化的特性。电感线圈有与力学中的惯性相类似的特性,在电学上取名为“自感应”,通常在拉开闸刀开关或接通闸刀开关的瞬间,会产生火花,这是自感现象产生很高的感应电动势所造成的。

总之,当电感线圈接到交流电源上时,线圈内部的磁感线将随电流的交变而时刻在变化,致使线圈产生电磁感应。这种因线圈本身电流的变化而产生的电动势,称为“自感电动势”。由此可见,电感量只是一个与线圈的匝数、大小、形状和介质有关的一个参量,它是电感线圈惯性的量度而与外加电流无关。

代换原则:电感线圈必须原值代换(匝数相等、大小相同);贴片电感(见图 1–47)只须大小相同即可,还可用 0 Ω 电阻或导线代换。

图 1–47　贴片电感

自感器：当线圈中有电流通过时，线圈的周围就会产生磁场。当线圈中电流发生变化时，其周围的磁场也发生相应的变化，此变化的磁场可使线圈自身产生感应电动势（电动势用以表示有源元件理想电源的端电压），这就是自感。用导线绕制而成，具有一定匝数，能产生一定自感量或互感量的电子元件，常称为电感线圈。为增大电感值，提高品质因数，缩小体积，常加入铁磁物质制成的铁芯或磁芯。电感器的基本参数有电感量、品质因数、固有电容量、稳定性、通过的电流和使用频率等。由单一线圈组成的电感器称为自感器（见图 1–48），它的自感量又称自感系数。

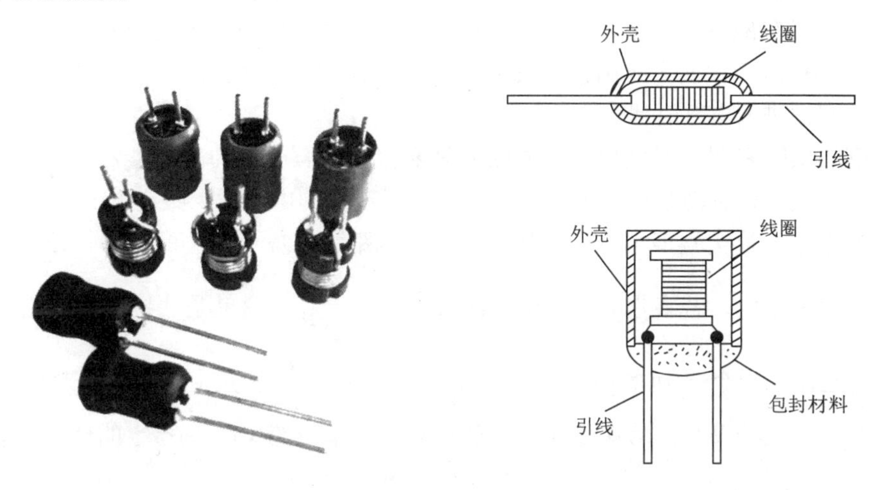

图 1–48 自感器实物外观与内部结构示意图

互感器：两个电感线圈相互靠近时，一个电感线圈的磁场变化将影响另一个电感线圈，这种影响就是互感。互感的大小取决于电感线圈的自感与两个电感线圈耦合的程度，利用此原理制成的元件称为互感器，如图 1–49 所示。

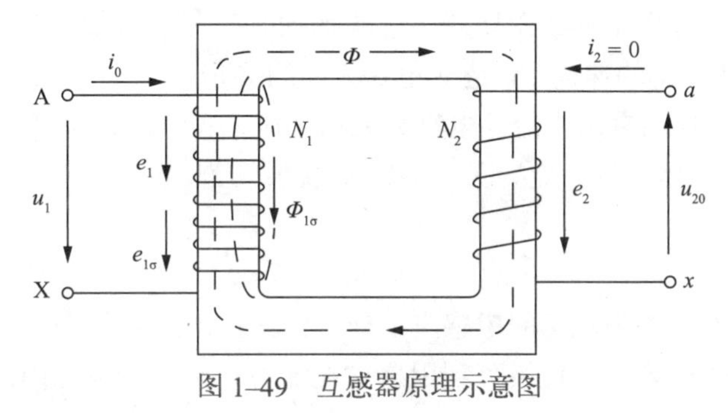

图 1–49 互感器原理示意图

2．电磁感应定律

电磁感应定律又称法拉第电磁感应定律。电磁感应现象是指因磁通量变化产生感应电动势的现象。例如，闭合电路的一部分导体在磁场中做切割磁感线的运动时，导体中就会产生电流，产生的电流称为感应电流，产生的电动势（电压）称为感应电动势（电压）。

迈克• 法拉第（Michael Faraday）于 1791 年 9 月 22 日出生于英国的一个贫穷的铁匠家庭，是英国著名的物理学家兼化学家。

法拉第最广为人知的发明是他在 1836 年制作的电容器及引进的介电常数和电容常数，

因此后人选择了法［拉］作为电容量的单位。

法拉第最出色的工作是电磁感应的发现和电磁场概念的提出。1821 年，受到奥斯特关于电流磁效应论文的启发，他在实验中获得了重大发现：通过电流的导线能绕着磁铁旋转。同年，他和戴维以及沃拉斯顿一起发明了（单极）电动机。法拉第进一步认为，电和磁之间应当有一种和谐的对称：既然电能生磁，磁亦能生电。经过整整 10 年的不断探索和多次失败之后，法拉第终于在 1831 年 8 月 26 日获得了成功！他用伏打（Volta）电池给一组线圈通电或断电，瞬间中从另一组线圈获得了感生电流，他称之为“伏打电感应”；同年 10 月 17 日，他又完成了在磁体与闭合线圈相对运动时从闭合线圈中激发出电流的实验，他将其称为“磁电感应”；他进而发明了（圆盘）发电机。法拉第的这些伟大的科学成就意义非凡，宣告了人类社会开始进入电气时代。

法拉第的实验表明，不论用什么方法，只要穿过闭合电路的磁通量发生变化，闭合电路中就有电流产生。这种现象称为电磁感应现象，所产生的电流称为感应电流。

法拉第根据大量实验事实总结出如下定律：电路中感应电动势的大小，跟穿过这一电路的磁通变化率成正比，若感应电动势用 ε 表示，则 $\varepsilon=\frac{\Delta\Phi}{\Delta t}$。这就是法拉第电磁感应定律。

若闭合电路为一个 n 匝的线圈，则又可表示为 $\varepsilon=n\frac{\Delta\Phi}{\Delta t}$。式中，$n$ 为线圈匝数；$\Delta\Phi$ 为磁通量变化量，单位为 Wb；Δt 为发生变化所用时间，单位为 s；ε 为产生的感应电动势，单位为 V。

感应电动势的大小计算公式如下：

（1）$\varepsilon=n\frac{\Delta\Phi}{\Delta t}$。式中，$\varepsilon$ 为产生的感应电动势；n 为线圈匝数；$\Delta\Phi$ 为磁通量变化量，Δt 为发生变化所用时间。

（2）$\varepsilon=-BLv\sin\theta$（适用于导线做切割磁感线运动时）。式中，$B$ 是磁感应强度；L 是导体长度；v 是切割磁感线运动的速度；θ 是 v 和 B 方向的夹角。

（3）$E_m=nBS\omega$。一般用来求交流发电机最大的感应电动势，E_m 是感应电动势峰值。

（4）$E=-BL^2\omega/2$。导体一端固定，另一端以 ω 旋转切割，ω 是角速度。

磁通量计算公式：

$$\Phi=BS$$

式中，Φ 是磁通量；B 是匀强磁场的磁感应强度；S 是正对磁场的面积。

方向判断：感应电动势的正负极可利用感应电流方向判定，电源内部的电流方向是由负极流向正极。

电磁感应定律中电动势的方向可以通过楞次定律或右手定则来确定（见图 1-50）。右手定则的内容：伸平右手使拇指与四指垂直，手心向着磁场的 N 极，拇指的方向与导体运动的方向一致，四指所指的方向即为导体中感应电流的方向（感应电动势的方向与感应电流的方向相同）如图 1-50 所示。楞次定律指出：感应电流的磁场要阻碍原磁通的变化。简而言之，就是磁通量变大，产生的电流有让其变小的趋势；而磁通量变小，产生的电流有让其变大的趋势。

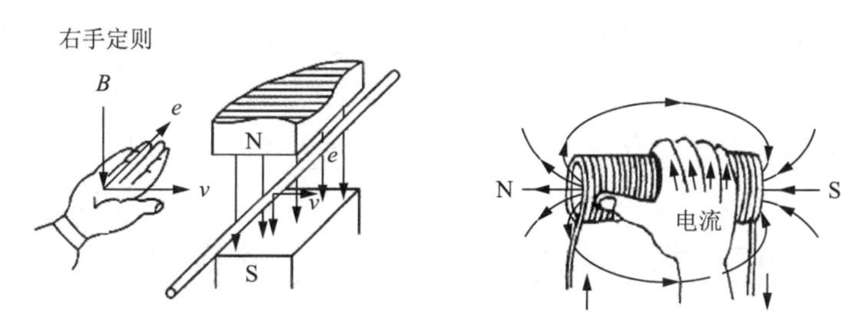

图 1–50 右手定则

感应电流产生的条件：电路是闭合且通的；穿过闭合电路的磁通量发生变化（若缺少一个条件，就不会有感应电流产生）。

3．变压器

变压器（transformer）是利用电磁感应的原理来改变交流电压的装置，主要构件是一次线圈、二次线圈和铁芯（磁芯），如图 1–51 所示。

变压器主要功能有：电压变换、电流变换、阻抗变换、隔离、稳压（磁饱和变压器）等。

变压器按用途可分为：电力变压器和特殊变压器（电炉变压器、整流变压器、工频试验变压器、调压器、矿用变压器、音频变压器、中频变压器、高频变压器、冲击变压器、仪用变压器、电子变压器、电抗器、互感器等）。电路符号常用 T 当作编号的开头，如 T01、T201 等。

图 1–51 变压器外观

变压器由铁芯（或磁芯）和线圈组成，线圈有两个或两个以上的绕组，其中接电源的绕组称为一次线圈，其余的绕组称为二次线圈。它可以变换交流电压、电流和阻抗。最简单的铁芯变压器由一个软磁材料做成的铁芯及套在铁芯上的两个匝数不等的线圈构成，如图 1–52 所示。

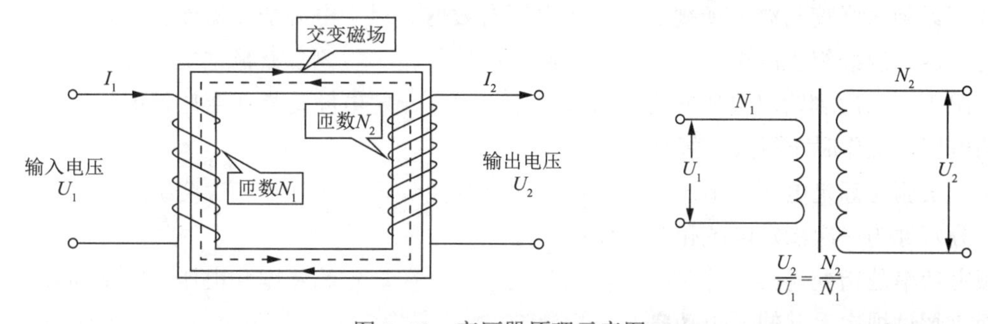

图 1–52 变压器原理示意图

铁芯的作用是加强两个线圈间的磁耦合。为了减少铁内涡流和磁滞损耗，铁芯由涂漆的硅钢片叠压而成；两个线圈之间没有电的联系，线圈由绝缘铜线（或铝线）绕成。一个线圈接交流电源称为一次线圈（或原线圈），另一个线圈接用电器称为二次线圈（或副线圈）。实际的变压器是很复杂的，不可避免地存在铜损（线圈电阻发热）、铁损（铁芯发热）和漏磁（经空气闭合的磁感线）等。为了简化讨论，这里只介绍理想变压器。理想变压器成立的条件是：忽略漏磁通，忽略一、二次线圈的电阻，忽略铁芯的损耗，忽略空载电流（二次线圈开路时一次线圈中的电流）。例如，电力变压器在满载运行时（二次线圈输出额定功率），即接近理想变压器情况。

变压器是利用电磁感应原理制成的静止用电器。当变压器的一次线圈接在交流电源上时，铁芯中便产生交变磁通，交变磁通用 $\varPhi$ 表示。一、二次线圈中的 $\varPhi$ 是相同的，$\varPhi$ 也是简谐函数，表示为 $\varPhi=\varPhi_m\sin\omega t$。由法拉第电磁感应定律可知，一、二次线圈中的感应电动势为 $\varepsilon_1=-N_1\mathrm{d}\varPhi/\mathrm{d}t$、$\varepsilon_2=-N_2\mathrm{d}\varPhi/\mathrm{d}t$。式中 N_1、N_2 为一、二次线圈的匝数。由图可知 $U_1=-\varepsilon_1$，$U_2=\varepsilon_2$（一次线圈物理量用下角标 1 表示，二次线圈物理量用下角标 2 表示），其有效值为 $U_1=-E_1=\mathrm{j}N_1\omega\varPhi$、$U_2=E_2=-\mathrm{j}N_2\omega\varPhi$，令 $k=N_1/N_2$，称为变压器的变比。由上式可得 $U_1/U_2=-N_1/N_2=-k$，即变压器一、二次线圈电压有效值之比，等于其匝数比，而且一、二次线圈电压的相位相差为 π。

进而可得

$$U_1/U_2=-N_1/N_2$$

在空载电流可以忽略的情况下，有 $I_1/I_2=-N_2/N_1$，即一、二次线圈电流有效值大小与其匝数成反比，且相位差为 π。

进而可得

$$I_1/I_2=N_2/N_1$$

理想变压器一、二次线圈的功率相等 $P_1=P_2$。说明理想变压器本身无功率损耗。实际变压器总存在损耗，其效率为 $\eta=P_2/P_1$。电力变压器的效率很高，可达 90% 以上。

电源变压器是变压器中的一个类型，也是环形变压器的一种。电源变压器是一种利用电磁感应原理改变电压的一种装置，它的作用是电压变换和安全隔离，在电源技术和电力电子技术中得到广泛应用。

电源变压器的一些基本参数包括额定电压、额定电流、额定功率、额定频率、空载电流和空载损耗等。

额定电压分一次额定电压和二次额定电压。一次额定电压是指变压器在额定工作条件下，根据变压器绝缘强度与温升所规定的一次电压有效值。对于电源变压器而言，通常指按规定加在变压器一次绕组上的电源电压。二次额定电压是指一次侧加有额定电压而二次侧处于空载的情况下，二次侧输出电压的有效值。总体来说，额定电源是指在变压器的线圈上所允许施加的电压，工作时不得大于规定值。

在一次侧为额定电压的情况下，保证一次绕组能够正常输入和二次绕组能够正常输出的电流，分别称为一次额定电流和二次额定电流。

额定功率是指变压器工作时的最大负载功率，是在规定的频率和电压下，变压器长期工作，而不超过规定温升的输出功率。

额定频率指变压器正常工作的电压频率值。一般情况下额定频率为 50 Hz。需要时可按 400 Hz、1 kHz、10 kHz 等频率设计变压器。

当电源变压器二次侧开路时，一次绕组仍有一定的电流流过，这个电流便是变压器的空载电流。

空载损耗指电源变压器二次侧开路时，在一次侧测得的功率损耗，主要损耗是铁芯损耗，其次是空载电流在一次线圈铜阻上产生的损耗（铜损），这部分损耗很小。

4. *LC* 振荡器

能自动输出不同频率、不同波形的交流信号，使电源的直流电能转换成交流电能的电子线路称为自激振荡电路或振荡器。这种电路在通信、广播、自动控制等领域内有着广泛的用途。根据振荡器产生的波形不同，可分为正弦波振荡器和非正弦波振荡器，而正弦波振荡器根据电路的组成，又分为 *LC* 振荡器、*RC* 振荡器和晶体振荡器。

LC 振荡器又称谐振电路、槽路或调谐电路，是包含一个电感和一个电容连接在一起的电路，如图 1–53 所示。该电路可以用作电谐振器（音叉的一种电学模拟），储存电路共振时振荡的能量。

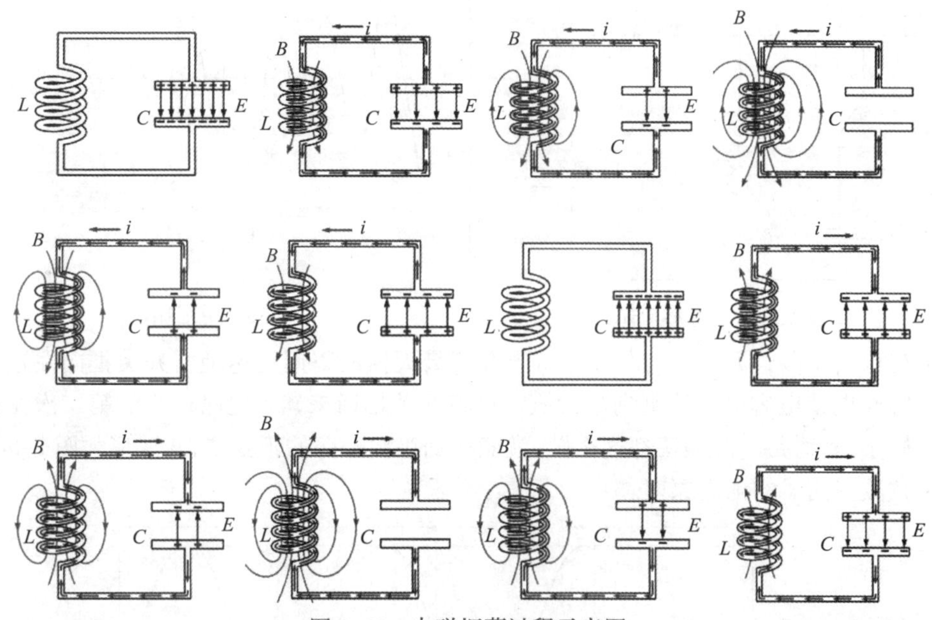

图 1–53　电磁振荡过程示意图

LC 电路既用于产生特定频率的信号，也用于从更复杂的信号中分离出特定频率的信号。它是许多电子设备中的关键部件，特别是无线电设备，用于振荡器、滤波器、调谐器和混频器电路中。

电感电路是一个理想化的模型，因为它假定存在没有因电阻耗散的能量。任何一个 *LC* 电路的实际实现中都会包含组件和连接导线的尽管小却非零的电阻导致的损耗。*LC* 电路的目的通常是以最小的阻尼进行振荡，因此电阻做得尽可能小。虽然实际中没有无损耗的电路，但研究这种电路的理想形式对理解 *LC* 电路的物理原理是很有帮助的。

在 *LC* 电路中，*L* 代表电感，单位为亨；*C* 代表电容，单位为法。电磁振荡完成一次周期性变化需要的时间称为周期，1 s 内完成的周期性变化的次数称为频率。振荡电路中发生电磁振荡时，如果没有能量损失，也不受其他外界的影响，这时电磁振荡的周期和频率，称为振荡电路的固有频率和固有周期。可求得固有周期为

$$T=2\pi\sqrt{LC}$$

如图 1–54 所示，当开关 S 合至左边时，电容器被充电，其电压很快就达到电源电压 6 V，这时把开关合至右边，电容便会通过电感线圈 L 构成放电回路。电容在放电过程中将其储存的电场能变成电感线圈的磁场能，然后，电感线圈又向电容 C 充电，把磁场能转换为电场能，周而复始，这个过程就称为自由振荡，如果回路中没有损耗，自由振荡将永远继续下去。

但实际上是存在损耗的，在每一次充放电过程中都使一部分电能转换成热能消耗掉，电容上的电压每经一次振荡，都将减小，最后停振。这种减幅振荡就称为阻尼振荡，其波形如图 1–55 所示。

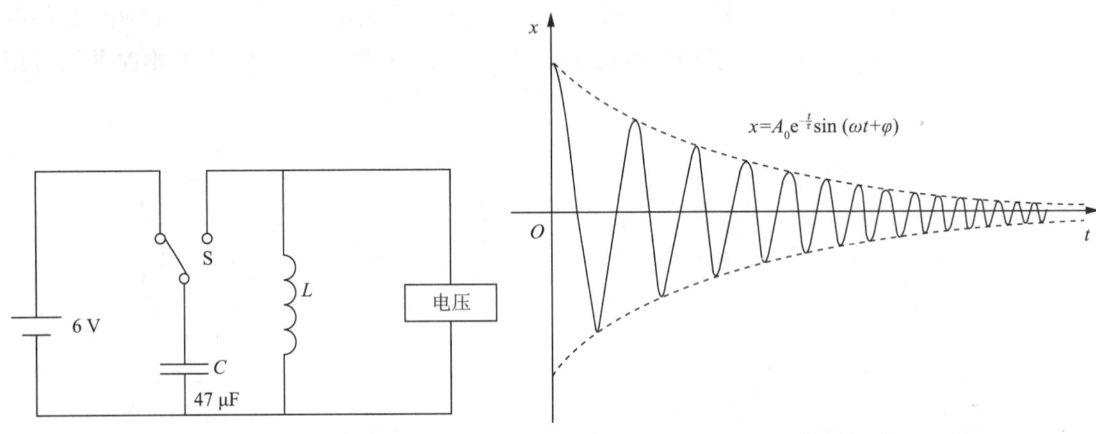

图 1–54　电容电感充放电形成振荡　　　　图 1–55　阻尼振荡

假设在自由振荡过程中，当电容电压上升到最大值的瞬间迅速地将开关推向左边，通过电源对电容充电使电容电压恢复到最大值，再将开关推回来，则电路产生的第二次振荡就和第一次一样了。若对每一次振荡都这么做，就能得到等幅振荡的正弦波，其波形如图 1–56 所示。这就是正弦波振荡器的工作原理。

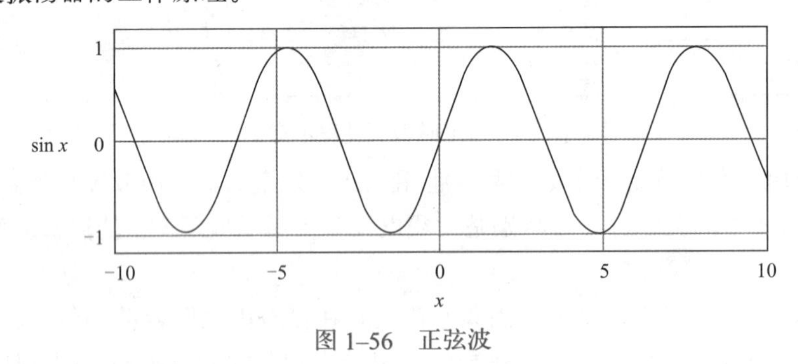

图 1–56　正弦波

5. 电动机

电动机（motor）是把电能转换成机械能的一种设备。它是利用通电线圈（也就是定子绕组）产生旋转磁场并作用于转子（如笼形闭合铝框）形成磁电动力旋转扭矩。电动机按使用电源不同，分为直流电动机和交流电动机，电力系统中的电动机大部分是交流电动机，可以

是同步电动机或者是异步电动机（电动机定子磁场转速与转子旋转转速不保持同步）。电动机主要由定子与转子组成，通电导线在磁场中受力运动的方向与电流方向和磁感线方向（磁场方向）有关。电动机工作原理是磁场对电流受力的作用，使电动机转动。三相电动机的接线主要有星形（Y）接法和三角形（△）接法，如图 1–57 所示。

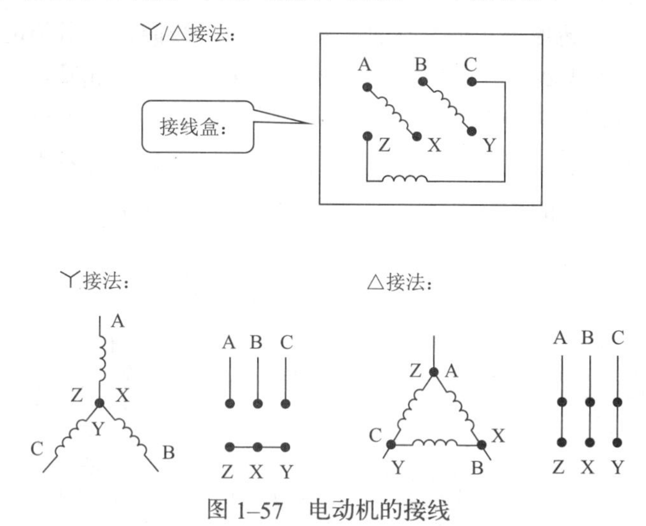

图 1–57　电动机的接线

单相交流电动机工作原理：单相交流电动机有两个绕组，即起动绕组和运行绕组。两个绕组在空间上相差 90°。在起动绕组上串联了一个容量较大的电容器，当运行绕组和起动绕组通过单相交流电时，由于电容器作用使起动绕组中的电流在时间上比运行绕组的电流超前 90°，先到达最大值。在时间和空间上形成两个相同的脉冲磁场，使定子与转子之间的气隙中产生一个旋转磁场，在旋转磁场的作用下，电动机转子中产生感应电流，电流与旋转磁场互相作用产生电磁转矩，使电动机旋转起来，如图 1–58 所示。

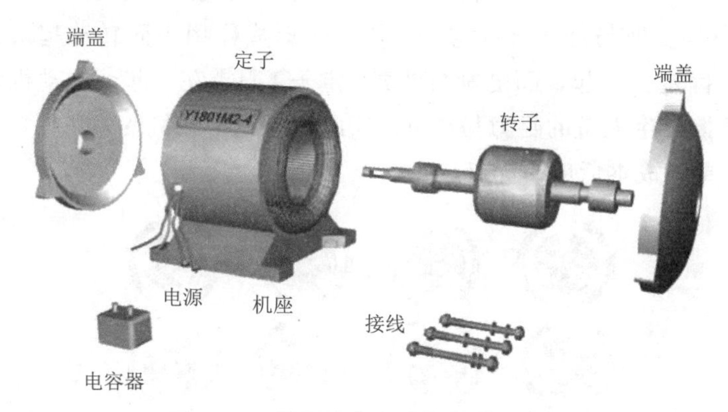

图 1–58　单相异步电动机结构示意图

220 V 交流单相电动机起动方式可分为以下几种：

（1）分相起动式，由辅助起动绕组来辅助起动，其起动转矩不大，运转速率大致保持定值，主要应用于电风扇、空调风扇电动机、洗衣机等。

（2）电动机静止时离心开关是接通的，加电后起动电容参与起动工作，当转子转速达到额定值的 70%~80% 时离心开关便会自动跳开，起动电容完成任务，并被断开。起动绕组不参与运行工作，而电动机以运行绕组线圈继续动作。这种接法一般用在空气压缩机、切割机、木工机床等负载大而不稳定的地方。

带有离心开关的电动机，如果电动机不能在很短时间内起动成功，那么绕组线圈将会很快烧毁。双值电容电动机，起动电容容量大，运行电容容量小，耐压一般大于 400 V。

单相交流电动机正反转原理：通常这种电动机有两组线圈，一组是运转线圈（主线圈），另一组是起动线圈（二次线圈），大多电动机的起动线圈并不是只起动后就不用了，而是一直工作在电路中。起动线圈电阻比运转线圈电阻大一些。串联电容器的起动线圈与运转线圈并联，再接到 220 V 电压上，这就是电动机的接法。当这个串联电容器的起动线圈与运转线圈并联时，并联的两对接线头的头尾决定了正反转，如图 1–59 所示。

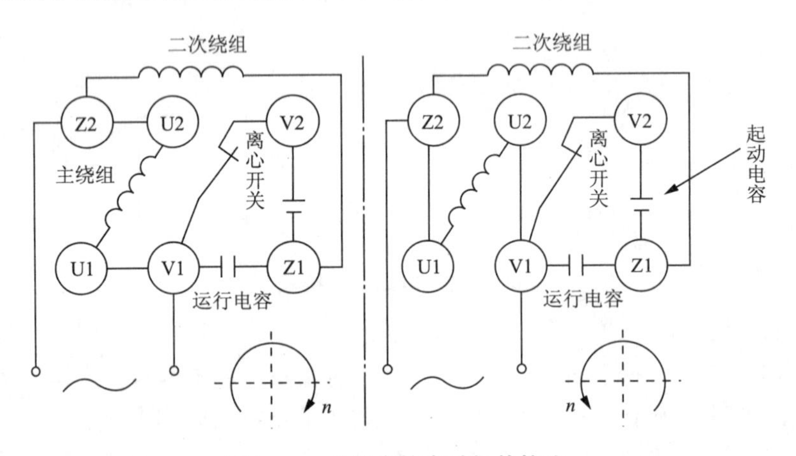

图 1–59　单相交流电动机的接线

有刷直流电动机：有刷直流电动机的 2 个电刷（铜刷或者碳刷）是通过绝缘座固定在电动机后盖上直接将电源的正负极引入转子的换向器上，而换向器连通了转子上的线圈，3 个线圈极性不断地交替变换与外壳上固定的 2 块磁铁形成作用力而转动起来如图 1–60 所示。由于换向器与转子固定在一起，而电刷与外壳（定子）固定在一起，电动机转动时电刷与换向器不断地发生摩擦产生大量的阻力与热量。所以，有刷电动机的效率低，损耗非常大，但它同样具有制造简单、成本低廉的优点。

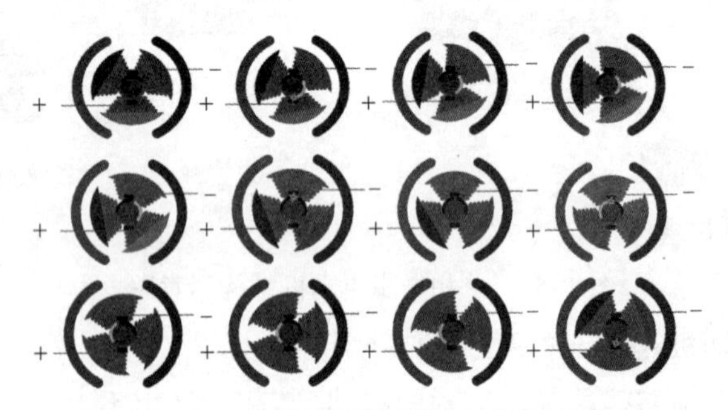

图 1–60　有刷直流电动机工作原理图

6．发电机

发电过程是一种能量转换过程。例如，水流动的能量带动水轮机转动，由水轮机带动发电机转动，并输出感应电动势，即将水库中水流的能量转换为电能。

发电机基本的工作过程即将各种带动发电机转子转动的机械能，通过电磁感应转换为电能的过程。下面以直流发电机为例介绍其工作原理。

直流发电机工作时，外部机械力的作用带动导体线圈在磁场中转动，并不断切割磁感线，产生感应电动势，如图 1–61 所示。

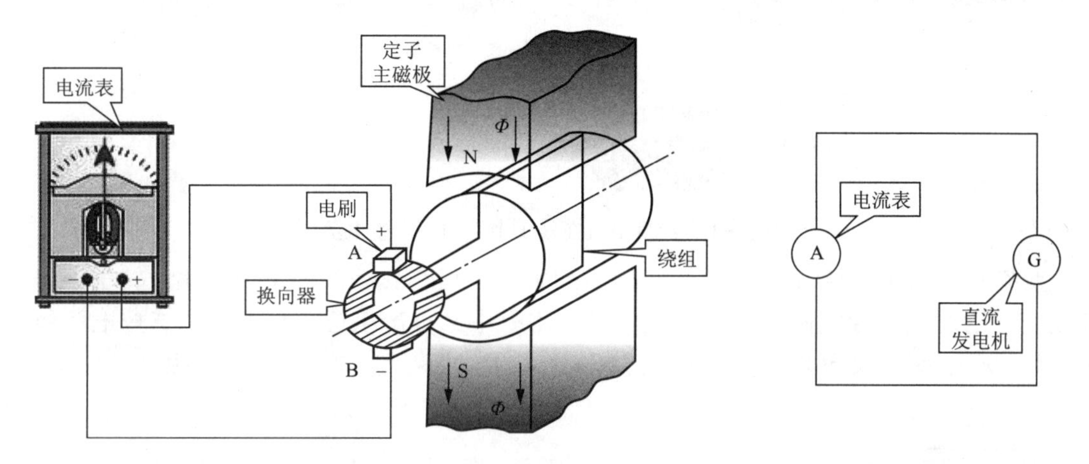

图 1–61　直流发电机在外部机械力下转动并切割磁感线

直流发电机转子绕组开始旋转瞬间的工作过程：当外部机械力带动绕组转动时，线圈 ab 和 cd 分别做切割磁感线运动，根据电磁感应原理，绕组内部产生电流，电流的方向由右手定则可判断为：感应电流经线圈 dc → cb → ba、换向器 1、电刷 A、电流表、电刷 B、换向器 2 形成回路，如图 1–62 所示。

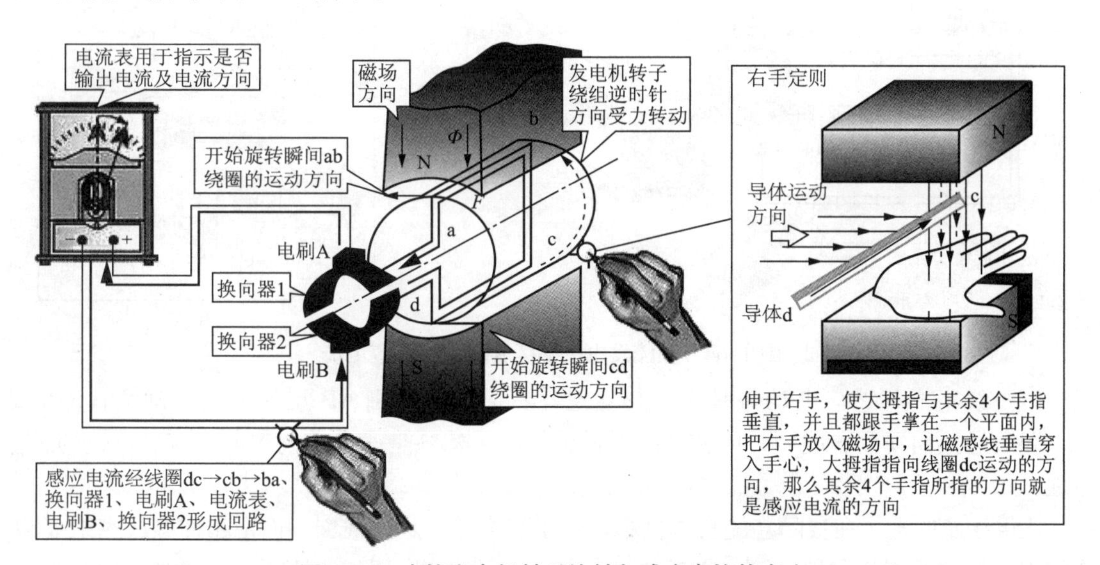

图 1–62　直流发电机转子旋转与感应电流的产生

直流发电机转子绕组转过 90° 后的工作过程：当绕组转过 90° 时，两个绕组边处于磁场物理中性面，且电刷不与换向片接触，绕组中没有电流流过，F=0，转矩消失，如图 1–63 所示。

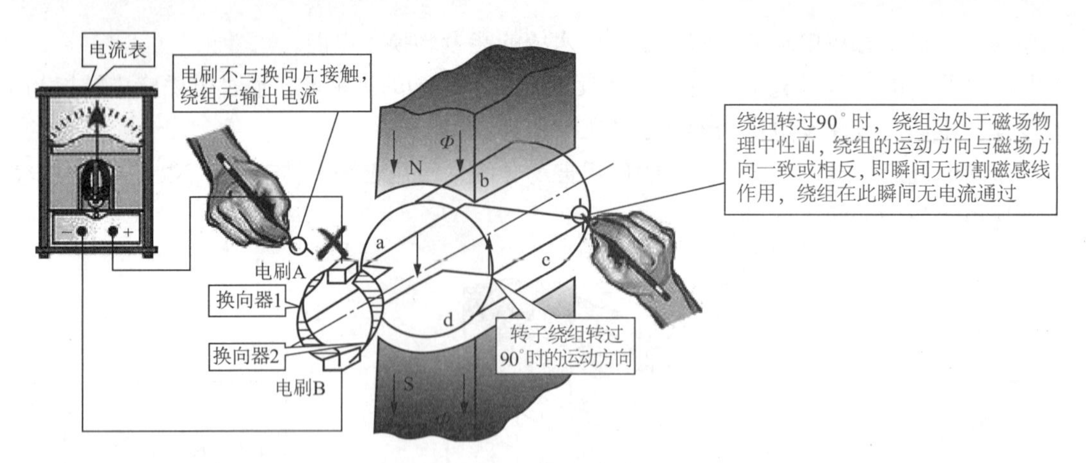

图 1–63 直流发电机在处于中性面不产生电流

直流发电机转子绕组再经 90° 旋转后的工作过程：受外部机械力作用，转子绕组继续旋转，这时绕组继续做切割磁感线运动，绕组中又可产生感应电流，该感应电流经绕组 ab → bc → cd、换向器 2、电刷 A、电流表、电刷 B、换向器 1 形成回路，如图 1–64 所示。

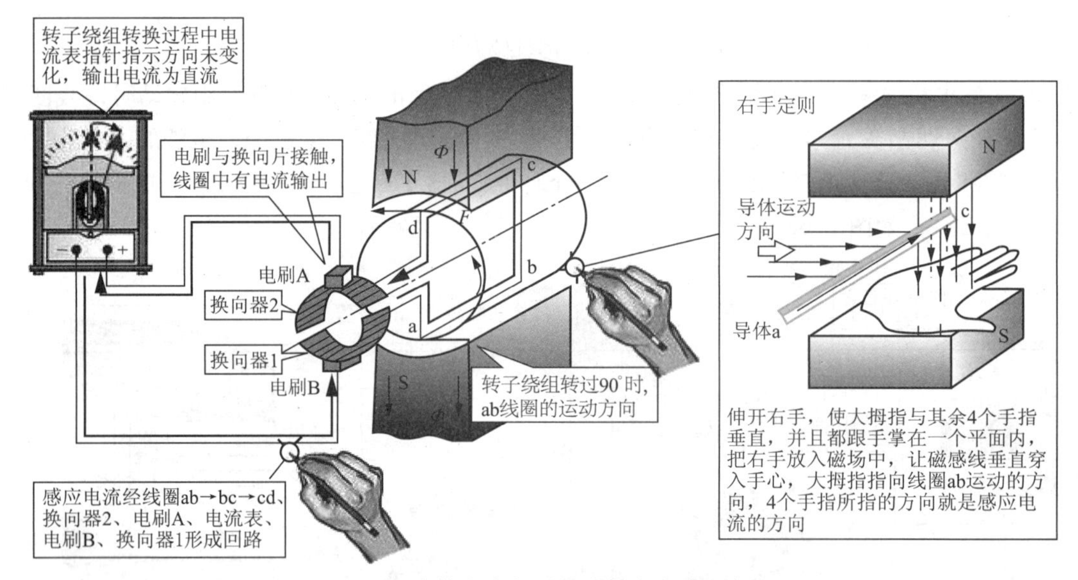

图 1–64　直流发电机继续旋转产生感应电流

转子绕组内的感应电动势是一种交变电动势，而在电刷 AB 端的电动势却是直流电动势，即通过换向器配合电刷，使转子绕组输出的电流始终是一个方向，即直流发电机的工作原理。

值得注意的是，在实际直流发电机中，转子绕组并不是单线圈，而是由许多线圈组成的，绕组中的这些线圈均匀地分布在转子铁芯的槽内，线圈的端点接到换向器的相应滑片上。换向器实际上由许多弧形导电滑片组成，彼此用云母片相互绝缘。线圈和换向器的滑片数目越多，发电机产生的直流电脉动就越小。一般中小型直流发电机输出的电压有 115 V、230 V、460 V，大型直流发电机输出电压为 800 V 左右。

7. 无线充电

无线充电主要有 4 种方式：电磁感应方式、磁共振方式、无线电波方式、电场耦合方式如表 1–2 所示。手机市场比较主流的是电磁感应方式。

表 1–2 无线充电方式

无线充电方式	电磁感应方式	磁共振方式	无线电波方式	电场耦合方式
英文	magnetic induction	resonance	radio reception	capacitive coupling
原理	电流通过线圈，线圈产生磁场，对附近线圈产生感应电动势，产生电流	发送端能量遇到共振频率相同的接收端，由共振效应进行电能传输	将环境电磁波转换为电流，通过电路传输电流	利用通过沿垂直方向耦合两组非对称偶极子而产生的感应电场来传输电力
传输功率	数瓦	数千瓦	大于 100 MW	1~10 W
传输距离	数毫米至数厘米	数厘米至数米	大于 10 m	数毫米至数厘米
使用频率范围	22 kHz	13.56 MHz	2.45 GHz	560~700 kHz
充电效率	80%	50%	38%	70%~80%
优点	适合短距离充电；转换效率较高	适合远距离大功率充电；转换效率适中	适合远距离小功率充电；自动随时随地充电	适合短距离充电；转换效率较高；发热较低；位置可不固定
挑战（限制）	特定摆放位置，才能精确充电；金属感应接触会发热	效率较低；安全与健康问题	转换效率较低；充电时间较长（转输功率小）	体积较大；功率较小

物理学家早就知道，在两个共振频率相同的物体之间能有效地传输能量，而不同频率物体之间的相互作用较弱。歌唱家演唱时能将装有不同水量瓶子中的一个震碎，而不影响其他瓶子就是这个道理。这也好比我们荡秋千时，只需坐在上面让下垂的双腿同步摆动就能给秋千带来动力一样。无线充电技术（见图 1–65）正是利用了这个原理。

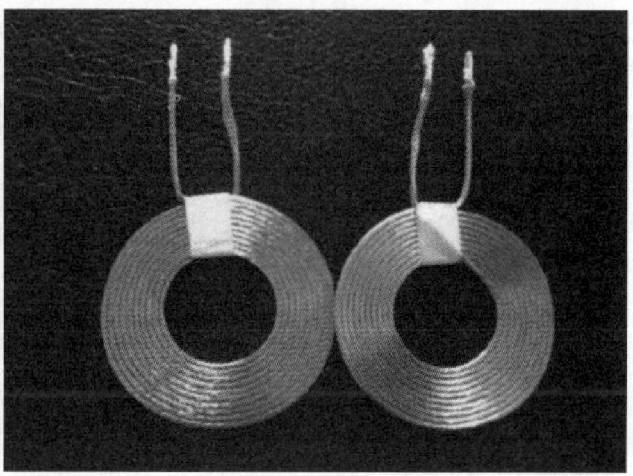

图 1–65 无线充电

无线充电技术是应用了电磁波感应原理及相关的交流感应技术，在发送和接收端用相应的线圈来发送和接收产生感应的交流信号来进行充电的一项技术。用户只需要将充电设备放在一个“平板”上即可进行充电，这样的充电方式过去曾经出现在手表和剃须刀上，但当时无法针对大容量锂离子电池进行有效充电。电磁感应方式无线充电示意图如图 1–66 所示。

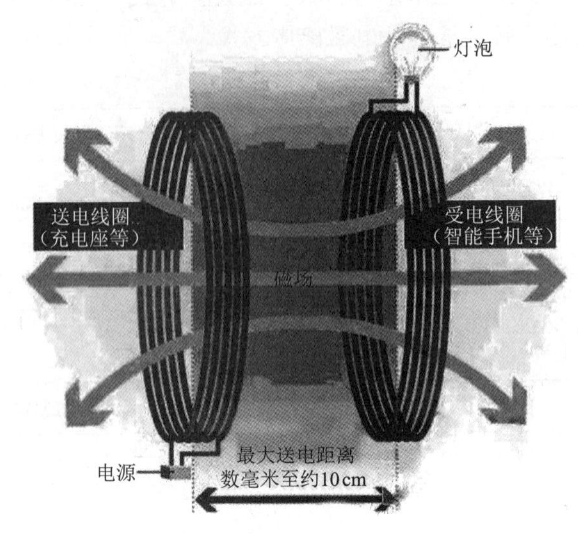

图 1–66　电磁感应方式无线充电示意图

无线充电组成部分：TX，也就是发射端，对应产品就是无线充电发射器；RX，也就是接收端，对应产品就是带无线充电功能的手机等。

TX 端：MCU、功率全桥，以及由电感和电容组成的 *LC* 谐振 Tank，其中电感就是发射端线圈。

RX 端：MCU、整流桥、LDO（低压差线性稳压器）、Charger 芯片、电池及 *LC* 谐振 Tank，其中电感就是接收端线圈。

无线充电电路原理图如图 1–67 所示。

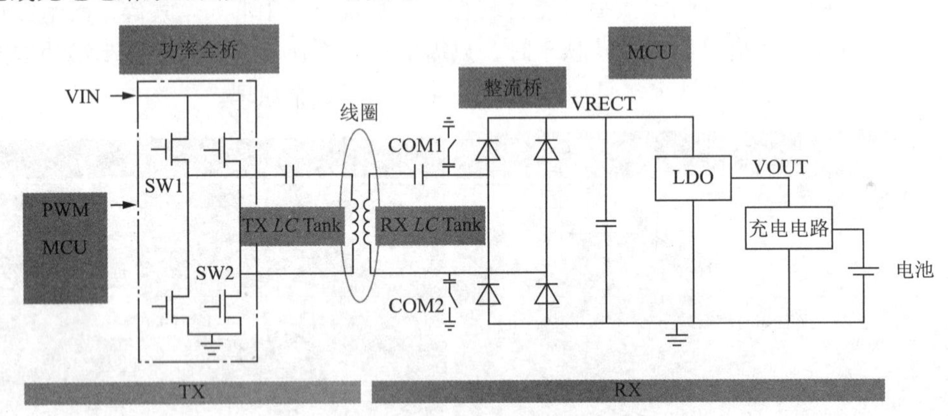

图 1–67　无线充电电路原理图

目前主流的无线充电标准有三种：Qi 标准、Power Matters Alliance（PMA）标准、Alliance for Wireless Power（A4WP）标准。

(1) Qi 标准。Qi 是全球首个推动无线充电技术的标准化组织——无线充电联盟（Wireless Power Consortium，WPC）推出的“无线充电”标准，具备便捷性和通用性两大特征。无线充电电路原理框图如图 1–68 所示。

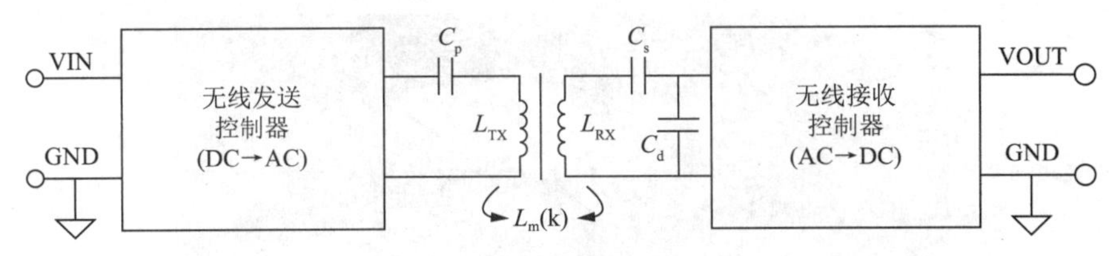

图 1–68 无线充电电路原理框图

首先，不同品牌的产品，只要有一个 Qi 的标识，都可以用 Qi 无线充电器充电。其次，它攻克了无线充电“通用性”的技术瓶颈，在不久的将来，手机、照相机、计算机等产品都可以用 Qi 无线充电器充电，为无线充电的大规模应用提供可能。

Qi 采用了目前最为主流的电磁感应技术。目前 Qi 在中国的应用产品主要是手机，这是第一个阶段，以后将发展运用到不同类别或更高功率的数码产品中。截至目前，联盟成员数量已增加到 74 家，包括飞利浦、HTC、诺基亚、三星、索尼、爱立信、百思买等知名企业都已是联盟的成员。

（2）Power Matters Alliance（PMA）标准。PMA 标准是由 Duracell Powermat 公司发起的，而该公司则由宝洁与无线充电技术公司 Powermat 合资经营，拥有比较出色的综合实力。除此以外，Powermat 还是 Alliance for Wireless Power（A4WP）标准的支持成员之一。

目前已经有 AT&T、Google 和星巴克三家公司加盟了 PMA 联盟。PMA 联盟致力于为符合 IEEE 标准的手机和电子设备，打造无线供电标准，在无线充电领域中具有领导地位。

（3）A4WP 标准。A4WP 是 Alliance for Wireless Power 标准的简称，由美国高通公司、韩国三星公司以及 Powermat 公司共同创建的无线充电联盟。

该联盟还包括 Ever Win Industries、Gill Industries、Peiker Acustic 和 SK Telecom 等成员，目标是为包括便携式电子产品和电动汽车等在内的电子产品无线充电设备设立技术标准和行业对话机制。

该无线充电联盟将重点引入“电磁谐振无线充电”技术，与 Qi 的“电磁感应技术”有所区别，这两种技术各有千秋。

注：Alliance for Wireless Power（A4WP）和 Power Matters Alliance（PMA）两大无线充电技术联盟现已合并。合并后的联盟更名为 Air Fuel Alliance。

8．特斯拉线圈

特斯拉线圈（Tesla coil）是一种使用共振原理运作的变压器（共振变压器）。由特斯拉在 1891 年发明，主要用来生产超高电压但低电流、高频率的交流电力。特斯拉线圈是一种分布参数高频串联谐振编译器，它由两组（有时用三组）耦合的共振电路组成，可以获得上百万伏的高频电压。

尼古拉•特斯拉（Nikola Tesla，1856—1943 年）是塞尔维亚裔美籍发明家、机械工程师、电气工程师（见图 1–69）。他被认为是电力商业化的重要推动者之一，并因主持设计了现代交流电系统而最为人所知。在法拉第发现的电磁场理论的基础上，特斯拉在电磁场领域有着多项革命性的发明。他的多项相关专利以及电磁学的理论研究工作是现代的无线通信和无线电的基石。

图 1–69 特斯拉

传统特斯拉线圈的原理是使用变压器使普通电压升压，然后给一次 *LC* 回路谐振电容充电，充到放电阈值，火花间隙放电导通。首先，一次 *LC* 回路发生串联谐振，给二次线圈提供足够高的励磁功率，其次是和二次 *LC* 回路的频率相等，让二次线圈的电感与分布电容发生串联谐振，这时放电终端电压最高，于是就看到闪电了。

工作过程：首先，交流电经过升压变压器升至 2 000 V 以上（可以击穿空气），然后经过由 4 个（或 4 组）高压二极管组成的全波整流桥，给主电容（C_1）充电。打火器是由两个光滑表面构成的，它们之间有几毫米的间距，具体的间距要由高压输出端电压决定。当主电容两个极板之间的电势差达到一定程度时，会击穿打火器处的空气，和一次线圈（L_1，一个电感）构成一个 *LC* 振荡回路。这时，由于 *LC* 振荡，会产生一定频率的高频电磁波，通常在 100 kHz 到 1.5 MHz 之间。放电顶端（C_2）是一个有一定表面积且导电的光滑物体，它和地面形成了一个“对地等效电容”，对地等效电容和二次线圈（L_2，一个电感）也会形成一个 *LC* 振荡回路。当一次回路和二次回路的 *LC* 振荡频率相等时，在打火器接通的时候，一次线圈发出的电磁波的大部分会被二次侧的 *LC* 振荡回路吸收。从理论上讲，放电顶端和地面的电势差是无限大的，因此在二次线圈的回路里面会产生高压小电流的高频交流电（频率和 *LC* 振荡频率一致），此时放电顶端会和附近接地的物体放出一道电弧，如图 1–70 所示。

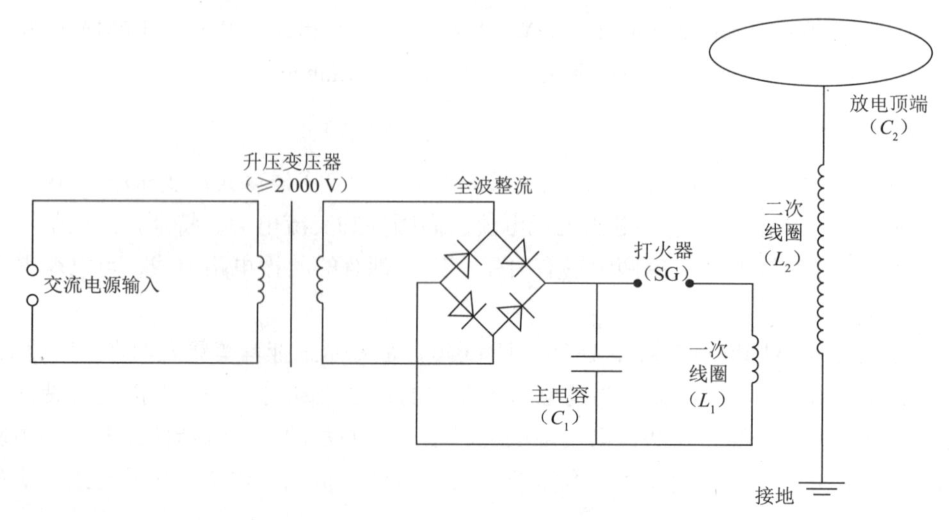

图 1–70 特斯拉线圈原理图

通俗一点说，特斯拉线圈是一个人工闪电制造器。在世界各地都有特斯拉线圈的爱好者，他们做出了各种各样的设备，制造出了眩目的人工闪电，十分美丽，如图 1–71 所示。

图 1–71　特斯拉人工闪电

9．练习

（1）请查找相关资料制作一个发电机模型。

（2）请查找相关资料识别图 1–72 所示电感容量。

图 1–72　电感容量

提示：小功率电感量的代码有 nH 及 μH 两种单位。用 nH 作单位时，用 N 代替 R 表示小数点。例如，4N7 表示 4.7 nH，4R7 则表示 4.7 μH；10N 表示 10 nH，而 10 μH 则用 100 来表示。大功率电感上有时印上 680K、220K 字样，分别表示 68 μH 及 22 μH。

（3）请分析先有电动机，还是先有发电机？并进一步了解历史的真实情况。

1.4 二极管

晶体二极管（crystal diode），简称二极管（diode），它是固态电子器件中的半导体二端器件，如图 1–73 所示。这些器件主要的特征是具有非线性的电流 - 电压特性，它是只往一个方向传送电流的电子器件，具有按照外加电压的方向，使电流流动或不流动的性质。

随着半导体材料和工艺技术的发展，利用不同的半导体材料、掺杂分布、几何结构，研制出结构种类繁多、功能用途各异的多种晶体二极管。制造材料有锗、硅及化合物半导体。晶体二极管可用来产生、控制、接收、变换、放大信号和进行能量转换等。

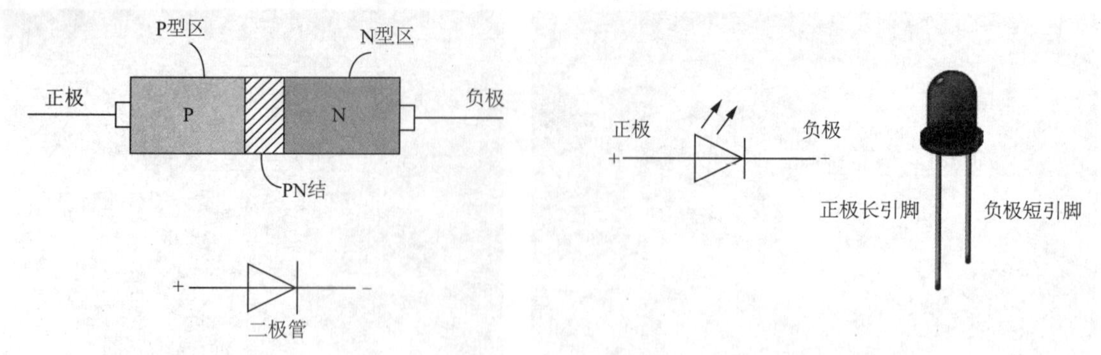

图 1–73　晶体二极管原理及图形符号

1．二极管概述

晶体二极管为一个由 P 型半导体和 N 型半导体形成的 PN 结，在其界面处两侧形成空间电荷层，并建有自建电场，如图 1–74 所示。当不存在外加电压时，由于 PN 结两边载流子浓度差引起的扩散电流和自建电场引起的漂移电流相等而处于电平衡状态。

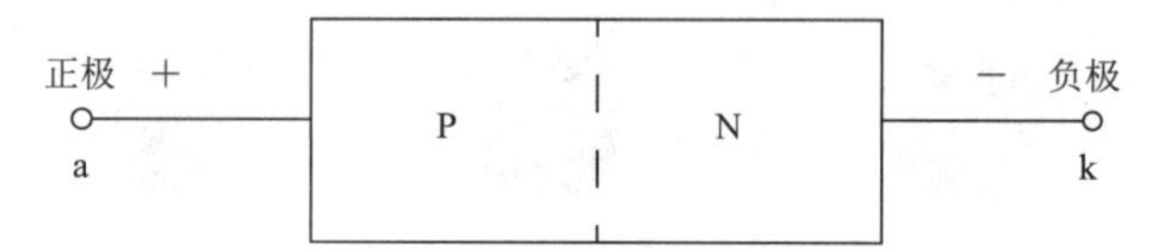

图 1–74　晶体二极管 PN 结与电场

早期的二极管包含猫须晶体（cat’s whisker crystals）和真空管 (thermionic valves)。

1904 年，英国电气工程师、物理学家弗莱明・约翰・安布罗斯（Fleming John Ambrose，1849—1945 年），根据“爱迪生效应”发明了世界上第一只电子二极管——真空电子二极管，如图 1–75 所示。

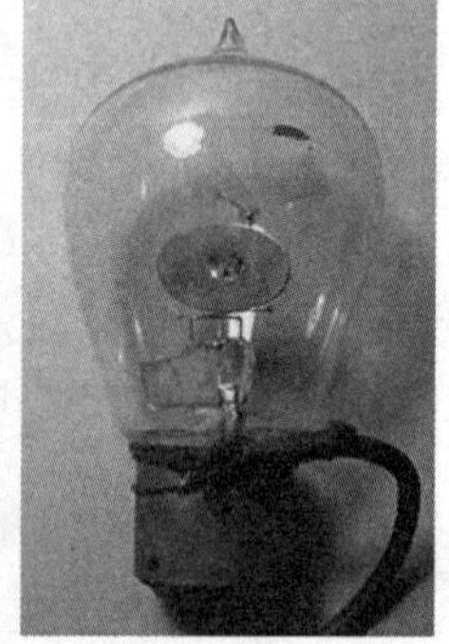

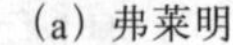

（a）弗莱明　　（b）弗莱明实验用的灯泡

图 1–75　弗莱明与真空电子二极管

它是依靠负极热发射电子到正极实现导通的。在一个真空的玻璃瓶中，里面装有灯丝，在离灯丝不远的地方再装上两个间隔的导线。给灯丝通电，让它灼热发光，右边的灯泡就会发光。如果把右边的电源的正负极对调一下，让离灯丝很近的那根导线接正极，另一根接负极，则右边灯泡不会发光，如图 1–76 所示。当时，具体的原因弗莱明也不清楚。现在我们已经知道，要是在两根金属之间加上电压，被灯丝烤得灼热的金属可以在真空里发射电子。

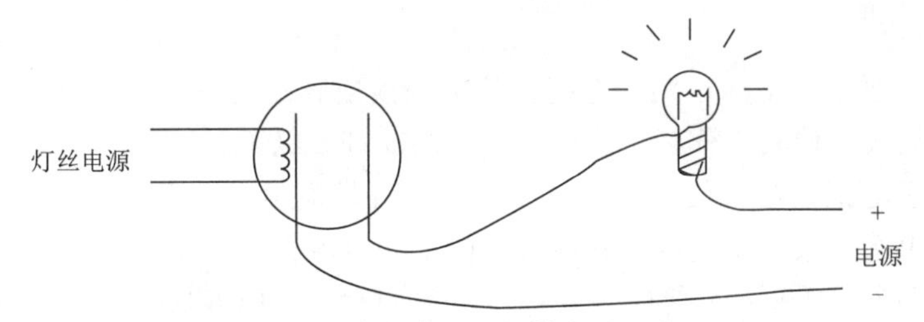

图 1–76　真空电子二极管实验示意图

19 世纪末，德国物理学家卡尔·费迪南德·布劳恩 (Karl Ferdinand Braun) 制作出了第一个半导体二极管。由于连接半导体晶体的导线很像胡须，所以当时二极管被称为“猫须”。但这个“猫须”并不可靠。

大部分二极管所具备的电流方向性，通常称之为“整流（rectifying）”功能。二极管最普遍的功能就是只允许电流由单一方向通过（称为顺向偏压），反向时阻断（称为逆向偏压）。因此，二极管可以想成电子版的逆止阀。然而实际上二极管并不会表现出如此完美的开与关的方向性，而是较为复杂的非线性电子特征——这是由特定类型的二极管技术决定的。二极管使用上除了用作开关的方式之外还有很多其他的功能。

现今最普遍的二极管大多是使用半导体材料如硅或锗制成的。

1）正向性

外加正向电压时，在正向特性的起始部分，正向电压很小，不足以克服 PN 结内电场的阻挡作用，正向电流几乎为零，这一段称为死区。这个不能使二极管导通的正向电压称为死区电压。当正向电压大于死区电压以后，PN 结内电场被克服，二极管正向导通，电流随电压增大而迅速上升。在正常使用的电流范围内，导通时二极管的端电压几乎维持不变，这个电压称为二极管的正向电压。

2）反向性

外加反向电压不超过一定范围时，通过二极管的电流是少数载流子漂移运动所形成的反向电流。由于反向电流很小，二极管处于截止状态。这个反向电流又称反向饱和电流或漏电流，二极管的反向饱和电流受温度影响很大。

3）击穿

外加反向电压超过某一数值时，反向电流会突然增大，这种现象称为电击穿。引起电击穿的临界电压称为二极管反向击穿电压。电击穿时二极管失去单向导电性。如果二极管没有因电击穿而引起过热，则单向导电性不一定会被永久破坏，在撤除外加电压后，其性能仍可恢复，否则二极管就损坏了。因而使用时应避免二极管外加的反向电压过高。

二极管的管压降：硅二极管（不发光类型）正向管压降为 0.7 V，锗二极管正向管压降为 0.3 V；发光二极管正向管压降会随不同发光颜色而不同。主要有 3 种颜色，具体管压降参考值如下：红色发光二极管的管压降为 2.0~2.2 V，黄色发光二极管的管压降为 1.8~2.0 V，绿色发光二极管的管压降为 3.0~3.2 V，正常发光时的额定电流约为 20 mA。

2. 常见二极管

二极管的主要作用有：整流、开关、检波、稳压、阻尼、显示、限幅、续流、触发、混频等。

1）整流二极管

整流二极管主要用于整流电路，即把交流电变换成脉动的直流电。整流二极管都是面结型，因此结电容较大，使其工作频率较低，一般为 3 kHz 以下。

普通串联稳压电源电路中使用的整流二极管，对截止频率的反向恢复时间要求不高，只要根据电路的要求选择最大整流电流和最大反向工作电流符合要求的整流二极管即可。例如，1N 系列、2CZ 系列、RLR 系列等。开关稳压电源的整流电路及脉冲整流电路中使用的整流二极管，应选用工作频率较高、反向恢复时间较短的整流二极管（例如 RU 系列、EU 系列、V 系列、1SR 系列等）或选择快恢复二极管。

整流二极管常见的有 1N4007（1 000 V, 1 A），负极一般就是白色的条或环，如图 1–77 所示。

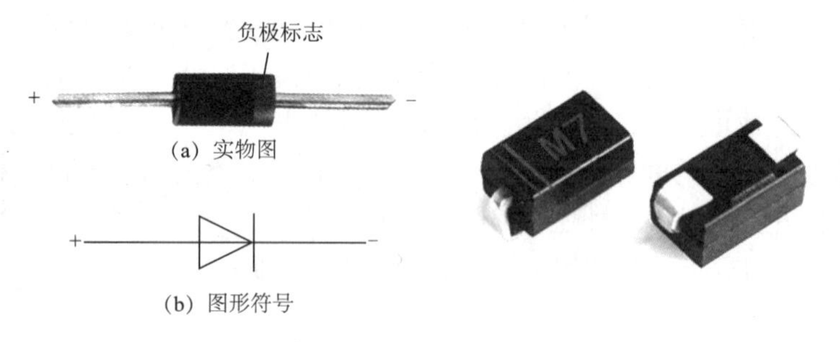

图 1–77　整流二极管

在稳压电路中还常用一种整流桥。所谓整流桥，就是将整流管封装成一个整体，分全桥和半桥。全桥是将连接好的桥式整流电路的 4 个二极管封装在一起，如图 1–78 所示。半桥是将 4 个二极管桥式整流的一半封装在一起，用两个半桥可组成一个桥式整流电路；一个半桥也可以组成变压器带中心抽头的全波整流电路。选择整流桥要考虑整流电路和工作电压。

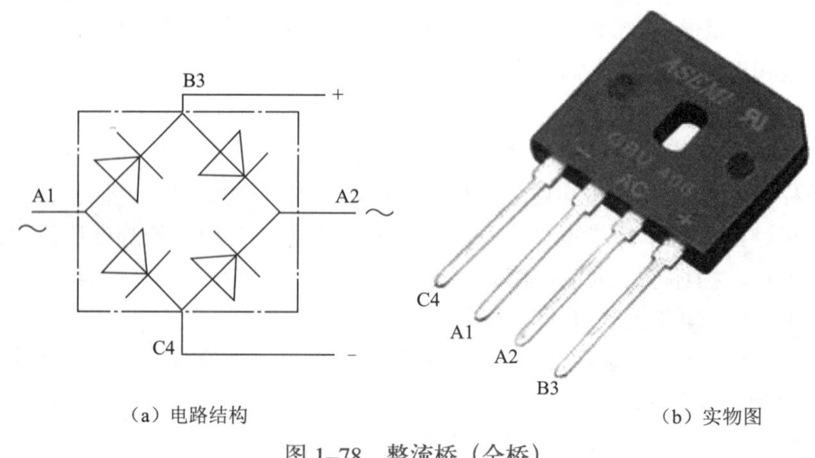

图 1–78　整流桥（全桥）

整流二极管的维修判断：用万用表的欧姆挡，测量整流二极管的两根引出线（头、尾对调各测一次）。若两次测得的电阻值相差很大，例如电阻值大的高达兆欧，而电阻值小的仅几百欧甚至更小，说明该二极管是好的（发生了软击穿的二极管除外）。若两次测得的电阻值几乎相等，而且电阻值很小，说明该二极管已被击穿损坏不能使用。

2）开关二极管

开关二极管是半导体二极管的一种，是为在电路上进行“开”和“关”而特殊设计制造的一类二极管如图 1–79 所示。它由导通变为截止或由截止变为导通所需的时间比一般二极管短，在正向电压作用下，电阻很小，处于导通状态，相当于一只接通的开关；在反向电压作用下，电阻很大，处于截止状态，如同一只断开的开关。利用二极管的开关特性，可以组成各种逻辑电路。常见的有 2AK、2DK 等系列，主要用于电子计算机、脉冲和开关电路中。常用型号为 1N4148（75 V，150 mA，4 ns）。

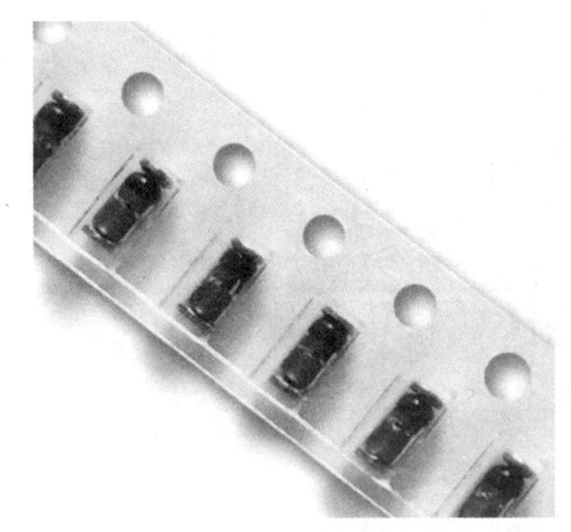

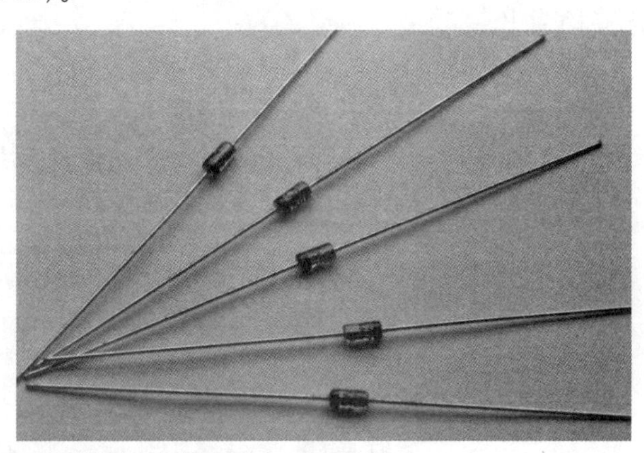

图 1–79　开关二极管

开关二极管最重要的是高频条件下的表现。在高频条件下，二极管的势垒电容表现出来极低的阻抗，并且与二极管并联。当这个势垒电容本身容值达到一定程度时，就会严重影响二极管的开关性能。极端条件下会把二极管短路，高频电流不再通过二极管，而是直接由势垒电容通过，二极管就失效了。而开关二极管的势垒电容一般极小，这就相当于堵住了势垒电容这条路，达到了在高频条件下还可以保持好的单向导电性的效果。

在开关二极管电路中，如图 1–80 所示，VD_1 是开关二极管，其作用相当于一个开关，用来接通和断开电容 C_2。

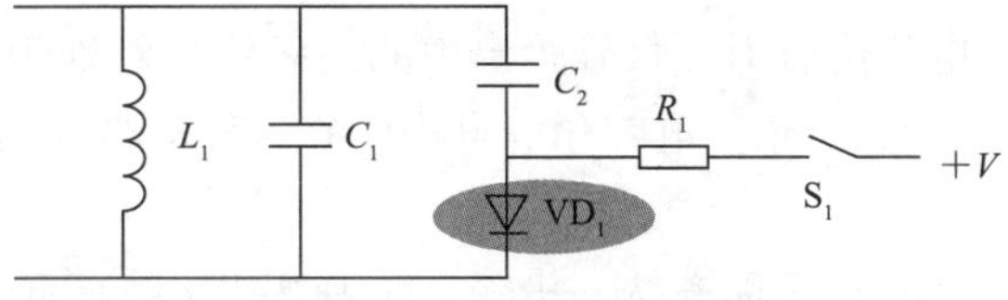

图 1–80　开关二极管电路

（1）电路中，C_2 和 VD_1 串联，根据串联电路特性可知，C_2 和 VD_1 要么同时接入电路，要么同时断开。如果只是需要 C_2 并联在 C_1 上，可以直接将 C_2 并联在 C_1 上，可是串入二极管 VD_1，说明 VD_1 控制着 C_2 的接入与断开。

（2）根据二极管的导通与截止特性可知，当需要 C_2 接入电路时让 VD_1 导通，当不需要

C_2 接入电路时让 VD_1 截止，二极管的这种工作方式称为开关方式，这样的电路称为二极管开关电路。

(3) 二极管的导通与截止要有电压控制。电路中 VD_1 正极通过电阻 R_1、开关 S_1 与直流电压 $+V$ 端相连，这一电压就是二极管的控制电压。

(4) 电路中的开关 S_1 用来控制工作电压 $+V$ 是否接入电路。根据 S_1 开关电路更容易确认二极管 VD_1 工作在开关状态下，因为 S_1 的开、关控制了二极管的导通与截止。

3）检波二极管

检波二极管的主要作用是把高频信号中的低频信号检出，如图 1–81 所示。它的结构为点接触型。其结电容较小，工作频率较高，一般都采用锗材料制成。

检波就是从输入信号中取出调制信号，以整流电流的大小，一般是以 100 mA 为分界点。通常把输出电流小于 100 mA 的称为检波。检波二极管通常用于半导体收音机、电视机等小信号电路当中。

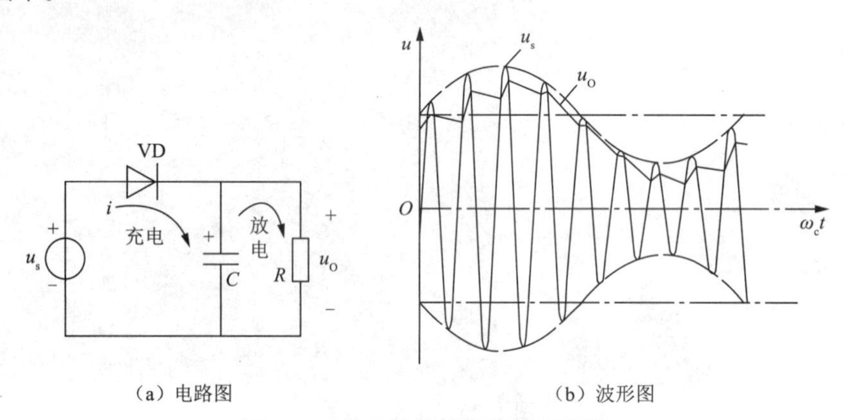

（a）电路图　　（b）波形图

图 1–81　检波二极管电路及波形图

二极管检波原理如下：调幅信号是一个高频信号承载一个低频信号，调幅信号的波包 (envelope) 即为基带低频信号。如在每个信号周期取平均值，其恒为零。

若将调幅信号通过检波二极管，由于检波二极管的单向导电特性，调幅信号的负向部分被截去，仅留下其正向部分，如在每个信号周期取平均值（低通滤波），所得为调幅信号的波包，即基带低频信号，实现了解调（检波）功能。

调幅信号是二极管检波电路的输入，因为二极管只允许单向导电，所以，如果使用的是硅二极管，则只有电压高于 0.7 V 的部分可以通过二极管。同时，由于二极管的输出端连接了一个电容，这个电容与电阻配合对二极管输出中的高频信号对地短路，使得输出信号基本上就是信号包络线，如图 1–82 所示。电容和电阻构成的这种电路称为 RC 滤波器。

4）稳压二极管

稳压二极管（Zener diode）又称齐纳二极管，是利用 PN 结反向击穿状态，其电流可在很大范围内变化而电压基本不变的现象，制成的起稳压作用的二极管。此二极管是一种直到临界反向击穿电压前都具有很高电阻的半导体器件。在临界击穿点上，反向电阻降低到一个很小的数值，在这个低阻区中电流增加而电压则保持恒定，稳压二极管是根据击穿电压来分挡的，因为这种特性，稳压二极管主要作为稳压器或电压基准元件使用。

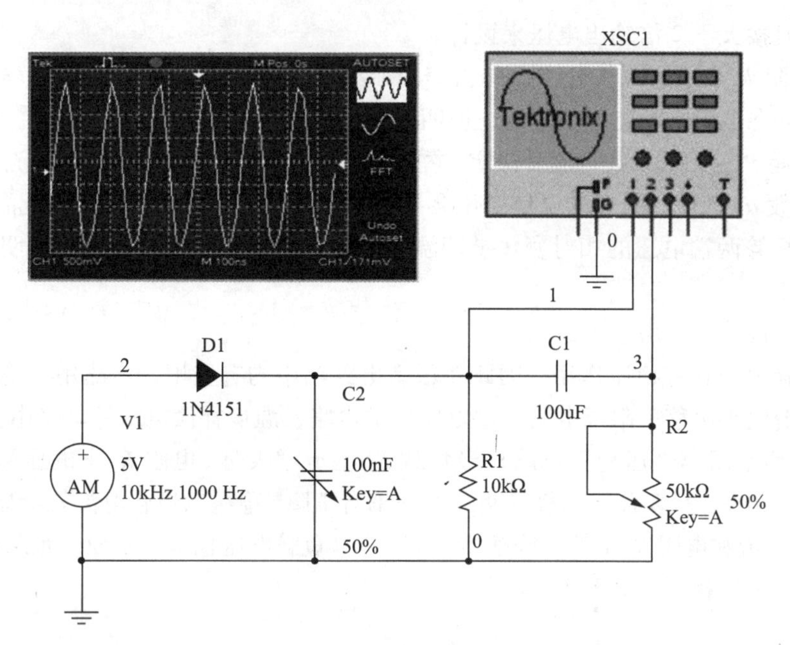

图 1–82 调幅检波电路仿真图 ①

由于制造工艺的不同，稳压二极管的 PN 结处于反向击穿状态时不会损坏（一般二极管的 PN 结会损坏）。在稳压二极管用来稳定电压时，就是利用它的这一击穿特性。一般二极管反向电压超过其反向耐压值时会被击穿而损坏，但是稳压二极管在承受反向电压达到稳压值时，反向电流急剧增大。只要反向电流值不超过允许的最大电流，就可以正常工作，它的反向伏安特性曲线较陡、线性度很好，如图 1–83 所示。

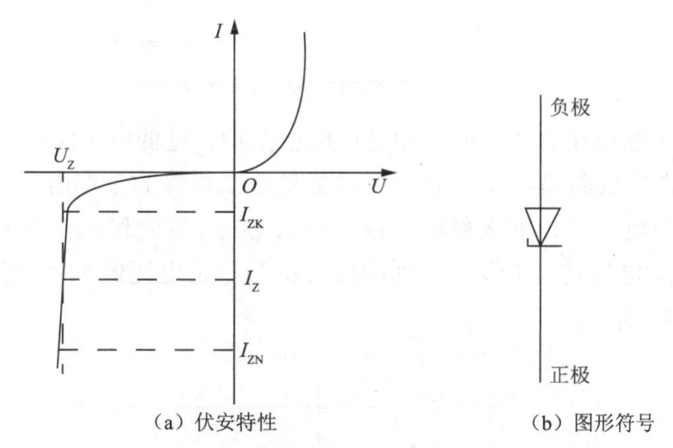

图 1–83 稳压二极管的伏安特性及图形符号

稳压二极管可以串联起来以便在较高的电压上使用。通过串联就可获得更高的稳定电压。常用的稳压二极管有 2CW55、2CW56 等。

（1）稳压二极管主要参数：

① 稳定电压 U_Z：稳压二极管反向击穿后稳定工作时的电压值称为稳定电压。

② 稳定电流 I_Z：稳压二极管反向击穿后稳定工作时的反向电流称为稳定电流。稳压二极管允许通过的最大反向电流称为最大稳定电流。使用稳压二极管时，工作电流不能超过最大

① 书中仿真图的电路图形符号与国家标准符号不符，二者对照关系参见附录 A。

稳定电流，一般按大于 2 倍输出电压来设计。

③ 动态电阻 R_Z：稳压二极管在反向击穿的曲线工作时，电压变化量 ΔU_Z 与电流变化量 ΔI_Z 之比称为动态电阻。动态电阻越小，说明稳压性能越好。

④ 额定功耗 P_Z：由芯片允许温升决定。它的额定值为稳定电压 U_Z 和稳定电流 I_Z 的乘积。

⑤ 温度系数 α：稳压二极管的温度变化会导致稳定电压发生微小变化，因此温度变化 1℃所引起稳压二极管两端电压的相对变化量即温度系数。温度系数越小越好，说明稳压二极管受温度影响很小。

(2) 稳压二极管的应用：

稳压二极管由于具有稳压作用，因此在很多电路当中均有应用，广泛用在稳压电源、电子点火器、直流电平平移、限幅电路、过电压保护电路、温度补偿电路等电路中。

① 稳压电路：阻容降压稳压电路，当负载 R_L 电流增大时，电阻 R_2 上的压降增大，负载电压随之降低，但是，只要稳压二极管两端电压稍有下降，稳压二极管电流就会显著减小，使通过电阻 R_2 的电流和电阻 R_2 上的压降基本不变，使得负载电压也基本不变。负载电流减小时，稳压过程则与此过程相反，如图 1–84 所示。

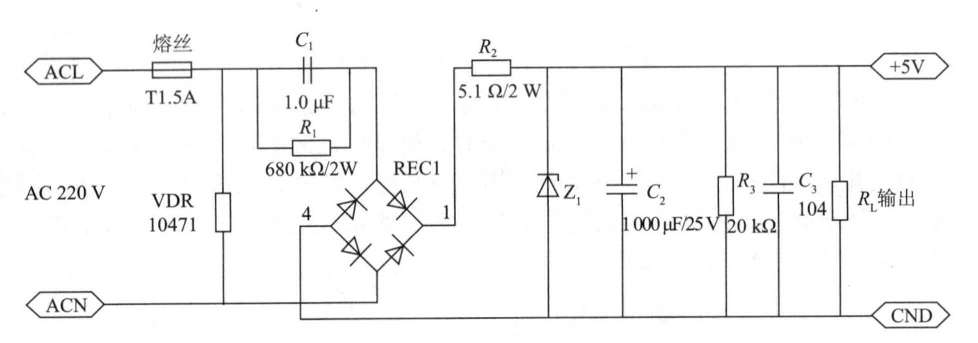

图 1–84 整流稳压电路原理图

② 过电压保护：过电压有过高电压和过低电压保护。过低电压保护电路可以避免负载长时间处于低电压状态造成断路现象，它利用的是稳压二极管的击穿电压，一旦电源电压 V_{CC} 超过稳压二极管击穿电压时，那么稳压二极管就会导通，这时候触点 K 吸合，继电器接通，负载 R_L 工作。当 V_{CC} 电压过低（没有达到稳压二极管稳定电压值）时，触点不动作，继电器不会吸合，如图 1–85 所示。

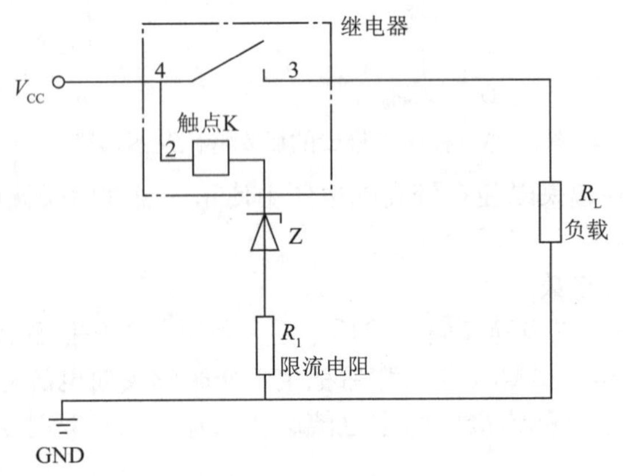

图 1–85 稳压二极管过电压保护电路

③ 温度补偿：稳压二极管在温度补偿电路中利用的是稳压二极管的温度系数，用温度互补型稳压二极管构成稳压电路。采用温度互补型稳压二极管对于稳压要求较高的电路当中，特别是温度对电压的影响，这种具有温度互补特性的稳压二极管内部其实有两只普通的稳压二极管，但是它们的温度特性相反，当温度升高或下降时，一只稳压二极管的管压降下降，另一只稳压二极管的管压降升高，这样两只稳压二极管总的管压降保持不变，起到温度补偿作用，如图 1–86 所示。

④ 典型的串联型稳压电路：三极管 T 的基极被稳压二极管 VD 稳定在 13 V，那么其发射极就输出恒定的（13-0.7）V= 12.3 V 电压，在一定范围内，无论输入电压升高还是降低，无论负载电阻大小如何变化，输出电压都保持不变，如图 1–87 所示。

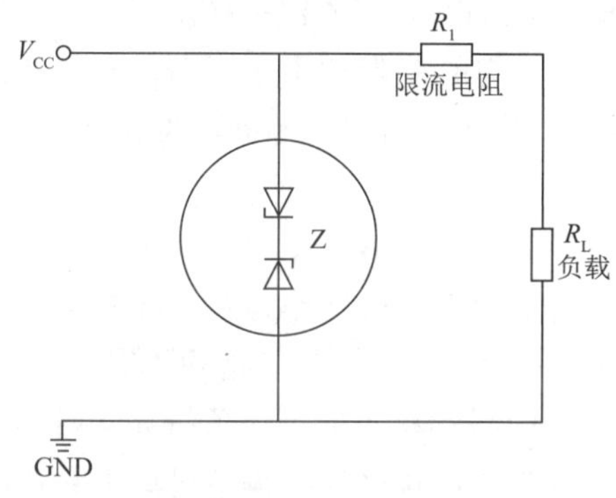

图 1–86 稳压二极管温度补偿电路

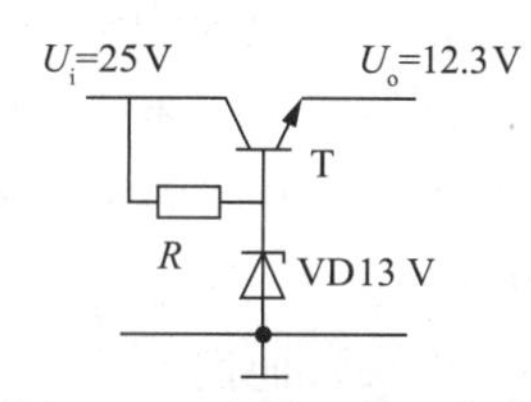

图 1–87 串联型稳压电路

3．发光二极管

发光二极管（light-emitting diode，LED）是一种能将电能转化为光能的半导体电子元件，由含镓（Ga）、砷（As）、磷（P）、氮（N）等的化合物制成。根据化学性质不同，又可以分为有机发光二极管（OLED）和无机发光二极管 LED，如图 1–88 所示。

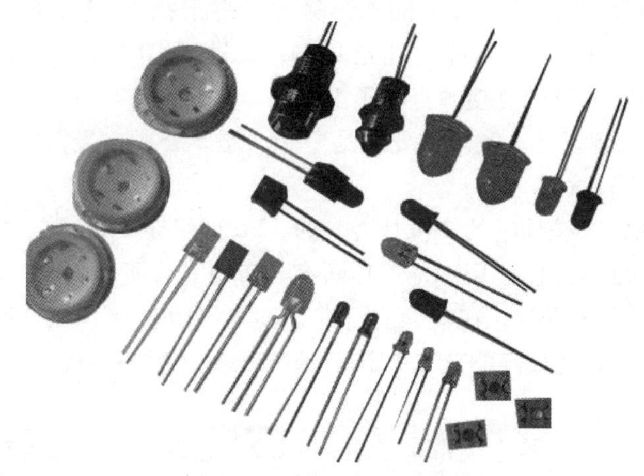

图 1–88 发光二极管实物图

普通单色发光二极管的发光颜色与发光的波长有关，而发光的波长又取决于制造发光二极管所用的半导体材料。砷化镓发光二极管发红光，磷化镓发光二极管发绿光，碳化硅发光二极管发黄光，氮化镓发光二极管发蓝光。红色发光二极管的波长一般为 650~700 nm，琥珀色发光二极管的波长一般为 630~650 nm ，橙色发光二极管的波长一般为 610~630 nm，黄色发光二极管的波长一般为 585 nm，绿色发光二极管的波长一般为 555~570 nm。

这种电子元件早在 1962 年出现，在电路及仪器中作为指示灯或者组成文字或数字显示。早期只能发出低光度的红光，之后发展出其他单色光的版本，时至今日能发出的光已遍及可见光、红外线及紫外线，光度也提高很多。用途也从作为指示灯、显示板等，发展为被广泛应用于显示器、电视机的采光装饰和照明。

1907 年，英国物理学家朗德 (H.J. Round) 在研究碳化硅晶体时，意外地发现，当电流通过碳化硅时，碳化硅会发出暗淡的黄色光。

爱迪生发明的钨丝灯之所以能发光，是因为电流在通过钨丝时产生极高的热量，温度可以达到 2 000℃以上；钨丝处于高温的白炽状态时，就如同烧红的铁一样发出光来。从这里我们可以明白，钨丝灯有两个非常致命的缺点：首先，它的能量利用率不高，光只是钨丝发热时的“副产品”，大部分的电能都被热量消耗掉了；其次，高温会不断蒸发钨丝上的钨原子，白炽灯的寿命会很短。

而碳化硅发光的原理则完全不同：出于某种特殊的物理结构，电子可以直接激发光线，直接跳过了“高温”这一步。敏锐的朗德立即想到了利用碳化硅作为新光源的意义，但它的光实在是太弱了。在几年的努力研究后，一无所获的朗德最终放弃了这项研究。

一晃 10 年过去了，20 世纪 20 年代后期，两位德国科学家重新把这项研究从科学界的“垃圾堆”里翻了出来，他们使用的不再是碳化硅，而是从锌硫化物和铜中提炼出的黄磷。和碳化硅一样，黄磷也拥有特殊的物理结构，能在电子的激发下发出可见光。这些物质统称为“发光二极管”，也就是 LED。不幸的是，两位科学家把情况想得太过乐观了，在花费了大量时间和精力之后，最终他们也没有战胜这过分暗淡的光线。千里马易寻，而伯乐难得，LED 的美丽光芒，就这样又被埋没了起来。

弹指一挥间，到了 20 世纪 50 年代，随着时代的发展和科技的进步，各大科技公司纷纷投身到了 LED 的研究中。经过许多人的不懈努力，终于在 1962 年 8 月 8 日，美国通用电气公司开发出了世界上第一种可实用的红光 LED。又过了 10 年，人类制造出了第一个黄光 LED，而且这个时候的 LED 的亮度被提高了 10 倍。

大家或许已经注意到了，人类最需要的是白光。想要合成白光，仅靠红光、黄光、绿光是不够的，人们还需要蓝光。

寻找蓝光 LED 的道路是崎岖的，也是漫长的。20 世纪 60 年代末，日本学者赤崎勇就开始研究基于氮化镓基础上的蓝光 LED，这项研究一直进行了近 30 年，他和学生天野浩为蓝光 LED 的研究做出了许多贡献。在他们的研究基础上，1994 年，在日亚化工工作的中村修二用烟氮化镓制造出了亮度很高的蓝光 LED。他也凭借这项研究成果，获得了 2014 年的诺贝尔物理学奖。

蓝光 LED 的出现，立即给人类带来了白光 LED。它最大的优点当然是发光效率高，一个白炽灯电能转化为光能的转化率只有 10% 左右，而 LED 可以达到 60%，利用率比节能灯还高；第二，它的使用寿命长达 10 万 h，可以使用 10 年以上，而白炽灯的使用寿命只有 1 000 h 左右；第三，LED 需要的电压很低，几伏就足够了，安全可靠。

为了方便使用，通过封装技术，把 LED 二极管、透镜、散热器等集成在一起，组成像珠子一样的 LED 二极管，俗称灯珠，如图 1–89 所示。小功率 LED 灯珠一般有圆形和方形两种，方形的按尺寸来标识，如 5028，标识灯珠长 5.0mm，宽 2.8mm；圆形的依据体积大小较难区别，可以对照相应厂商给出的尺寸大致推断。

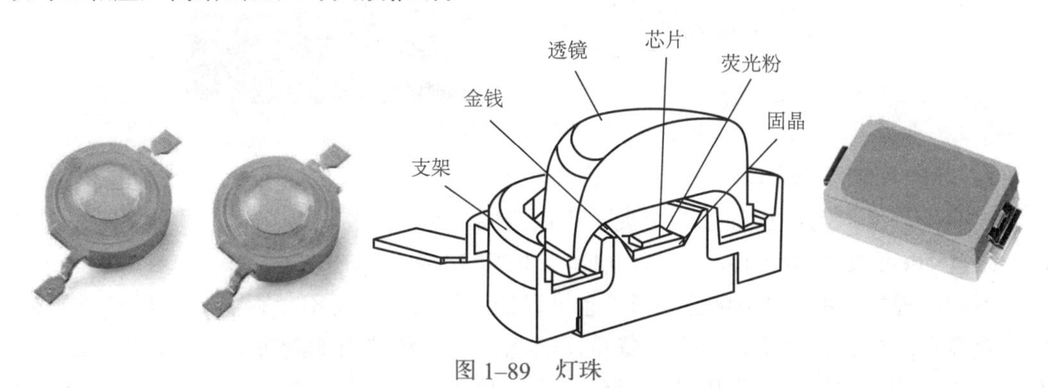

图 1–89　灯珠

LED 灯珠的基板一般是铝基板，有正反两面，白色的一面是焊接 LED 引脚的，另一面呈现铝本色，一般会涂抹导热凝浆后与导热部分接触。目前还有陶瓷基板等。铝基板是一种金属基覆铜板，具有优异的导热性、电气绝缘性和机械加工功能。选用铝基板可以很好地解决 LED 灯具的散热问题。由于铝的导热系数高、散热好，可以有效地将内部热量导出。印制电路板（PCB）设计时也要尽量将 PCB 接近铝底座，然后减少灌封胶而产生的热阻。

LED 模组：由集成有多行、多列的发光二极管四边形模块构成，所述的四边形模块至少一边为带有一组以上凹凸槽块的边缘，如图 1–90 所示。所述的四边形模块至少可有一组对边两壁均带有一组以上凹凸槽块，其中，两对边凹凸槽块可呈对应状，亦可呈对称状。LED 模组是 LED 产品中应用比较广的产品，在结构方面和电子方面也存在很大的差异，简单的就是用一个装有 LED 的线路板和外壳构成一个 LED 模组；复杂的就加上一些控制、恒流源和相关的散热处理使 LED 使用寿命和发光强度更好。

图 1–90　LED 模组

LED 灯带（LED strip）：是指把 LED 组装在带状的 FPC（柔性线路板）或 PCB 上，因其产品形状像一条带子一样而得名。因为使用寿命长（一般正常使用寿命在 8~10 万 h），又非常节能和绿色环保而逐渐在各种装饰行业中崭露头角。

灯带是 LED 灯带的简称，大部分人说的时候不习惯名词太长，于是把前面的 LED 省略了，直接称为灯带，如图 1–91 所示。这样灯带的叫法也包含了以前很多大二线、大三线、圆二线等等的直接用线材连接 LED 而不用 FPC 或 PCB 的老式灯带，当然也就包含了柔性灯带和硬灯带。

图 1–91　LED 灯带

柔性 LED 灯带（flex LED strip），是采用 FPC 作为组装线路板，用贴片 LED 进行组装，使产品的厚度仅为一枚硬币的厚度，不占空间。普遍规格有 30 cm 长 18 颗 LED、24 颗 LED，以及 50cm 长 15 颗 LED、24 颗 LED、30 颗 LED 等，还有 60 cm、80 cm 等。不同的用户有不同的规格，并且可以随意剪断，也可以任意延长而发光不受影响。而 FPC 材质柔软，可以任意弯曲、折叠、卷绕，可在三维空间随意移动及伸缩而不会折断。适合于不规则的地方和空间狭小的地方使用，也因其可以任意弯曲和卷绕，适合于在广告装饰中任意组合各种图案。

LED 灯条（LED light bar）是用 PCB 硬板作为组装线路板。LED 有用贴片 LED 进行组装的，也有用直插 LED 进行组装的，视需要不同而采用不同的元件，如图 1–92 所示。LED 硬灯条的优点是比较容易固定，加工和安装都比较方便；缺点是不能随意弯曲，不适合不规则的地方。LED 硬灯条用贴片 LED 的有 18 颗 LED、24 颗 LED、30 颗 LED、36 颗 LED、40 颗 LED 等多种规格；用直插 LED 的有 18 颗 LED、24 颗 LED、36 颗 LED、48 颗 LED 等不同规格，有正面的也有侧面的，侧面发光的又称长城灯条。

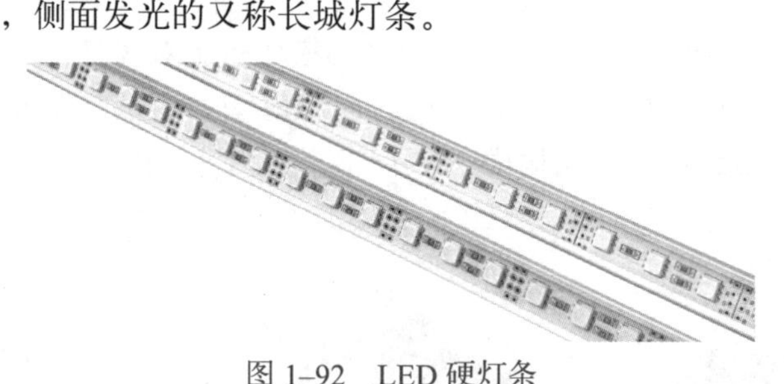

图 1–92　LED 硬灯条

有机发光二极管（organic light-emitting diode , OLED）又称有机电激发光显示（organic electro luminescence display，OELD）、有机发光半导体，如图 1–93 所示。最早的 OLED 技术研发开始于 1950 年代的法国南茜大学，法国物化学家安德烈・贝纳诺斯被誉为“OLED 之父”，最早的实用型 OLED 于 1987 年被柯达公司的香港人邓青云和美国人史蒂夫・范・斯莱克两人发现，其后索尼、三星和 LG 等公司于 21 世纪开始量产。

4．肖特基二极管

在金属（例如铅）和半导体（N 型硅片）的接触面上，用已形成的肖特基来阻挡反向电压。肖特基与 PN 结的整流作用原理有根本性的差异。其耐压程度只有 40 V 左右。因此，能制作开关二极管和低压大电流整流二极管。

肖特基二极管是一种低功耗、超高速的二极管，如图 1–94 所示。它的主要特点是反向恢复时间极短，最小可以到达几纳秒，而且它的正向导通压降仅 0.4 V 左右。普遍用于大电流整流二极管、续流二极管、保护二极管场合。

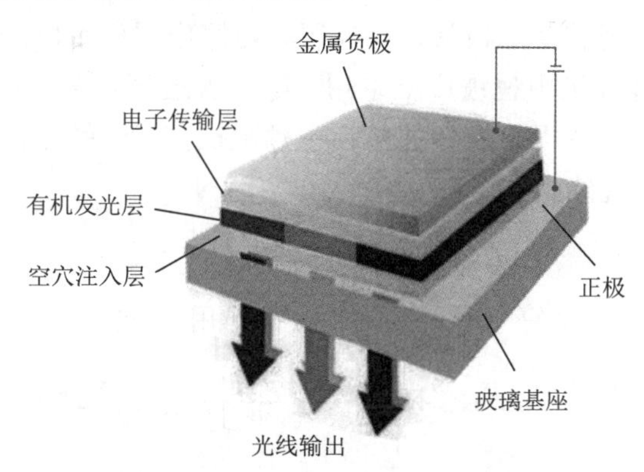

图 1–93 OLED 发光原理示意图

肖特基二极管是由贵金属金、铝、银、铂等（A）作为正极，以 N 型半导体（B）作为负极，然后利用二者接触面上形成的势垒具有整流特性而制成的金属半导体器件。肖特基二极管由于 N 型半导体中存在大量电子，而贵金属中仅有少量自由电子，肖特基二极管中的电子便从浓度高的 B 向浓度低的 A 中扩散。肖特基二极管金属 A 中没有空穴，不存在空穴自 A 向 B 扩散运动。随着肖特基二极管中电子不断从 B 扩散到 A，B 的表面电子浓度逐渐降低，表面电中性被破坏，于是形成势垒。

图 1–94 肖特基二极管

肖特基二极管具有开关频率高、正向压降低等优点，但肖特基二极管的反向击穿电压比较低，一般不会高于 40 V，最高约为 100 V，以至于限制了肖特基二极管的应用范围。在变压器二次侧用的 100 V 以上的高频整流二极管、开关电源和功率因数校正电路中的功率开关器件续流二极管、RCD（residual current device，剩余电流装置）缓冲器电路中用 600 V ~ 1.2 kV 之间的高速二极管、PFC（power factor correction，功率因数校正）升压用的 600 V 二极管等情况，只能使用快速恢复外延二极管和超快速恢复二极管。现在的肖特基二极管已取得了突破性的进展，150 V 和 200 V 高压已经上市，使用新型材料制作的超过 1 kV 的肖特基二极管也研制成功。

肖特基二极管最显著的特点是反向恢复时间极短，正向导通压降仅为 0.4 V 左右。肖特基二极管多用作高频、大电流整流二极管，低压、续流二极管，保护二极管，小信号检波二极管，微波通信等电路中作整流二极管等。肖特基二极管在通信电源、变频器等中比较常见。肖特基二极管在双极型晶体管的开关电路中，通过连接二极管来钳位。

肖特基二极管的结构及特点使其适合于在低压、大电流输出等场合用作高频整流，在高频率下用于检波和混频，肖特基二极管在高速逻辑电路中用作钳位。在集成电路中也常使用肖特基二极管，在高速计算机中也被广泛采用。除了普通 PN 结二极管的特性参数之外，肖特基二极管用于检波和混频的电气参数还包括中频阻抗，指的就是肖特基二极管施加额定本振功率时对指定中频所呈现的阻抗。

5. 练习

（1）请简述图 1–95 中各个符号所对应的二极管作用与功能。

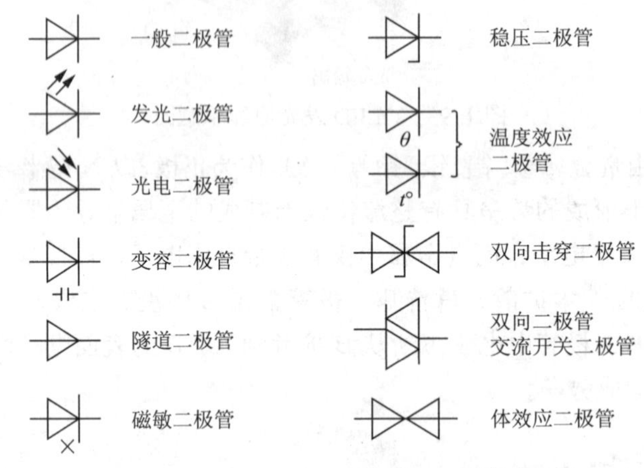

图 1–95　二极管

（2）请分析汽车整流二极管的作用与功能。

（3）如果 2.1 V 稳压二极管损坏，可以应急采用 3 个二极管串联代替吗？（每个二极管正向压降大约 0.7 V，3 个大约 2.1 V。）

（4）请分析图 1–96 所示 RGB LED 的接线图。

图 1–96　RGB LED 的接线图

（5）举例说明生活中的 LED 产品的功能和原理。

1.5 三极管

三极管全称为半导体三极管，又称双极型晶体管、晶体三极管，是一种控制电流的半导体器件。其作用是把微弱信号放大成幅度值较大的电信号，也用作无触点开关，如图 1–97 所示。

三极管是三端子半导体器件。它主要用作开关器件和放大器。该开关装置可以是电压或电流控制的。通过控制施加到一个端子的电压来控制流过另外两个端子的电流。

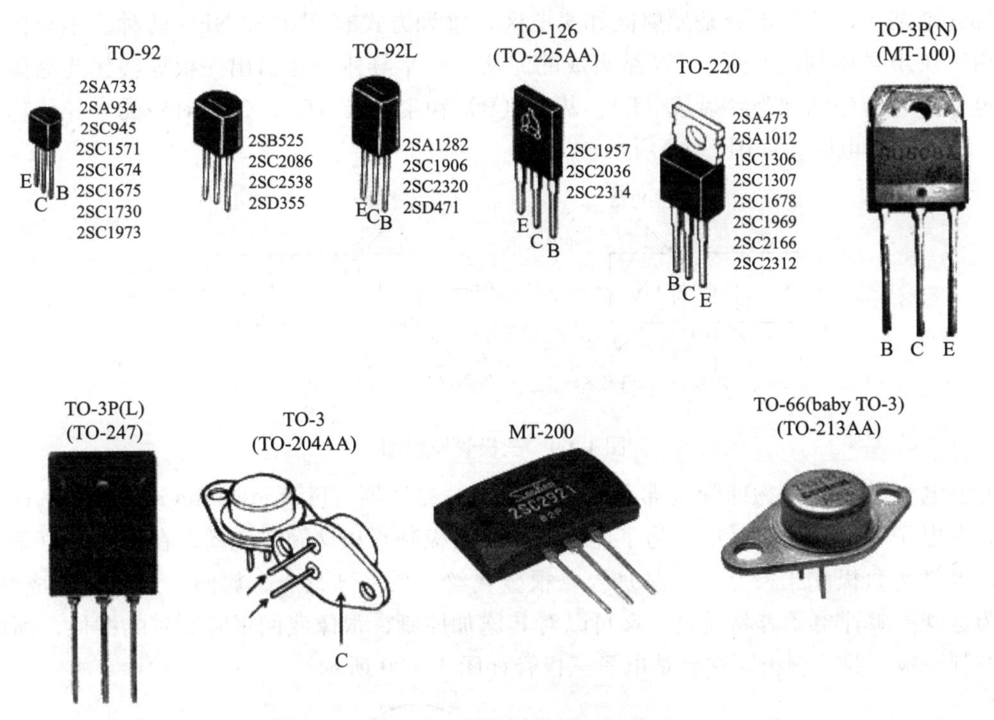

图 1–97 各种封装的三极管

电子制作中常用的三极管有 90×× 系列，包括低频小功率硅管 9013（NPN）、9012（PNP），低噪声管 9014（NPN），高频小功率管 9018（NPN）等。它们的型号一般都标在塑壳上，而外观都一样，都是 TO-92 标准封装，如图 1–98 所示。

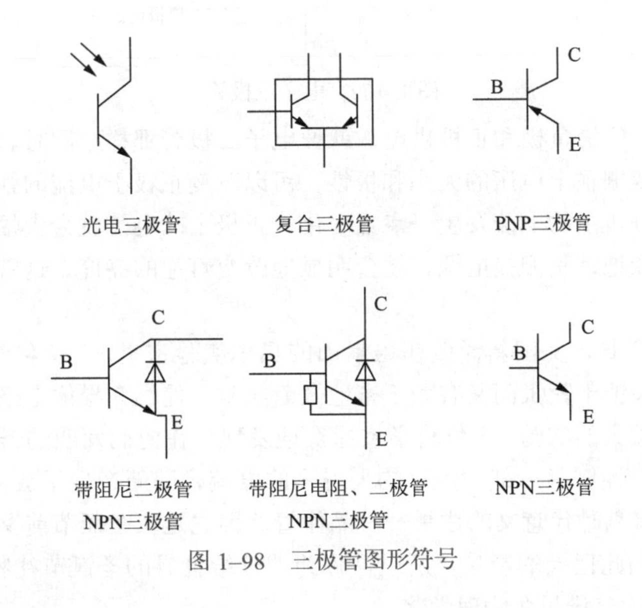

图 1–98 三极管图形符号

1. 三极管概述

三极管是半导体基本元器件之一，具有电流放大作用，是电子电路的核心元件。三极管是在一块半导体基片上制作两个相距很近的 PN 结，两个 PN 结把整块半导体分成三部分，中间部分是基区，两侧部分是发射区和集电区，排列方式有 PNP 和 NPN 两种。半导体三极管是由三块半导体制成的两个 PN 结组成的。从三块半导体上各引出一根导线作为晶体管的三个电极，它们分别称为发射极（E）、基极（B）和集电极（C）。每块对应的半导体称为发射区、基区和集电区，如图 1–99 所示。

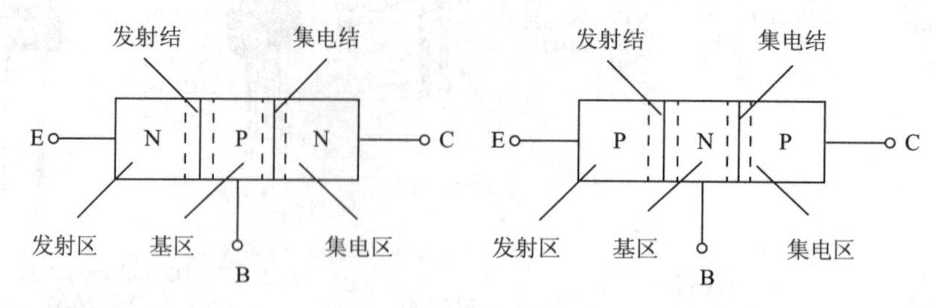

图 1–99　三极管原理图

英国电气工程师、物理学家弗莱明·约翰·安布罗斯（Fleming John Ambrose，1849—1945）在电子二极管发明以后，为了控制电子从负极到正极之间的流动，在原有的电子二极管里，也就是负极和正极之间，又加入一根金属丝，后来又改成金属网。之所以做成网状，是因为这既能够让电子容易通过，又可以对其施加控制，很像我们平时看到的栅栏，所以称之为控制栅极，简称栅极，这就是电子三极管如图 1–100 所示。

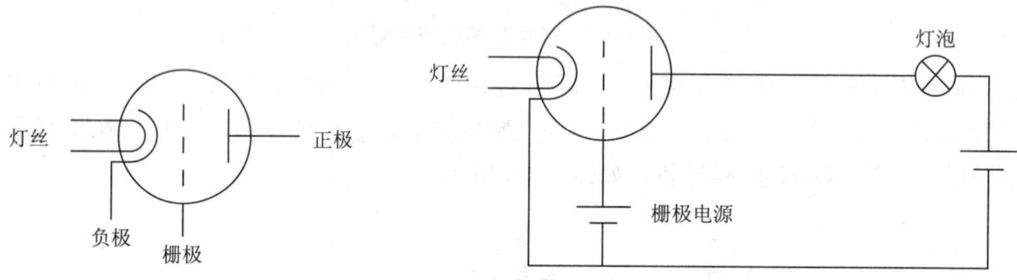

图 1–100　电子三极管

在这个装置上，他给负极和正极供电，就像电子二极管那样；同时，也给负极和栅极供电。他发现通过改变栅极上电压的大小和极性，可以改变正极上电流的强弱，甚至可以切断它，还有就是只要栅极上的电流发生一点点变化，正极上的电流就会大幅度地跟着改变。如图 1–101 所示，细微地调整栅极电源，就会明显地改变灯泡的亮度。这就是说电子三极管具有放大作用。

1947 年 12 月 23 日，美国新泽西州墨累山的贝尔实验室里，3 位科学家——巴丁博士、布莱顿博士和肖克莱博士紧张而又有条不紊地做着实验。他们在导体电路中正在进行用半导体晶体把声音信号放大的实验。3 位科学家惊奇地发现，在他们发明的器件中通过的一部分微量电流，竟然可以控制另一部分流过的大得多的电流，因而产生了放大效应。这个器件，就是在科技史上具有划时代意义的成果——晶体管。因它是在圣诞节前夕发明的，而且对人们未来的生活发生如此巨大的影响，所以被称为“献给世界的圣诞节礼物”。这 3 位科学家因此共同荣获了 1956 年诺贝尔物理学奖。

晶体管促进并带来了“固态革命”，进而推动了全球范围内的半导体电子工业。作为主要部件，它及时、普遍地首先在通信工具方面得到应用，并产生了巨大的经济效益。由于晶体管彻底改变了电子线路的结构，集成电路以及大规模集成电路应运而生，这样制造像高速电子计算机之类的高精密装置就变成了现实。

三极管各电极电压与电流的关系：给三极管各电极加上适当的直流电压后，各电极才有直流电流。三极管基极电压用 U_B 表示，U_C 是集电极电压，U_E 是发射极电压，如图 1–101 所示。

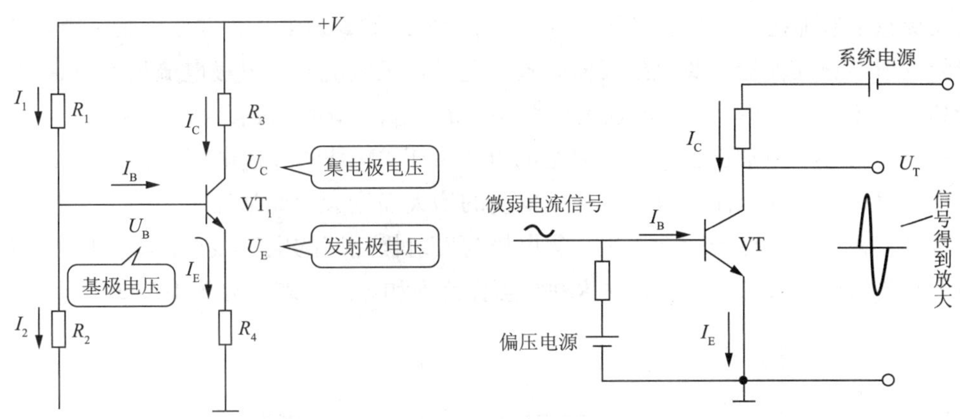

图 1–101　三极管放大原理

三极管基极电压 U_B：电路中，直流工作电压 +V 通过电阻 R_1 和 R_2 分压，加到三极管 VT_1 基极，作为 VT_1 的基极直流电压。改变电阻 R_1 或 R_2 的阻值大小，可以改变三极管基极电压的大小。直流电压 +V 产生的电流经 R_1 送入三极管 VT_1 基极，另一部分电流经 R_2 到地。电阻 R_1 中的电流为 I_1，R_2 中的电流为 I_2，$I_1=I_2+I_B$。三极管 VT_1 基极电压大小与电阻 R_1 和 R_2 的阻值大小有关，VT_1 基极电流大小与基极电压相关。

三极管集电极电压 U_C：直流工作电压 +V 经 R_3 加到三极管 VT_1 集电极上，R_3 两端的电压 $U_3=I_C\times R_3$，集电极电压 $U_C=+V-U_3$。可见，掌握集电极电压大小的分析方法，对分析三极管集电极电路非常重要。当直流工作电压 +V 和 R_3 确定后，集电极电压只与集电极电流 I_C 的大小有关，而集电极电流受基极电流控制，所以最终三极管的集电极电压由基极电流决定，如图 1–102 所示。

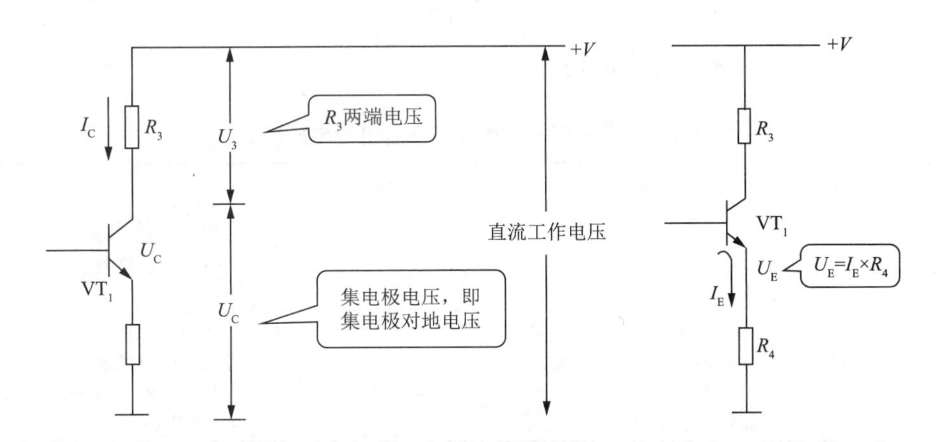

图 1–102　三极管基极电流与集电极电流的关系

三极管发射极电压 U_E：发射极电压与发射极电流 I_E 和发射极电阻 R_4 的阻值大小相关。

由于发射极电流受基极电流控制，所以发射极电压大小由基极电流大小决定。

截止状态：当加在三极管发射结的电压小于PN结的导通电压，基极电流为零，集电极电流和发射极电流都为零，三极管这时失去了电流放大作用，集电极和发射极之间相当于开关的断开状态，称三极管处于截止状态。

放大状态：当加在三极管发射结的电压大于PN结的导通电压，并处于某一恰当的值时，三极管的发射结正向偏置，集电结反向偏置，这时基极电流对集电极电流起着控制作用，使三极管具有电流放大作用，其电流放大倍数$\beta=\Delta I_c/\Delta I_b$，这时三极管处放大状态。

饱和导通状态：当加在三极管发射结的电压大于PN结的导通电压，并当基极电流增大到一定程度时，集电极电流不再随着基极电流的增大而增大，而是处于某一定值附近不怎么变化，这时三极管失去电流放大作用，集电极与发射极之间的电压很小，集电极和发射极之间相当于开关的导通状态。三极管的这种状态称为饱和导通状态，如图1–103所示。

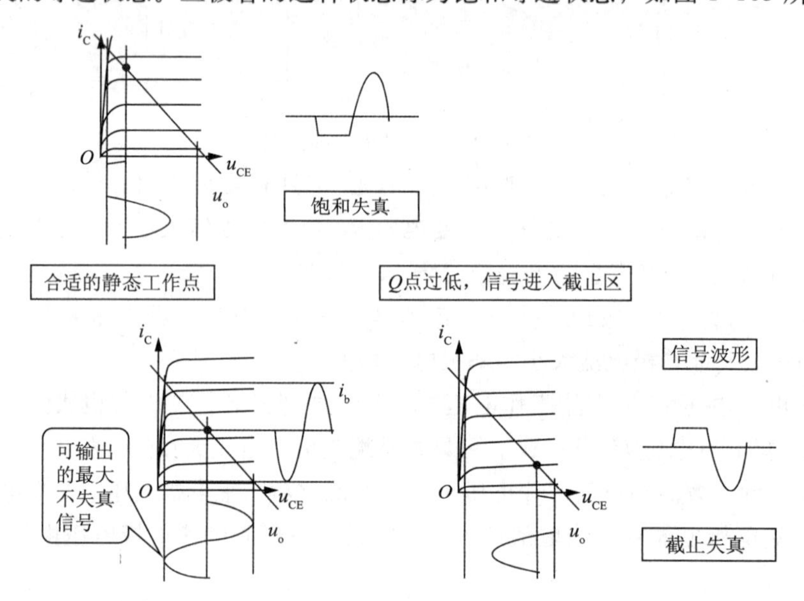

图1–103　三极管的饱和导通

因此，可以得出结论如表1–3所示。

表1–3　三极管的工作状态及各电极电压特征

工作状态	特点	定义	电流特征	说明
截止状态	发射结反偏，集电结反偏	集电极与发射极之间内阻很大	I_B=0或很小，I_C和I_E也为零或很小	利用电流为零或很小的特征，可以判断三极管是否已处于截止状态
放大状态	发射结正偏，集电结反偏	集电极与发射极之间内阻受基极电流大小的控制，基极电流大，其内阻小	$I_C=\beta I_B$， $I_E=(1+\beta)I_B$	有一个基极电流就有一个对应的集电极电流和发射极电流，基极电流能够有效地控制集电极和发射极电流
饱和状态	发射结正偏，集电结正偏	集电极与发射极之间内阻小	各电极电流均很大，基极电流已无法控制集电极电流与发射极电流	电流放大倍数β已很小，甚至小于1

2．三极管开关电路

三极管具有截止状态、放大状态、饱和导通状态 3 种工作状态。三极管处于饱和导通状态，就失去了电流放大作用，集电极（C）与发射极（E）之间的电压很小，相当于为零，也就是短路状态，这种状态经常与截止状态配合起开关作用，特别是在小信号、小电流场合。此时三极管作为开关使用，这样的电路就称为三极管开关电路。

基本三极管开关电路：负载电阻被直接跨接于三极管的集电极与电源之间，而位于三极管主电流的回路上。输入电压 V_{in} 则控制三极管开关的开启与闭合动作，当三极管呈开启状态时，负载电流便被阻断；反之，当三极管呈闭合状态时，电流便可以流通。有时输入信号源输出电流太小，不足以驱动三极管，可以采用两级三极管开关电路，如图 1–104 所示。

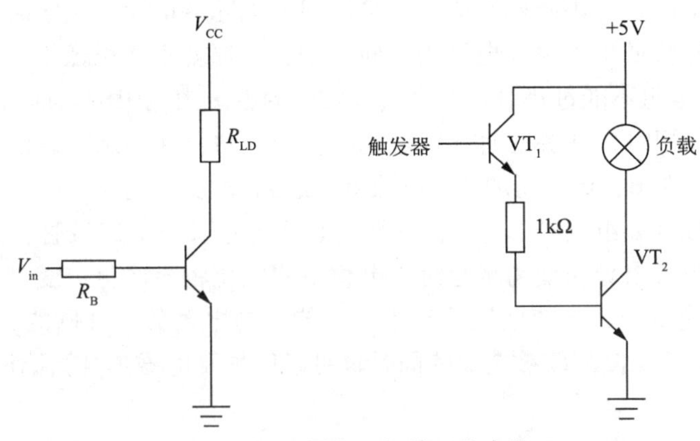

图 1–104　两级三极管开关电路

具体来说，当 V_{in} 为低电压时，由于基极没有电流，因此集电极亦无电流，致使连接于集电极端的负载亦没有电流，而相当于开关的开启（关闭状态），此时三极管工作于截止区。

同理，当 V_{in} 为高电压时，由于有基极电流流动，因此使集电极流过更大的放大电流，因此负载回路便被导通，而相当于开关的闭合（连接状态），此时三极管工作于饱和区。

下面介绍一下与 MCU 的 GPIO（通用输入/输出接口）连接的典型开关电路，如图 1–105 所示。

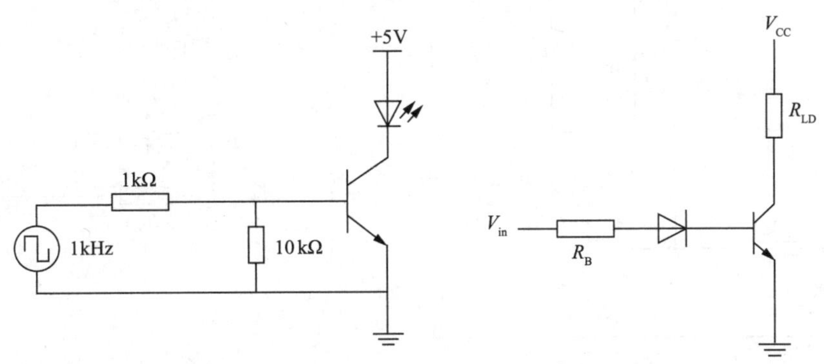

图 1–105　与 MCU 的 GPIO 连接的典型开关电路

图 1–105 所示电路采用了共发射极电路，其中基极必须串联 1 kΩ电阻，保护基极，保护 CPU 的 I/O 口。基极根据 PNP 或者 NPN 管加 10 kΩ上拉电阻或者下拉电阻。集电极电阻阻值根据驱动电流实际情况调整。同样，基极电阻也可以根据实际情况调整。

基极和发射极之间的串联电阻作用是在输入呈高阻态时使三极管可靠截止。该电阻极小值是在前级驱动使三极管饱和时与基极限流电阻分压后能够满足三极管的临界饱和的最小值，实际选择时会大大高于这个极小值，通常外接干扰越小、负载越大，允许的阻值就越大，通常采用 10 kΩ量级。

防止三极管受噪声信号的影响而产生误动作，使三极管截止更可靠，三极管的基极不能出现悬空。当输入信号不确定时（如输入信号为高阻态时），加下拉电阻，就能使三极管电路有效接地。

特别是 GPIO 连接此基极的时候。一般在 GPIO 所在集成电路刚刚上电初始化的时候，此 GPIO 的内部也处于一种上电状态，很不稳定，容易产生噪声，引起误动作。在基极与发射极之间加上串联电阻，可消除此影响（如果出现一尖脉冲电平，由于时间比较短，所以这个电压很容易被电阻拉低；如果高电平的时间比较长，那就不能拉低了，也就是正常高电平时没有影响）。但是电阻不能过小（过小则会有较大的电流由电阻流入地），影响泄漏电流。

当三极管开关作用时，开关的时间越短越好。为了防止在关断时，因三极管中的残留电荷引起的时间滞后，在 B、E 之间加一个电阻可以起到放电作用。

如果是感性负载（如继电器），可以在负载上反向并联一个二极管，因为感性负载相当于一个电感，当三极管由导通变为截止时，电感中的电流将会产生突变，如果此时没有一个电流回路慢慢使电流下降，电感两端将产生很高的反向电动势，并联的二极管 D_1 即用来为感性负载续流（防止三极管 VT_1 被击穿的同时也可以保护继电器本身），因而称为续流二极管，如图 1–106 所示。

在要求快速切换动作的应用中，必须加快三极管开关的切换速度。这时只需要在基极的限流电阻上并联一只加速电容器 (speed-up capacitor)，如此当 V_{in} 由零电压往上升并开始送电流至基极时，电容器由于无法瞬间充电，故形同短路，然而此时却有瞬间的大电流由电容器流向基极，因此也就加快了开关导通的速度（见图 1–107）。稍后，待充电完毕后，电容就形同开路，而不影响三极管的正常工作。

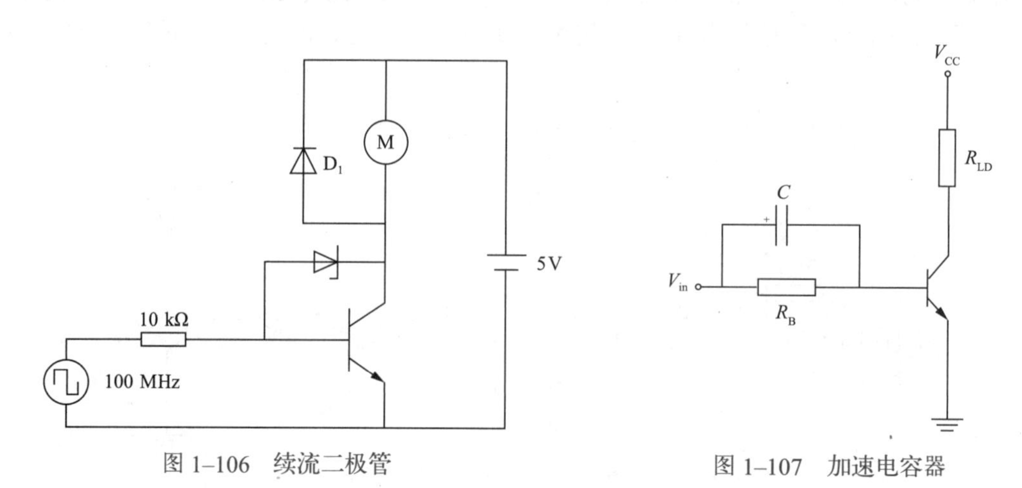

图 1–106　续流二极管　　　　图 1–107　加速电容器

也可以用肖特基二极管并联在三极管的集电结。肖特基二极管的特点是开关速度快、正向压降比一般二极管要低（0.3 ~ 0.4 V），也就是比三极管的发射结电压要低一些。当输入信号为高电平（H）时，大部分原本应该全部流入基极的电流通过肖特基二极管 D_1 直接到地了，因此，相对没有添加 D_1 时的电流非常小，换句话说，尽管三极管现在处于饱和导通状态，但并没有进入深度饱和，因此要退出饱和状态也更加容易（速度更快）。

3．三极管放大电路

三极管放大电路在放大信号时，总有两个电极作为信号的输入端，同时也应有两个电极作为信号的输出端。根据半导体三极管 3 个电极与输入、输出端子的连接方式，可归纳为 3 种：共发射极放大电路、共基极放大电路及共集电极放大电路。三极管放大电路的 3 种接法如图 1–108 所示。

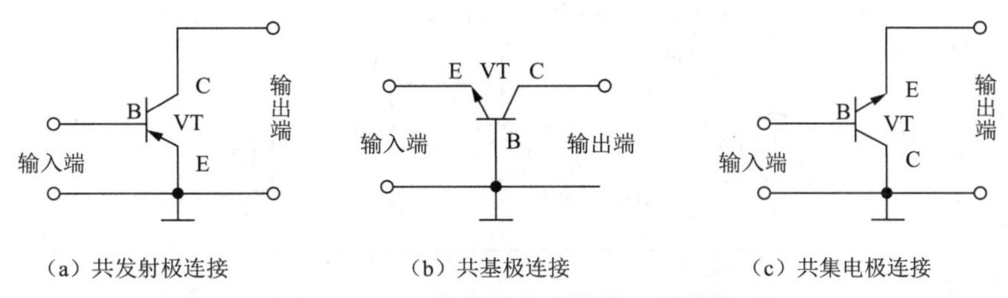

图 1–108　三极管放大电路的 3 种接法

三极管放大电路必须有合适的静态工作点：直流电源的极性要与三极管的类型相配合，电阻的设置要与电源相配合，以确保器件工作在放大区。输入信号能有效地加到放大器件的输入端，使三极管输入端的电流或电压跟随输入信号成比例变化；经三极管放大后的输出信号 (如 $i_c=\beta i_b$) 应能有效地转变为负载上的输出电压信号。

共发射极放大电路既能放大电压，也能放大电流，属于反相放大电路，输入电阻在 3 种电路中间，输出电阻较大，通频带是 3 种电路中最小的，如图 1–109 所示。适用于低频电路，常用作低频电压放大的单元电路。

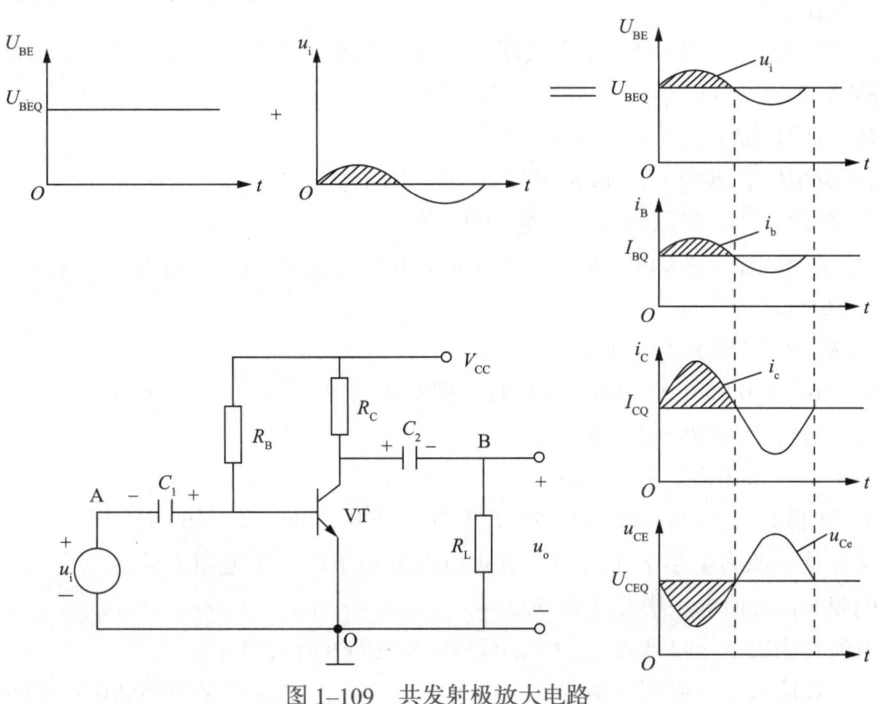

图 1–109　共发射极放大电路

共集电极放大电路没有电压放大作用，只有电流放大作用，属于同相放大电路，是 3 种电路中输入电阻最大、输出电阻最小的电路，具有电压跟随的特点，频率特性较好，如图 1–110 所示。常用作电压放大电路的输入级、输出级和缓冲级。

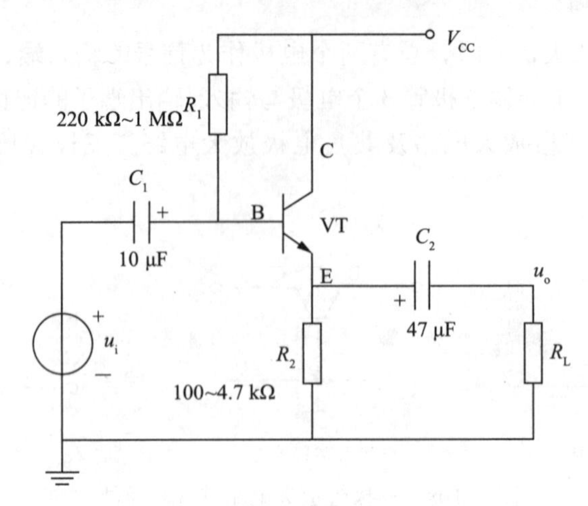

图 1–110　共集电极放大电路

共基极放大电路没有电流放大，只有电压放大作用，且具有电流跟随作用，输入电阻最小，电压放大倍数、输出电阻与共发射极放大电路相当，属于同相放大电路，是 3 种电路频率中高频特性最好的电路。常用于高频或宽频带、低输入阻抗的场合。

判断放大电路是否具有放大作用，就是根据下面几点，它们必须同时具备：

（1）放大器件工作在放大区（三极管的发射结正向偏置，集电结反向偏置）。

（2）输入信号能输送至放大器件的输入端。

（3）有电压信号输出。

下面采用 NPN 型三极管 9014 来实现一个放大电路，用于音频前置放大，要求电压增益为在 50 左右，如图 1–111 所示。

按照公式计算：$R_B=\beta(R_C+R_C//R_L)$

$r_{be}=r_{bb'}+\beta U_T/I_{CQ}$，其中 U_T 约 26 mV，$r_{bb'}$ 为 200 Ω。

查 9014 数据手册，可以知道其 β 为 100~1 000。

例如 $R_C=R_L=1$ kΩ，$\beta=100$，则 1 kΩ//1 kΩ=0.5 kΩ，$R_B=100\times(1$ kΩ+1 kΩ//1 kΩ$)=100\times1.5$ kΩ=150 kΩ。

$I_b\approx V_{CC}/R_B=9$ V/150 kΩ=0.06 mA。

r_{be}=200+26 mV/0.06 mA=（200+433）Ω=633 Ω。

电压放大倍数 $|A|=\beta(R_C//R_L)/(R_s+r_{be})$。

根据 $|A|=50$ 可求出需要的内阻值：

$r_s=\beta(R_C//R_L)/|A|-r_{be}=100\times0.5$ kΩ/50−633 Ω=1 000 Ω−633 Ω=467 Ω。

如果实际信号源内阻小于 467 Ω，就可以在外边串联一个电阻人为地增大内阻，调节信号源外接内阻 r_s，可使电压增益达到 50。

最大不失真输出电压幅度 $U_{ommax}=V_{CC}/(2+R_C/R_L)$=9V/(2+1)=3 V。

最大不失真输入电压幅度即信号最大幅度 $U_{immax}=U_{ommax}/|A|$=3 V/50=0.06 V=60 mV。

V_{CC}
(+9V)
R_C
1 kΩ
C_2 10 μF
R_B
r_s
C_1
VT
9014
10 μF
$\dot{E}_s$
R_L
1 kΩ
u_o

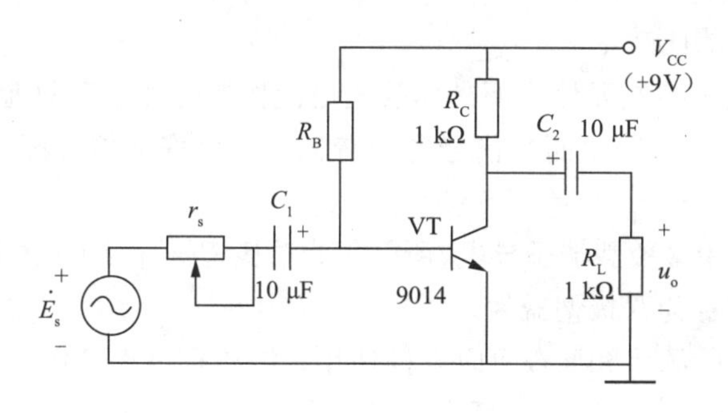

图 1–111 音频前置放大电路

三极管放大电路 3 种接法的比较见表 1–4。

表 1–4 三极管放大电路 3 种接法的比较

接法	电流增益	电压增益	输入阻抗	输出阻抗	应用电路
共发射极	>>1	＞1 （反相放大）	中	中高	信号放大器
共基极	≤1 （最小）	＞1 （最大）	最低	最高	高频电路
共集电极	＞1 （最大）	≤1 （最小）	最高	最低	射极跟随器

4．场效应管

场效应晶体管（field effect transistor，FET）简称场效应管（见图 1–112），由多数载流子参与导电，又称单极型晶体管。它属于电压控制型半导体器件。具有输入电阻高（$10^8 \sim 10^9\Omega$）、噪声小、功耗低、动态范围大、易于集成、没有二次击穿现象、安全工作区域宽等优点，现已成为双极型晶体管和功率晶体管的强大竞争者。

图 1–112 场效应晶体管

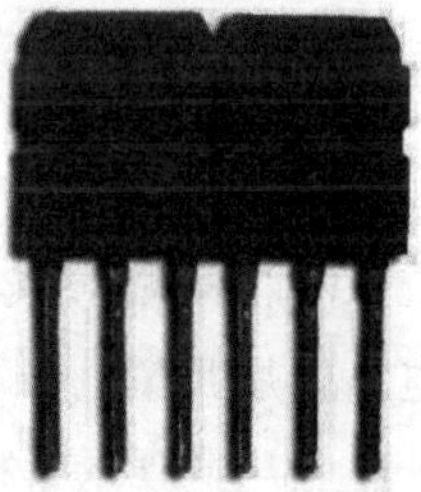

场效应管具有较高输入阻抗和低噪声等优点，因而也被广泛应用于各种电子设备中。尤其用场效应管做整个电子设备的输入级，可以获得一般晶体管很难达到的性能。

场效应管分成结型和绝缘栅型两大类，其控制原理都是一样的，如图 1–113 所示。

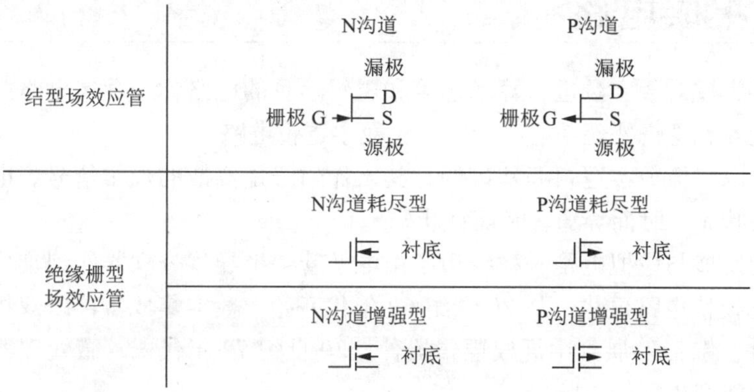

N沟道
P沟道
结型场效应管
漏极
D
栅极 G
S
源极
漏极
D
栅极 G
S
源极
N沟道耗尽型
P沟道耗尽型
衬底
衬底
绝缘栅型
场效应管
N沟道增强型
P沟道增强型
衬底
衬底

图 1–113 场效应管的分类

场效应管与晶体管的比较：

（1）场效应管是电压控制元件，而晶体管是电流控制元件。在只允许从信号源取较少电流的情况下，应选用场效应管；而在信号电压较低，又允许从信号源取较多电流的条件下，应选用晶体管。

（2）场效应管是利用多数载流子导电，所以称为单极型器件，而晶体管是既有多数载流子，也有少数载流子导电，称为双极型器件。

（3）有些场效应管的源极和漏极可以互换使用，栅压也可正可负，灵活性比晶体管好。

（4）场效应管能在很小电流和很低电压的条件下工作，而且它的制造工艺可以很方便地把很多场效应管集成在一块硅片上，因此场效应管在大规模集成电路中得到了广泛的应用。

5．练习

（1）判定图 1–114 所示基本放大电路是共基极、共发射极还是共集电极。

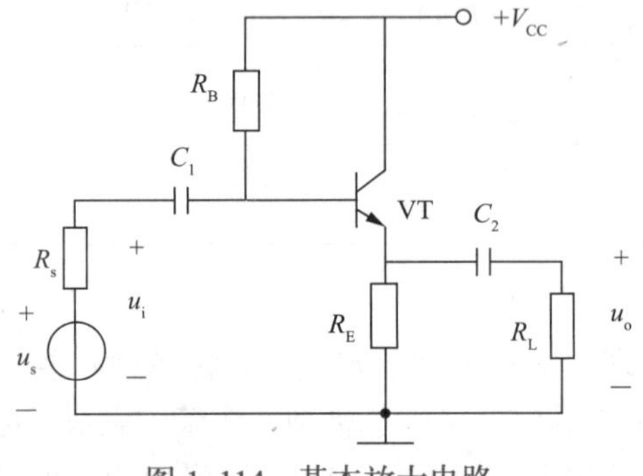

图 1–114　基本放大电路

（判断方法：去掉输入、输出端，剩下就是公共端了。u_i 接基极，u_o 接发射极，那么这个电路就是共集电极放大电路。）

（2）请查找资料，为 MCU 的 GPIO 口设计一个可以驱动更大电压的三极管开关电路。

（3）请查找三极管 9014、8550 等数据手册，分析集电极 – 基极电压、集电极 – 发射极电压、发射极 – 基极电压、集电极电流、发射极电流、集电极损耗。

1.6 集成电路

用数字信号完成对数字量进行算术运算和逻辑运算的电路称为数字电路或数字系统。由于它具有逻辑运算和逻辑处理功能，所以又称数字逻辑电路。

数字电路是以二值数字逻辑为基础的，其工作信号是离散的数字信号。电路中的电子晶体管工作于开关状态，时而导通，时而截止。

数字电路的发展与模拟电路一样经历了由电子管、半导体分立器件到集成电路等几个时代。但其发展比模拟电路更快。从 20 世纪 60 年代开始，数字集成器件以双极型工艺制成了小规模逻辑器件。随后发展到中规模逻辑器件；20 世纪 70 年代末，微处理器的出现，使数字集成电路的性能产生质的飞跃。

数字集成器件所用的材料以硅材料为主，在高速电路中，也使用化合物半导体材料，例如砷化镓等。

现代的数字电路由半导体工艺制成的若干数字集成器件构造而成。逻辑门是数字逻辑电路的基本单元。数字电路或数字集成电路是由许多的逻辑门组成的复杂电路。与模拟电路相比，它主要进行数字信号的处理（即信号以 0 与 1 两个状态表示），因此抗干扰能力较强。数字集成电路有各种门电路、触发器以及由它们构成的各种组合逻辑电路和时序逻辑电路，如图 1–115 所示。

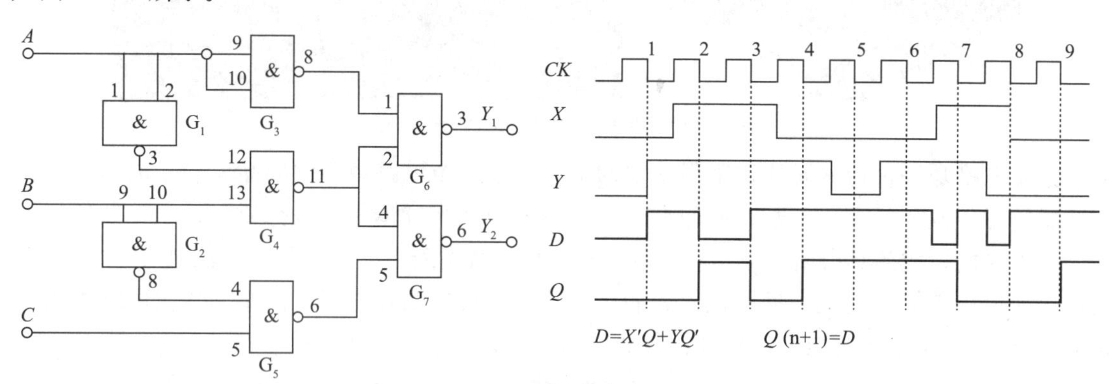

图 1–115　数字集成电路与时序图

近几年来，可编程逻辑器件（PLD）特别是现场可编程门阵列（FPGA）的飞速进步，使数字电子技术开创了新局面，不仅规模大，而且将硬件与软件相结合，使器件的功能更加完善，使用更加灵活，如图 1–116 所示。

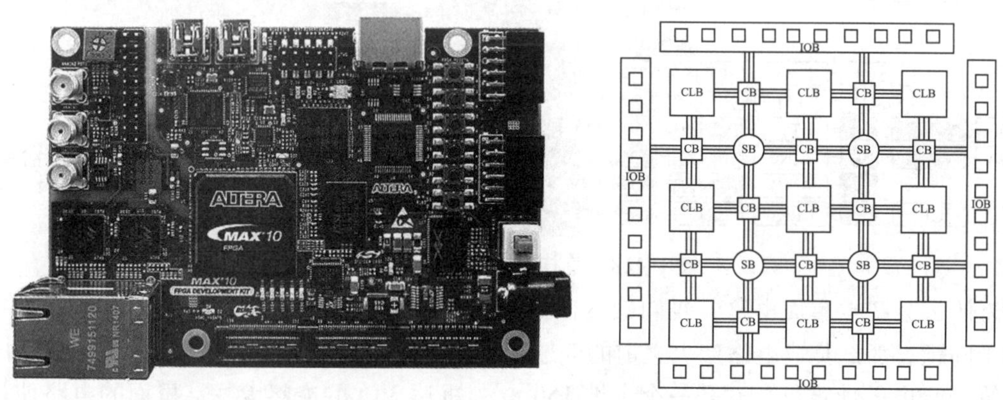

图 1–116　现场可编程门阵列

1．集成电路概述

集成电路（integrated circuit）是一种微型电子器件或部件。它由微型硅芯片上的数千个晶体管、电阻器、二极管和其他电子元件制成。电子电路中最常用的集成电路是运算放大器、定时器、比较器、开关电路等。根据其应用，这些可归类为线性和非线性集成电路；根据其性质也可以分为模拟集成电路和数字集成电路。

集成电路是 20 世纪 50 年代后期到 20 世纪 60 年代发展起来的一种新型半导体器件，如图 1–117 所示。其封装外壳有圆壳式、扁平式或双列直插式等多种形式。集成电路技术包括芯片制造技术与设计技术，主要体现在加工设备、加工工艺、封装测试、批量生产及设计创新的能力上。

图 1–117　集成电路内部结构示意图

集成电路是一种特殊元件，采用一定的工艺，把一个电路中所需的晶体管、电阻、电容和电感等元件及布线互连一起，制作在一小块或几小块半导体晶片或介质基片上，然后封装在一个管壳内，成为具有所需电路功能的微型结构；其中所有元件在结构上已组成一个整体，使电子元件向着微小型化、低功耗、智能化和高可靠性方面迈进了一大步。它在电路中用字母 IC 表示。图 1–118 为典型的单片机集成电路引脚定义。

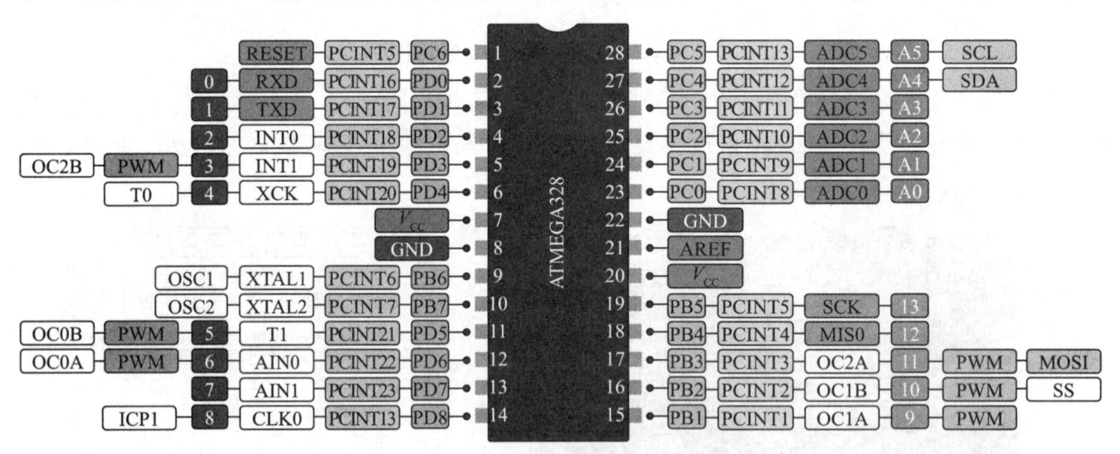

图 1–118　单片机集成电路引脚定义

为什么会产生集成电路？我们知道任何发明创造背后都是有驱动力的，而驱动力往往来源于问题。那么集成电路产生之前的问题是什么呢？下面看一下 1942 年在美国诞生的世界上第一台电子计算机，它是一个占地 150 m^2、重达 30 t 的庞然大物，里面的电路使用了 17 468 只电子管、7 200 只电阻、10 000 只电容、50 万条线，耗电量 150 kW · h。显然，占用面积大、无法移动是它最直观和突出的问题；如果能把这些电子元件和连线集成在一小块载体上该有多好！我们相信，有很多人思考过这个问题，也提出过各种想法。典型的如英国雷达研究所的科学家达默，他在 1952 年的一次会议上提出：可以把电子线路中的分立元器件，集中制作在一块半导体晶片上，一小块晶片就是一个完整电路，这样一来，电子线路的体积就可大大缩小，可靠性大幅提高。这就是初期集成电路的构想，晶体管的发明使这种想法成为可能。1947 年在美国贝尔实验室制造出来了第一个晶体管，而在此之前要实现电流放大功能只能依靠体积大、耗电量大、结构脆弱的电子管。晶体管具有电子管的主要功能，并且克服了电子管的上述缺点，因此在晶体管发明后，很快就出现了基于半导体的集成电路的构想，也就很快发明出来了集成电路。多片集成电路组成的电路板如图 1–119 所示。

图 1–119　多片集成电路组成的电路板

杰克·基尔比（Jack Kilby）和罗伯特·诺伊斯（Robert Noyce）在 1958–1959 年期间分别发明了锗集成电路和硅集成电路。当今半导体工业大多数应用的是基于硅的集成电路。

集成电路常见封装：

（1）DIP (dual in-line package)：双列直插式封装。插装型封装之一，引脚从封装两侧引出，封装材料有塑料和陶瓷两种 。 DIP 是最普及的插装型封装，应用范围包括标准逻辑 IC、存储器电路、微机电路等。 引脚中心距为 2.54 mm，引脚数为 6 ～ 64，封装宽度通常为 15.2 mm。有的把宽度为 7.52 mm 和 10.16 mm 的封装分别称为 skinny DIP 和 slim DIP(窄体型 DIP)。但多数情况下并不加区分，只简单地统称为 DIP，如图 1–120 所示。有凹陷标记的左下角为第 1 引脚，逆时针排列。

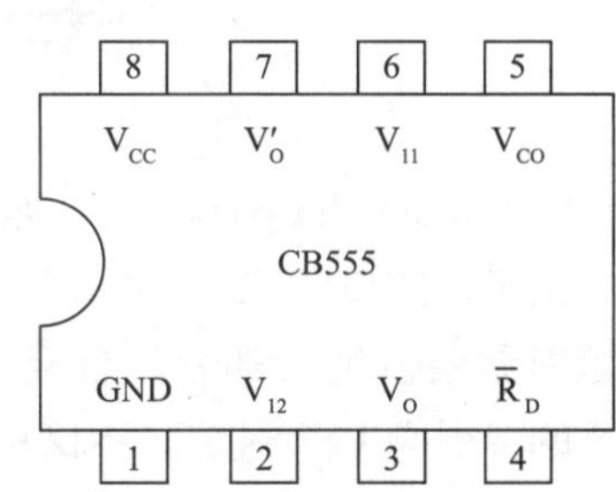

图 1–120　DIP 封装的集成电路

（2）SOP(small out-line package) /SMD(surface mount devices)：小外形封装。表面贴装型封装之一，引脚从封装两侧引出呈海鸥翼状 (L 字形)，如图 1–121 所示。材料有塑料和陶瓷两种。SOP 除了用于存储器电路外，也广泛用于规模不太大的 ASSP（专用标准产品）等电路。在输入/输出端子不超过 10 ～ 40 的领域，SOP 是普及最广的表面贴装封装。引脚中心距为 1.27 mm，引脚数为 8 ～ 44。另外，引脚中心距小于 1.27 mm 的 SOP 也称为 SSOP；装配高度不到 1.27 mm 的 SOP 也称为 TSOP。还有一种带有散热片的 SOP。

图 1–121　SOP 封装的集成电路

（3）SIP(single in-line package)：单列直插式封装。引脚从封装的一个侧面引出，排列成一条直线，如图 1–122 所示。当装配到印制基板上时封装呈侧立状。引脚中心距通常为 2.54 mm，引脚数为 2 ～ 23，多数为定制产品。封装的形状各异，也有的把形状与 ZIP（折线封装）相同的封装称为 SIP。

图 1–122　SIP 封装

（4）QFP(quad flat package)：四侧引脚扁平封装。这是表面贴装型封装之一，引脚从四个侧面引出呈海鸥翼状 (L 字形)，如图 1–123 所示。基材有陶瓷、金属和塑料 3 种。从数量上看，塑料封装占绝大部分。当没有特别表示出材料时，多数情况为塑料 QFP。塑料 QFP 是最普及的多引脚 LSI 封装。不仅用于微处理器、门阵列等数字逻辑 LSI 电路，而且也用于 VTR 信号处理、音响信号处理等模拟 LSI 电路。引脚中心距有 1.0 mm、0.8 mm、0.65 mm、0.5 mm、0.4 mm、0.3 mm 等多种规格。0.65 mm 中心距规格中最多引脚数为 304。2000 年后，日本电子机械工业协会对 QFP 的外形规格进行了重新评价。在引脚中心距上不加区别，而是根据封装本体厚度分为 QFP(2.0～3.6 mm 厚)、LQFP(1.4 mm 厚) 和 TQFP(1.0 mm 厚)3 种。另外，有的 LSI 厂家把引脚中心距为 0.5 mm 的 QFP 专门称为收缩型 QFP 或 SQFP、VQFP。但有的厂家把引脚中心距为 0.65 mm 及 0.4 mm 的 QFP 也称为 SQFP，致使名称稍有一些混乱。QFP 的缺点是，当引脚中心距小于 0.65 mm 时，引脚容易弯曲。

图 1–123　QFP 封装

（5）SOJ(small out-line j-leaded package)：J 形引脚小外形封装。这是表面贴装型封装之一，引脚从封装两侧引出向下呈 J 字形，故此得名，如图 1–124 所示。 通常为塑料制品，多数用于 DRAM 和 SRAM 等存储器 LSI 电路，但绝大部分是 DRAM。用 SOJ 封装的 DRAM 器件很多都装配在 SIMM 上。引脚中心距为 1.27 mm，引脚数为 20~40。

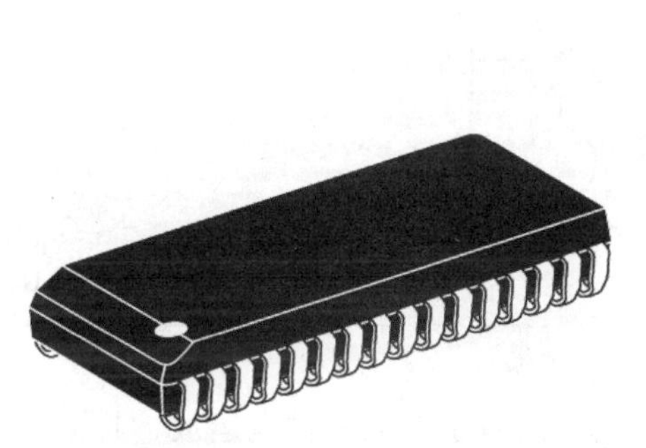

图 1–124　SOJ 封装

（6）BGA(ball grid array)：球形触点阵列。这是表面贴装型封装之一。在印制基板的背面按阵列方式制作出球形凸点用以代替引脚，在印制基板的正面装配 LSI 芯片，然后用模压树脂或灌封方法进行密封，又称凸点阵列载体 (PAC)，如图 1–125 所示。引脚可超过 200，是多引脚 LSI 用的一种封装。封装本体也可做得比 QFP(四侧引脚扁平封装) 小。例如，引脚中心距为 1.5 mm 的 360 引脚 BGA 仅为 31 mm 见方；而引脚中心距为 0.5 mm 的 304 引脚 QFP 为 40 mm 见方。而且 BGA 不用担心 QFP 那样的引脚变形问题。

图 1–125　BGA 封装

2．运算放大器

运算放大器（简称“运放”）是具有很高放大倍数的电路单元。在实际电路中，通常结合反馈网络共同组成某种功能模块。它是一种带有特殊耦合电路及反馈的放大器。其输出信号可以是输入信号加、减或微分、积分等数学运算的结果。由于早期应用于模拟计算机中，用以实现数学运算，故得名“运算放大器”。运放是一个从功能的角度命名的电路单元，可以由分立的器件实现，也可以实现在半导体芯片当中。

随着半导体技术的发展，大部分的运放是以单芯片的形式存在。运放的种类繁多，广泛应用于电子行业当中。

一般可将运放简单地视为：具有一个信号输出端口和同相、反相两个高阻抗输入端的高增益直接耦合电压放大单元，如图 1-126 所示。因此可采用运放制作同相、反相及差分放大器。常见的通用运算放大器集成电路有 741 和 324，如图 1–127 所示。

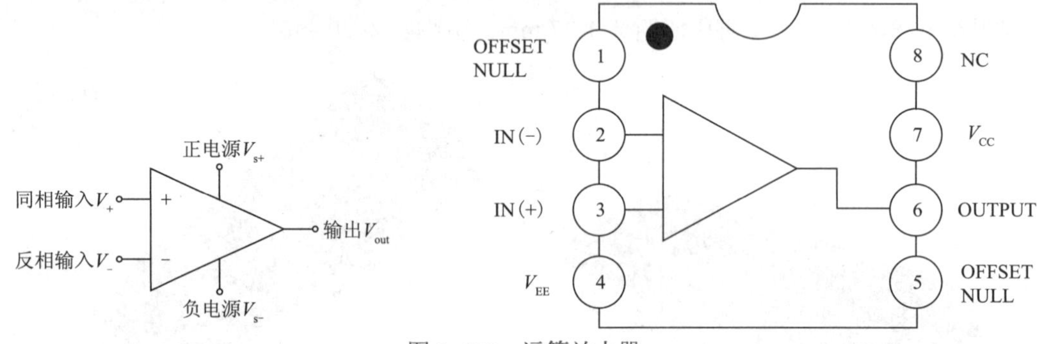

图 1–126　运算放大器

运放的供电方式分双电源供电与单电源供电两种。对于双电源供电运放，其输出可在零电压两侧变化，在差分输入电压为零时输出也可置零；对于单电源供电的运放，输出在电源与地之间的某一范围变化。

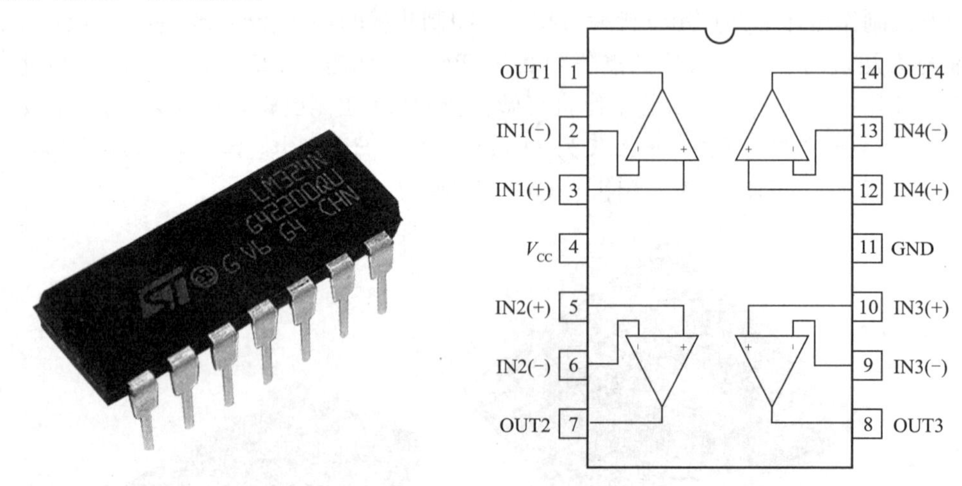

图 1–127　LM324 运放

运放的输入电位通常要求高于负电源某一数值，而低于正电源某一数值。经过特殊设计的运放可以允许输入电位在从负电源到正电源的整个区间变化，甚至稍微高于正电源或稍微低于负电源也被允许。这种运放称为轨到轨（rail-to-rail）输入运算放大器。

运放有两个输入端 a（反相输入端）、b（同相输入端）和一个输出端 o。为了区别起见，a 端和 b 端分别用“-”和“+”号标出，分别称为反相输入端和同相输入端，但不要将它们误认为是电压参考方向的正负极性。

反相放大器电路具有放大输入信号并反相输出的功能，如图 1–128 所示。“反相”的意思是正、负号颠倒。这个放大器应用了负反馈技术。所谓负反馈，即将输出信号的一部分返回到输入。

反相放大器电路的电压放大倍数仅取决于反馈电阻 R_F 和输入电阻 R_1 之比，输出端 U_o 的电压相位与输入端 U_i 相反。

同相放大器电路与反相放大器电路基本相仿，电压放大倍数也仅取决于反馈电阻 R_F 和 R_1 之和与 R_1 的比例关系，此时，输出端 U_o 和输入端 U_i 电压相位相同，如图 1–129 所示。R_2 是平衡电阻，其电阻值为 $R_F//R_1$。

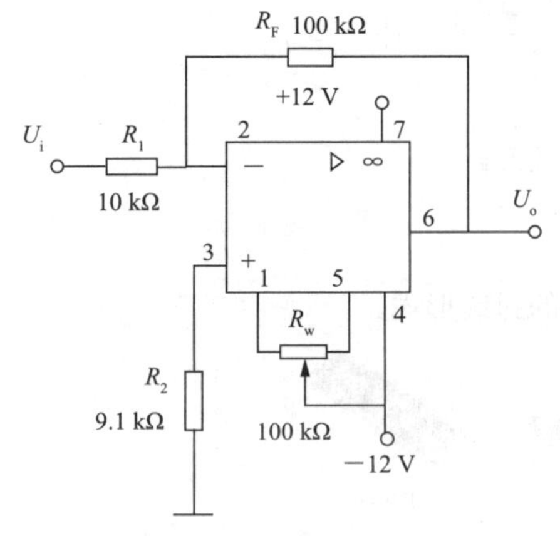

图 1–128　反相放大器

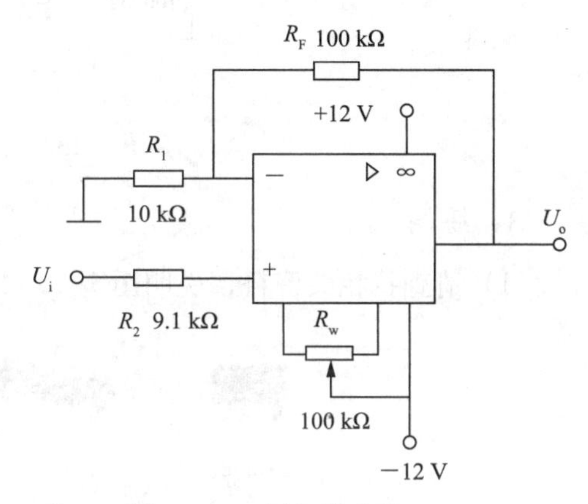

图 1–129　同相放大器

当 R_1 为无穷大时，电压放大倍数为 1，电路的输出和输入电压相同，相位相同，一般称为电压跟随器，如图 1–130 所示。

反相交流放大器电路：此电路可以替代晶体管放大电路，电路简明，不需要调试。本放大器可以进行交流信号放大，常用于扩音机前置放大等。放大器采用单电源供电，由 R_1、R_2 组成 $V_+/2$ 偏置，C_1 用于防止振荡干扰（见图 1–131）。

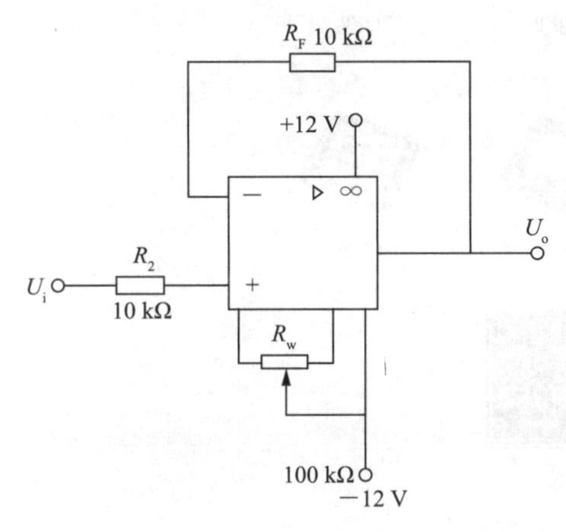

图 1–130　电压跟随器

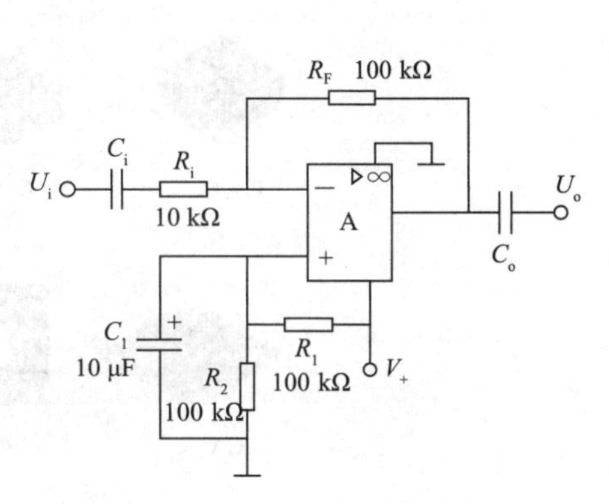

图 1–131　反相交流放大器

放大器电压放大倍数由 R_F 和 R_i 之比决定，现在电压放大倍数为 -10。一般情况下，取 R_i 的电阻值为输入源的内阻，然后根据电压放大倍数来确定 R_F 的数值，C_i 和 C_o 为耦合电容。

交流信号三分配放大器，如图 1–132 所示。

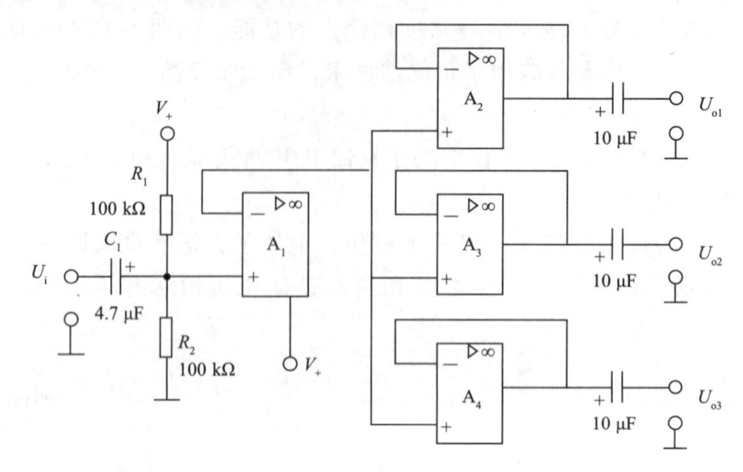

图 1–132　交流信号三分配放大器

3. 练习

（1）请查找相关资料，说明图 1–133 所示集成电路的封装形式。

图 1–133　集成电路的封装形式

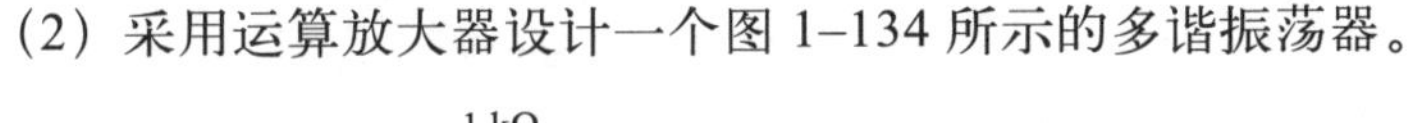

（2）采用运算放大器设计一个图 1–134 所示的多谐振荡器。

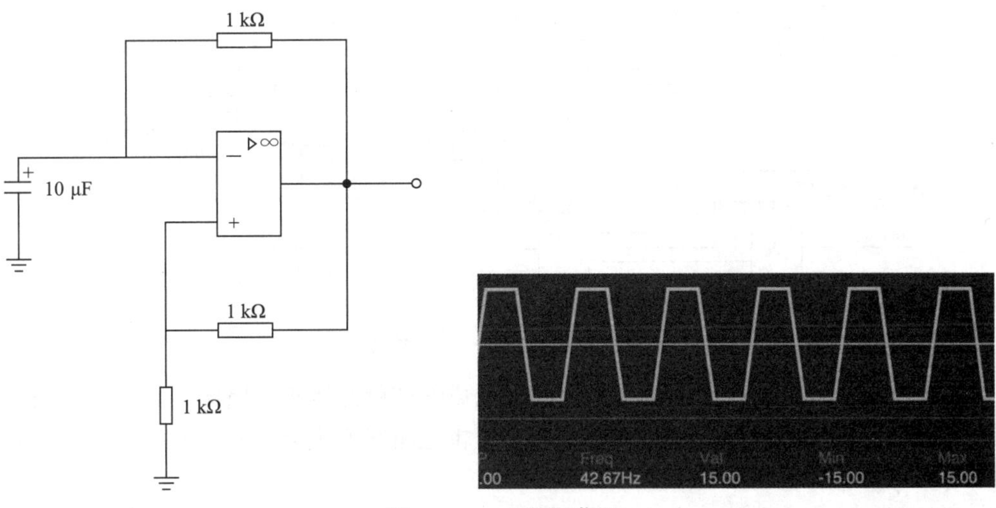

图 1–134　多谐振荡器

1.7 数字逻辑电路

1．逻辑门电路

数字电子电路中的后起之秀是数字逻辑电路。把它称为数字电路是因为电路中传递的虽然也是脉冲，但这些脉冲是用来表示二进制数码的，例如用高电平表示“1”，低电平表示“0”。声音图像文字等信息经过数字化处理后变成了一串串电脉冲，它们被称为数字信号，如图 1–135 所示。能处理数字信号的电路就称为数字电路。

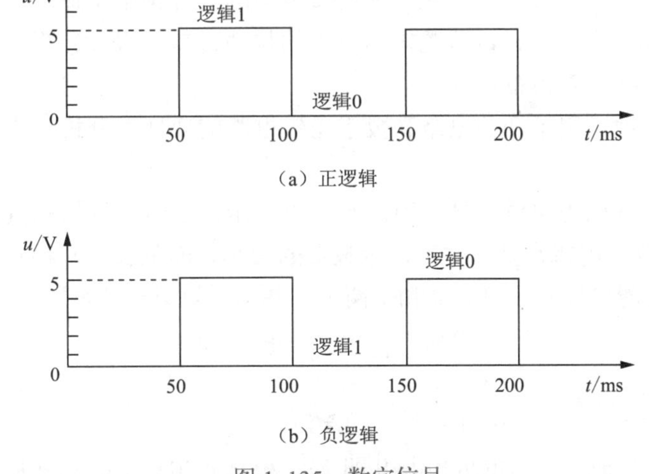

（a）正逻辑

（b）负逻辑

图 1–135　数字信号

数字电路的输出和输入之间是一种逻辑关系。这种电路除了能进行二进制算术运算外还能完成逻辑运算并具有逻辑推理能力，所以把它称为逻辑电路。数字逻辑电路中有门电路和触发器两种基本单元电路，如图 1–136 所示。

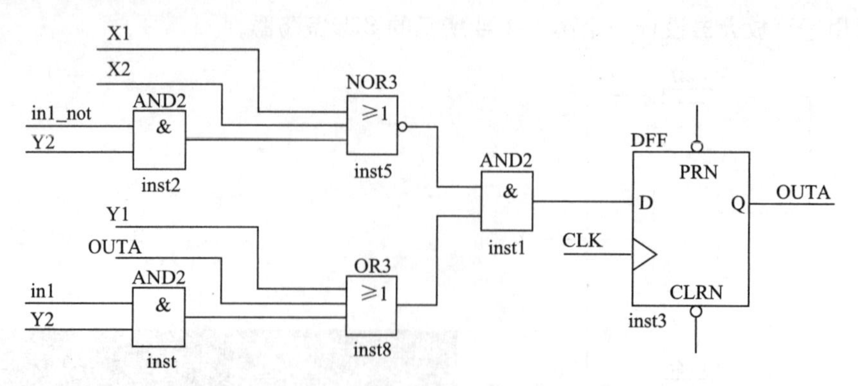

图 1-136　数字逻辑电路

按逻辑功能要求把这些图形符号组合起来画成的图就是逻辑电路图，它完全不同于一般的放大、振荡或脉冲电路图。所以，对于数字逻辑电路我们主要关心它能完成什么样的逻辑功能，较少考虑它的电气参数性能等问题。

数字电路根据逻辑功能的不同特点，可以分成两大类，一类称为组合逻辑电路（简称组合电路），另一类称为时序逻辑电路（简称时序电路）。

1）逻辑代数

逻辑是指事物的因果关系，或者说条件和结果的关系，这些因果关系可以用逻辑运算来表示，也就是用逻辑代数来描述。事物往往存在两种对立的状态，在逻辑代数中可以抽象地表示为 0 和 1，称为逻辑 0 状态和逻辑 1 状态。

逻辑代数是按一定的逻辑关系进行运算的代数，是分析和设计数字电路的数学工具。

1847 年，英国数学家乔治 • 布尔（George Boole，1815—1864 年），发表了著作 *The Mathematical Analysis of Logic*，阐述了正式的逻辑学公理，建立了布尔代数（又称逻辑代数）。他的逻辑理论建立在两个逻辑值 0、1 和三个运算符与、或、非的基础上，这种简化的二值逻辑为计算机的二进制数、开关逻辑元件和逻辑电路的设计铺平了道路，并最终为计算机的发明奠定了数学基础。由于其在符号逻辑运算中的特殊贡献，很多计算机语言中将逻辑运算称为布尔运算，将其结果称为布尔值。

逻辑代数被广泛地应用于开关电路和数字逻辑电路的变换、分析、化简和设计上，因此也被称为开关代数。

逻辑代数中的变量称为逻辑变量，用大写字母表示。逻辑变量的取值只有两种，即逻辑 0 和逻辑 1，0 和 1 称为逻辑常量，并不表示数量的大小，而是表示两种对立的逻辑状态。

其规定：所有可能出现的数只有 0 和 1 两个；基本运算只有“与”、“或”、“非”三种。

$$0 \cdot 0=0 \qquad 0 \cdot 1=0 \qquad 1 \cdot 1=1$$

$$0+0=0 \qquad 0+1=1 \qquad 1+1=1$$

$$\overline{0}=1 \qquad \overline{1}=1$$

如果用字母来代替数（字母的取值非 0 即 1），根据布尔定义的三种基本运算，马上可推出下列基本公式：

$$A \cdot A=A \qquad A \cdot \overline{A}=0$$

$$A+A=A \qquad A+\overline{A}=1 \qquad 0 \cdot A=0 \qquad 1 \cdot A=A$$

$$\overline{\overline{A}}=A \qquad 0+A=A \qquad 1+A=1$$

把变量的各种可能取值与相对应的函数值，用表格的形式一一列举出来，这种表格就称为真值表。设一个变量均有 0、1 两种可能取值，n 个变量共有 2^n 种可能，将它们按顺序（一般按二进制数递增规律）排列起来，同时在相应位置上写上逻辑函数的值，便可得到该逻辑函数的真值表。

真值表以表格的形式表示逻辑函数，其优点是直观明了。输入变量取值一旦确定，即可以从表中查出相应的函数值。所以，在许多数字集成电路手册中，常常以不同形式的真值表，给出器件的逻辑功能。另外，在把一个实际逻辑问题，抽象成为数学表达形式时，使用真值表是最方便的。所以，在数字电路逻辑设计过程中，第一步就是要列出真值表；在分析数字电路逻辑功能时，最后也要列出真值表。

举例 1：用真值表方法回答，丁的话是否成立？为什么？

甲：只有小王不上场，小李才上场。

乙：如果小王上场，则小李上场。

丙：小王上场，当且仅当小李不上场。

丁：甲、乙、丙的话都不对。

真值表见表 1–5。

表 1–5　举例 1 真值表

小王是否上场	小李是否上场	甲是否成立	乙是否成立	丙是否成立
是	是	否	是	否
是	否	是	否	是
否	否	是	是	否
否	是	是	是	是

由表 1–6 可知，丁的话不能成立，因为甲、乙、丙三人的话不可能同时不成立。

举例 2：判断下列推理是否有效？

A．如果他是理科学生，他必学好数学。

B．如果他不是文科学生，他必是理科学生。

C．他没有学好数学，所以他是文科学生。

真值表见表 1–6。

表 1–6　举例 2 真值表

是否理科生	是否学好数学	是否文科生	A	B	C
0	0	0	1	1	0
0	0	1	1	1	1
0	1	0	0	1	1
0	1	1	0	1	1
1	0	0	1	0	1
1	0	1	1	0	1
1	1	0	0	1	1
1	1	1	0	1	1

但是，真值表也有一些缺点：首先，难以对其使用逻辑代数的公式和定理进行运算和变换；其次，当变量比较多时，列真值表会十分烦琐。

卡诺图是逻辑函数的一种图形表示。在平面方格图中，每个小方格代表逻辑函数的一个最小项，相邻两个方格的两组变量取值相比，只有一个变量的取值发生变化，按照这一原则得出的方格图（全部方格构成正方形或长方形）就称为卡诺方格图，简称卡诺图。卡诺图化简逻辑函数具有方便、直观、容易掌握等优点，但依然带有试凑性。尤其当变量个数大于 6 时，画图以及对图形的识别都变得相当复杂。

2）门电路

门电路可以看成是数字逻辑电路中最简单的元件。目前有大量集成化产品可供选用。数字集成电路有 TTL、HTL、CMOS 等多种，所用的电源电压和极性也不同，但只要它们有相同的逻辑功能，就用相同的逻辑符号，而且一般都规定高电平为 1、低电平为 0。

门电路图形符号如图 1–137 所示。

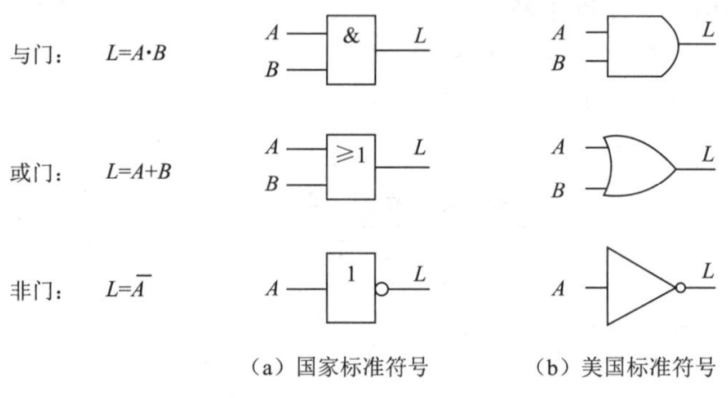

图 1–137　门电路图形符号

最基本的门电路有 3 种：非门、与门和或门。非门就是反相器，它把输入的 0 信号变成 1，1 变成 0，这种逻辑功能称为“非”，如果输入是 A，输出写成 $P=\overline{A}$。与门有 2 个以上输入，它的功能是当输入都是 1 时，输出才是 1，这种功能又称逻辑乘，如果输入是 A、B，输出写成 $P=A \cdot B$。或门也有 2 个以上输入，它的功能是输入有一个 1 时，输出就是 1，这种功能又称逻辑加，输出写成 $P=A+B$。

非门：利用内部结构，使输入的电平变成相反的电平，高电平变低电平，低电平变高电平。真值表见表 1–7。

与门：利用内部结构，使输入两个高电平，输出高电平，不满足有两个高电平则输出低电平。真值表见表 1–8。

表 1–7　非门真值表

A	B
0	1
1	0

表 1–8　与门真值表

A	B	C
0	0	0
0	1	0
1	0	0
1	1	1

或门：利用内部结构，使输入至少一个输入高电平，输出高电平，不满足有两个低电平

则输出高电平。真值表见表 1–9。

表 1–9 或门真值表

A	B	C
0	0	0
0	1	1
1	0	1
1	1	1

把这 3 种基本门电路组合起来可以得到各种复合门电路，如与门加非门构成与非门，或门加非门构成或非门以及异或门等，如图 1–138 所示。

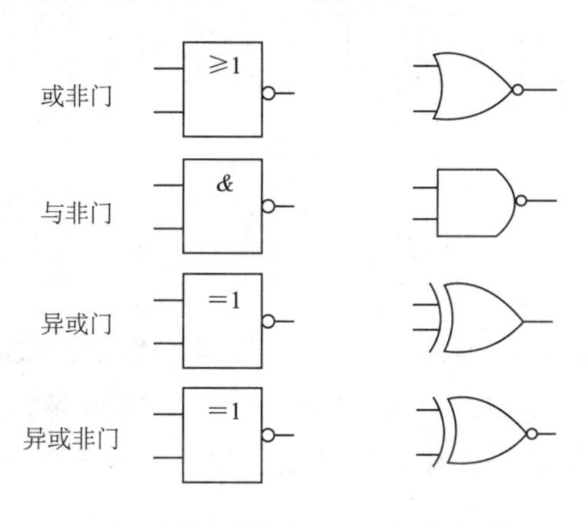

（a）国家标准符号　（b）美国标准符号

图 1–138 复合门图形符号

与非门电路是与门和非门的结合，先进行与运算，然后进行非运算。逻辑表达式：$Y=(A \cdot B)'=(A')+(B')$。其真值表见表 1–10。

异或门（exclusive-or gate，XOR）是数字逻辑中实现逻辑异或的逻辑门。有多个输入端、一个输出端，多输入异或门可由 2 输入异或门构成。若两个输入的电平相异，则输出为高电平 1；若两个输入的电平相同，则输出为低电平 0。亦即，如果两个输入不同，则异或门输出高电平 1。逻辑表达式：$Y=A \oplus B=A \cdot B'+A' \cdot B$（$\oplus$为“异或”运算符）。其真值表见表 1–11。

表 1–10 与非门真值表

A	B	Y
0	0	1
0	1	1
1	0	1
1	1	0

表 1–11 异或门真值表

A	B	Y
0	0	0
0	1	1
1	0	1
1	1	0

集成逻辑门是数字电路的基本逻辑元件，是数字电路的基础，它的电性能决定了各种中大规模标准模块电路的基本电性能。3 种常用的集成逻辑门系列有：晶体管 – 晶体管逻辑系列、射极耦合逻辑系列、互补金属氧化物半导体逻辑系列。

TTL 门电路全称 transistor-transistor logic, 即 BJT-BJT 逻辑门电路，是数字电子技术中常用的一种逻辑门电路，应用较早，技术已比较成熟。TTL 主要由 BJT（bipolar junction transistor ,双极结型晶体管）和电阻构成,具有速度快等特点。最早的 TTL 门电路是 74 系列，后来出现了 74H 系列、74L 系列、74LS 系列、74AS 系列、74ALS 系列等。但是由于 TTL 功耗大等缺点，正逐渐被 CMOS 电路取代，如 74HC 系列就是兼容 74 系列 TTL 器件引脚的高速 CMOS 器件。

常见的 TTL 与、或、非门集成电路芯片有非门电路 7404（六反相器）、与门电路 7411（3 个三输入与门）、或门电路 7432（4 个二输入或门），如图 1–139 所示。

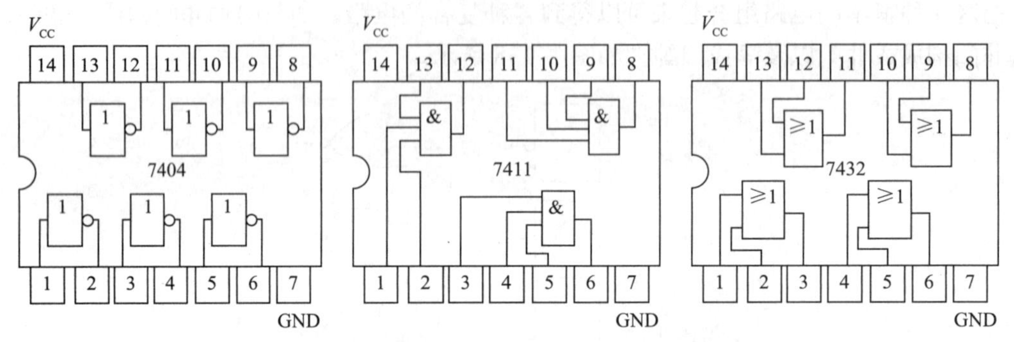

图 1–139 常见的 TTL 与、或、非门集成电路芯片

常见的 TTL 与非门集成电路芯片有 7400、7410 和 7420 等，如图 1–140 所示。7400 是一种内部有 4 个二输入与非门的芯片；7410 是一种内部有 3 个三输入与非门的芯片；7420 是内部有 2 个四输入与非门的芯片。

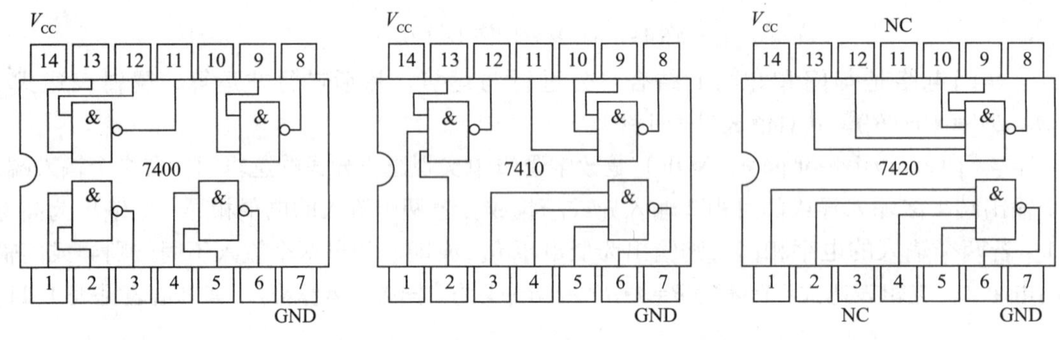

图 1–140 常见的 TTL 与非门集成电路芯片

TTL 电平信号被利用的最多是因为通常数据表示采用二进制，规定 +5 V 等价于逻辑“1”，0 V 等价于逻辑“0”，这被称为 TTL（晶体管 – 晶体管逻辑电平）信号系统，这是计算机处理器控制的设备内部各部分之间通信的标准技术。

CMOS 门电路全称 complementary metal oxide semiconductor，即互补金属氧化物半导体，这是一种大规模应用于集成电路芯片制造的原料。采用 CMOS 技术可以将成对的金属氧化物半导体场效应晶体管（MOSFET）集成在一块硅片上。该技术通常用于生产 RAM 和交换应用系统，在计算机领域里通常指保存计算机基本启动信息（如日期、时间、启动设置等）的 ROM 芯片。

CMOS 由 PMOS 管和 NMOS 管共同构成，它的特点是低功耗。由于 CMOS 中一对 MOS

管组成的门电路在瞬间要么 PMOS 管导通，要么 NMOS 管导通，要么都截止，比线性的三极管 (BJT) 效率要高得多，因此功耗很低。

CMOS 逻辑电路具有以下优点：允许的电源电压范围宽，方便电源电路的设计；逻辑摆幅大，使电路抗干扰能力强；静态功耗低；隔离栅结构使 CMOS 器件的输入电阻极大，从而使 CMOS 器件驱动同类逻辑门的能力比其他系列强得多。

常见的 CMOS 门电路有：四 2 输入或非门 4001（见图 1–141）、六反相器 4069/4049、四 2 输入与门 4081。

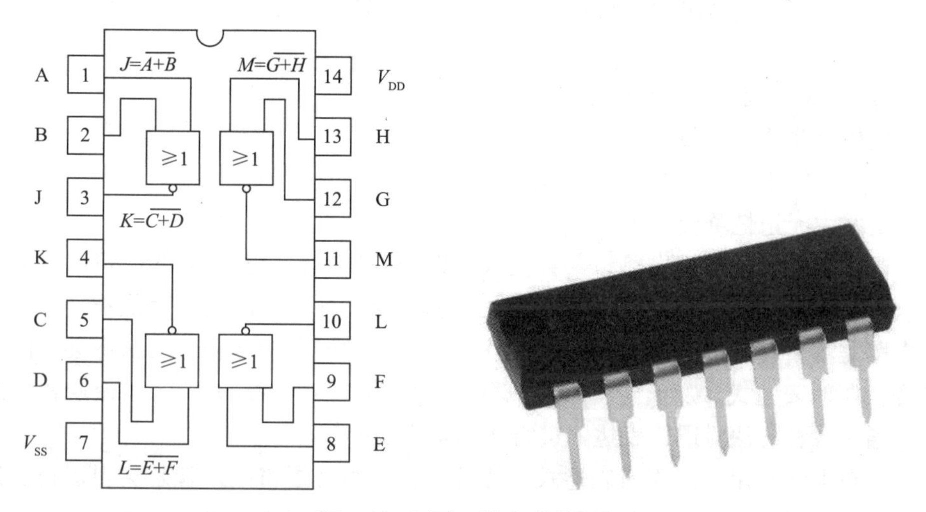

图 1–141　四 2 输入或非门

TTL 和 COMS 电路比较：

（1）TTL 是电流控制电路，大部分都采用 5 V 电源，输出高电平 U_{oh} 和输出低电平 U_{ol} 要求 $U_{oh} \geqslant 2.4$ V，$U_{ol} \leqslant 0.4$ V；输入高电平 U_{ih} 和输入低电平 U_{il} 要求 $U_{ih} \geqslant 2.0$ V，$U_{il} \leqslant 0.8$ V。

（2）CMOS 是电压控制电路，输出高电平 U_{oh} 和输出低电平 U_{ol} 要求 $U_{oh} \approx V_{CC}$，$U_{ol} \approx$ GND；输入高电平 U_{ih} 和输入低电平 U_{il} 要求 $U_{ih} \geqslant 0.7V_{CC}$，$U_{il} \leqslant 0.2V_{CC}$($V_{CC}$ 为电源电压，GND 为地)。

（3）在同样 5 V 电源电压情况下，COMS 电路可以直接驱动 TTL，因为 CMOS 电路的输出高电平大于 2.0 V，输出低电平小于 0.8 V；而 TTL 电路则不能直接驱动 CMOS 电路，TTL 的输出高电平大于 2.4 V，如果落在 2.4 ~ 3.5 V 之间，则 CMOS 电路就不能检测到高电平，低电平小于 0.4 V 满足要求，所以在 TTL 电路驱动 COMS 电路时需要加上拉电阻。如果出现不同电压电源的情况，也可以通过上面的方法进行判断。

（4）如果电路中出现 3.3 V 的 COMS 电路去驱动 5 V 的 CMOS 电路的情况，如 3.3 V 单片机去驱动 74HC，这种情况有以下几种方法解决：最简单的就是直接将 74HC 换成 74HCT(74 系列的输入/输出将在后文介绍) 的芯片，因为 3.3 V 的 CMOS 电路可以直接驱动 5 V 的 TTL 电路；或者加电压转换芯片；还有就是把单片机的 I/O 口设为开漏，然后加上拉电阻到 5 V，这种情况下得根据实际情况调整电阻的大小，以保证信号的上升沿时间。

（5）TTL 电路有 OC 门，即集电极开路门电路；CMOS 电路有 OD 门，即漏极开路门电路，必须外接上拉电阻和电源才能将开关电平作为高低电平使用。否则，它一般只作为开关大电压和大电流负载，所以又称驱动门电路。

(6) TTL 电路的速度快，传输延迟时间短 (5~10 ns)，但功耗大；COMS 电路的速度慢，传输延迟时间长 (25~50 ns)，但功耗小。COMS 电路本身的功耗与输入信号的脉冲频率有关，频率越高，功耗越大。

2. 组合逻辑电路

组合逻辑电路是指在任何时刻，输出状态只决定于同一时刻各输入状态的组合，而与电路以前状态无关且与其他时间的状态无关。其逻辑函数如下：

$$L_i=f\ (A_1,\ A_2,\ A_3,\ \cdots,\ A_n)\ (i=1,\ 2,\ 3,\ \cdots,\ m)$$

式中，A_1~A_n 为输入变量；L_i 为输出变量。

组合逻辑电路的特点归纳如下：

(1) 输入、输出之间没有反馈延迟通道；

(2) 电路中无记忆单元。

对于逻辑表达式或逻辑电路，其真值表可以是唯一的，但其对应的逻辑电路或逻辑表达式可能有多种实现形式，所以，一个特定的逻辑问题，其对应的真值表是唯一的，但实现它的逻辑电路是多种多样的。在实际设计工作中，如果由于某些原因无法获得某些门电路，可以通过变换逻辑表达式，从而能使用其他器件来代替该器件。同时，为了使逻辑电路的设计更简洁，通过各种方法对逻辑表达式进行化简是必要的。

组合逻辑电路可用一组逻辑表达式来描述。设计组合逻辑电路就是实现逻辑表达式。要求在满足逻辑功能和技术要求基础上，力求使电路简单、经济、可靠。实现组合逻辑函数的途径是多种多样的，可采用基本门电路，也可采用中、大规模集成电路。其一般设计步骤为：

(1) 分析设计要求，列真值表。

(2) 根据真值表写出输出逻辑表达式，并对输出逻辑表达式进行化简，得出最简的输出逻辑表达式。

(3) 画逻辑图。

1) 加法器

两个二进制数的加、减、乘、除四则运算，在计算机中都转化为若干步加法运算进行。因此，加法器是构成运算器的基本单元。

(1) 半加器（half adder）的功能是将两个 1 位二进制数相加。它有两个输出：和记作 S，来自对应的英语 sum；进位记作 C，来自对应的英语 carry。半加器真值表见表 1–12。

表 1–12　半加器真值表

第一个数	第二个数	本位输出	进位输出
0	0	0	0
1	0	1	0
0	1	1	0
1	1	0	1

所谓半加器，就是计算两个位数的和并产生进位的电路，不考虑低位的进位。

半加器的逻辑运算为

$$S=A'B+AB'=A\oplus B$$

$$C=AB$$

在本位加输出中，若两个输入数相同则是 0，不同则是 1，所以可以用异或门来实现。

在进位输出中，若输入的两个数都是 1，才输出 1，所以可以用与门来实现。半加器逻辑电路及图形符号，如图 1–142 所示。

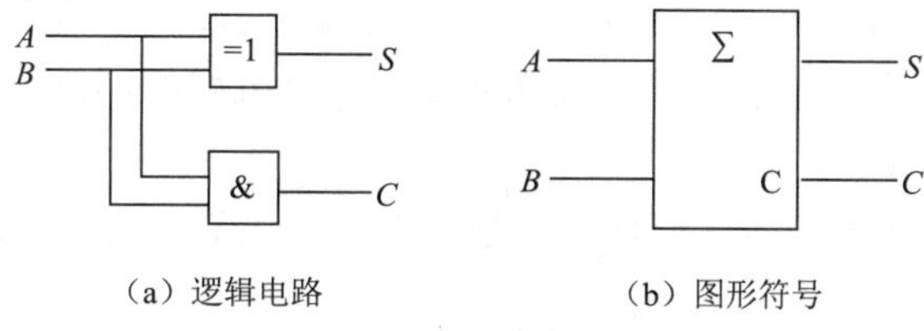

（a）逻辑电路　　（b）图形符号

图 1–142　半加器

（2）全加器：与半加器不同，全加器需要考虑低位的进位问题。实际中，因为涉及多位数的运算，所以不得不考虑进位，那么半加器就不能满足需求了，所以要做一个全加器 。

所谓全加器，就是对二进制执行加法运算的电路，考虑进位。全加器真值表见表 1–13。

表 1–13　全加器真值表

第一个数	第二个数	进位到本位的数	进位输出
0	0	0	0
1	0	0	0
0	1	0	0
0	0	1	0
1	1	0	1
1	0	1	1
0	1	1	1
1	1	1	1

全加器的逻辑运算为

$$S=A\oplus B\oplus CI$$

$$CO=AB+CI\cdot(A\oplus B)$$

全加器可以采用两个半加器和一个或门组成，如图 1–143 所示。

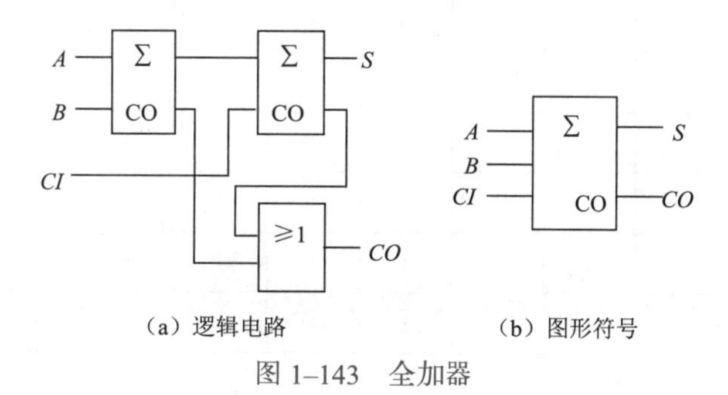

（a）逻辑电路　　（b）图形符号

图 1–143　全加器

2）编码器

用代码表示特定信号的过程称为编码；实现编码功能的逻辑电路称为编码器。编码器的输入是被编码的信号，输出是与输入信号对应的一组二进制代码。

在设计电路的过程中，可能会遇到有多个逻辑输入的情况，如果要把这些输入都接到单片机的引脚上，就会过多地占用单片机的引脚资源。举个例子，一款产品需要用到 8 个按键用作交互输入，而单片机的引脚数量已经用得差不多了，只剩下 3 个引脚了。这时候就可以考虑一下 8 线 -3 线编码器，8 个按键接在编码器的输入端，3 个输出端接在单片机的 3 个引脚上，这样每个按键动作发生后，单片机都会采到一个编好的码值，通过对码值的分析就可以得出是哪个按键动作了。

74LS148 是一款很经典的电子元器件，是具有优先级的 8 线 -3 线编码器。$\overline{EO}$ 用于级联，如图 1–144 所示。

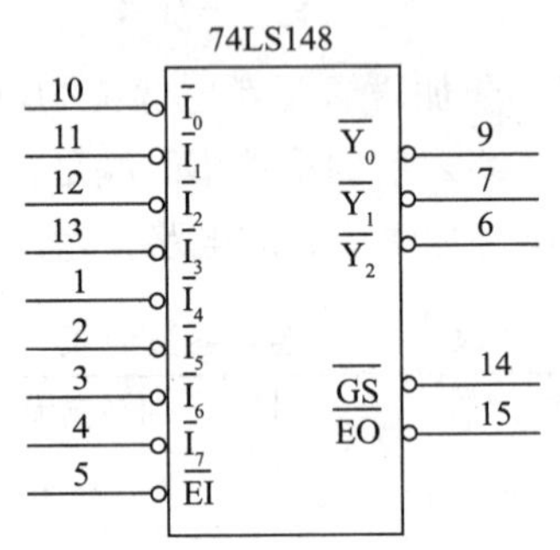

图 1–144　编码器 74LS148

74LS148 的真值表见表 1–14。

表 1–14　74LS148 的真值表

输入									输出				
$\overline{EI}$	$\overline{I_0}$	$\overline{I_1}$	$\overline{I_2}$	$\overline{I_3}$	$\overline{I_4}$	$\overline{I_5}$	$\overline{I_6}$	$\overline{I_7}$	$\overline{Y_2}$	$\overline{Y_1}$	$\overline{Y_0}$	$\overline{GS}$	$\overline{EO}$
1	×	×	×	×	×	×	×	×	1	1	1	1	1
0	1	1	1	1	1	1	1	1	1	1	1	1	0
0	×	×	×	×	×	×	×	0	0	0	0	0	1
0	×	×	×	×	×	×	0	1	0	0	1	0	1
0	×	×	×	×	×	0	1	1	0	1	0	0	1
0	×	×	×	×	0	1	1	1	0	1	1	0	1
0	×	×	×	0	1	1	1	1	1	0	0	0	1
0	×	×	0	1	1	1	1	1	1	0	1	0	1
0	×	0	1	1	1	1	1	1	1	1	0	0	1
0	0	1	1	1	1	1	1	1	1	1	1	0	1

由从真值表可以看出：

（1）$\overline{EI}$ 只有是低电平的时候，该芯片才工作；

（2）$\overline{Y}_2$，$\overline{Y}_1$，$\overline{Y}_0$ 遵循 8421 码的规律；

（3）只要有输入，$\overline{GS}$ 就输出低电平；

（4）输入 $\overline{I}_7$ 的优先级最高，输入 $\overline{I}_0$ 的优先级最低，且低电平为有效输入。

举例：假设输入 $\overline{I}_5$ 为低电平，其余输入均为高电平，从真值表可以看出 $\overline{Y}_1$，$\overline{EO}$ 应输出高电平，其余输出低电平。

3）译码器

把二进制代码按照要求转换为相应输出信号的过程称为译码。完成译码功能的逻辑电路称为译码器。

74LS138 是 3 线 -8 线译码器集成电路，如图 1-145 所示。其工作原理如下：

（1）当一个选通端（E_1）为高电平，另两个选通端（$\overline{E}_2$ 和 $\overline{E}_3$）为低电平时，可将地址端（A_0、A_1、A_2）的二进制编码在 Y_0 至 Y_7 对应的输出端以低电平译出，即输出为 Y_0 至 Y_7 的非。比如：$A_2A_1A_0$=110 时，则 Y_6 输出端输出低电平信号。

（2）利用 E_1、$\overline{E}_2$ 和 $\overline{E}_3$ 可级联扩展成 24 线译码器；若外接一个反相器还可级联扩展成 32 线译码器。

（3）若将选通端中的一个作为数据输入端时，74LS138 还可作数据分配器。

（4）可用在 8086 的译码电路中，扩展内存。

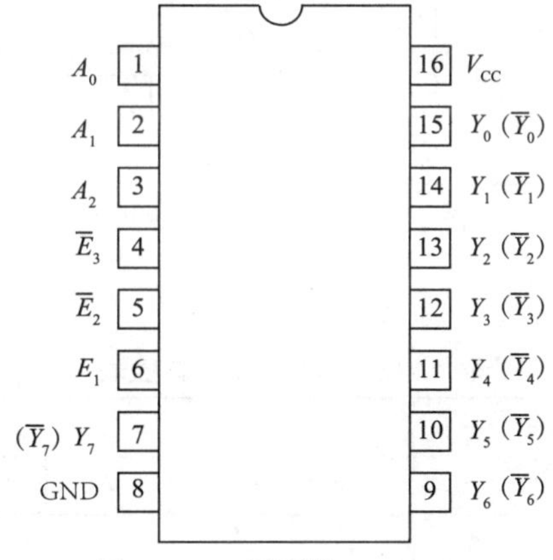

图 1-145　译码器 74LS138

74LS138 的真值表见表 1-15。

表 1-15　74LS138 的真值表

输入						输出							
E_1	$\overline{E}_2$	$\overline{E}_3$	A_0	A_1	A_2	$\overline{Y}_0$	$\overline{Y}_1$	$\overline{Y}_2$	$\overline{Y}_3$	$\overline{Y}_4$	$\overline{Y}_5$	$\overline{Y}_6$	$\overline{Y}_7$
×	×	1	×	×	×	1	1	1	1	1	1	1	1
×	1	×	×	×	×	1	1	1	1	1	1	1	1
0	×	×	×	×	×	1	1	1	1	1	1	1	1
1	0	0	0	0	0	0	1	1	1	1	1	1	1

续表

输入						输出							
E_1	$\overline{E}_2$	$\overline{E}_3$	A_0	A_1	A_2	$\overline{Y}_0$	$\overline{Y}_1$	$\overline{Y}_2$	$\overline{Y}_3$	$\overline{Y}_4$	$\overline{Y}_5$	$\overline{Y}_6$	$\overline{Y}_7$
1	0	0	1	0	0	1	0	1	1	1	1	1	1
1	0	0	0	1	0	1	1	0	1	1	1	1	1
1	0	0	1	1	0	1	1	1	0	1	1	1	1
1	0	0	0	0	1	1	1	1	1	0	1	1	1
1	0	0	1	0	1	1	1	1	1	1	0	1	1
1	0	0	0	1	1	1	1	1	1	1	1	0	1
1	0	0	1	1	1	1	1	1	1	1	1	1	0

74LS49 是 BCD- 七段译码器集成电路，如图 1–146 所示。

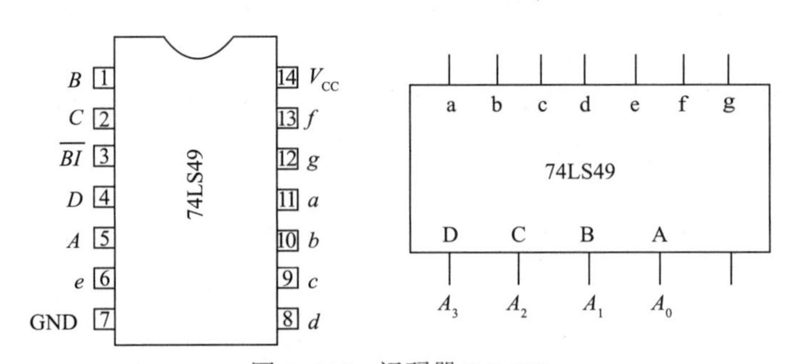

图 1–146 译码器 74LS49

74LS49 的真值表见表 1–16。

表 1–16 74LS49 的真值表

输　入					输　出						
$\overline{BI}$	A	B	C	D	a	b	c	d	e	f	g
1	0	0	0	0	1	1	1	1	1	1	0
1	0	0	0	1	0	1	1	0	0	0	0
1	0	0	1	0	1	1	0	1	1	0	1
1	0	1	0	0	1	1	1	1	0	0	1
1	0	1	1	0	1	0	1	1	0	1	1
1	0	1	1	1	0	0	1	1	1	1	1
1	1	0	0	0	1	1	1	0	0	0	0
1	1	0	0	1	1	1	1	1	1	1	1
1	1	0	0	1	1	1	1	0	0	1	1
1	1	1	1	1	0	0	0	0	0	0	0
0	×	×	×	×	0	0	0	0	0	0	0

LED 数码管七段显示原理：它们的发光原理和普通发光二极管是一样的，所以可将数码管的亮段当成几个发光二极管。根据内部发光二极管公共连接端不同，可以分为共阳极接法和共阴极接法，共阳极接法就是七个发光二极管的正极共同接电源 V_{CC}，通过控制每个发光二极管的负极是否接地来显示数字。共阴极接法就是七个发光二极管的负极共同接地 GND，通过控制每个发光二极管的正极是否接电源来显示数字，如图 1–147 所示。

A~G 引脚分别控制着每个发光二极管的亮暗，所以，如果要显示 1 的话，只需要点亮 B、C 两段即可；如果要显示数字 5，则只需要点亮 A、F、G、C、D 段即可。

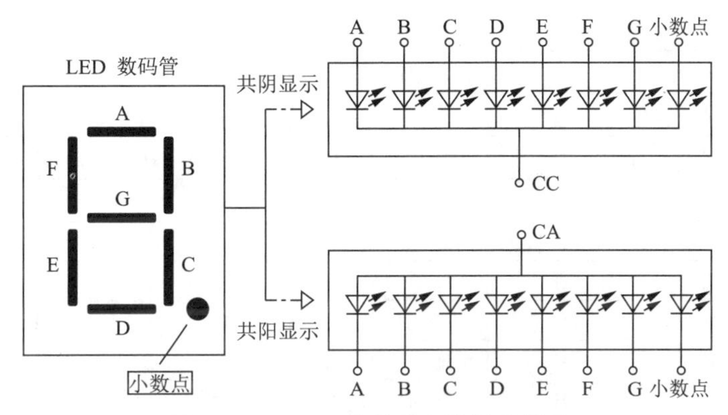

图 1–147 LED 数码管七段显示原理

CD4511 是 CMOS 的 3 线 –8 线译码器集成电路，如图 1–148 所示。

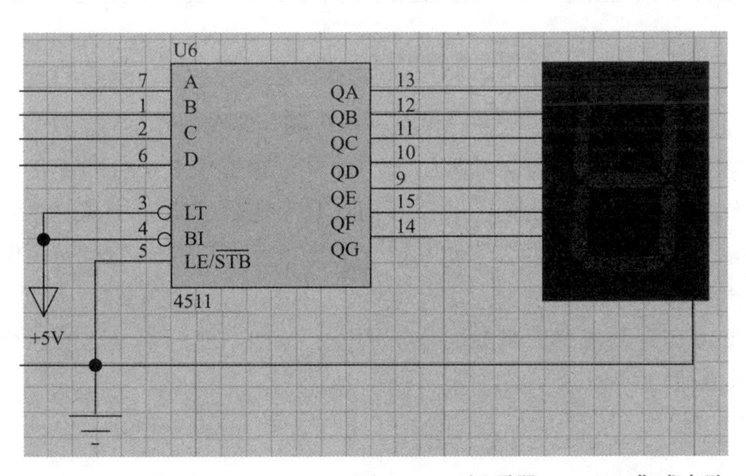

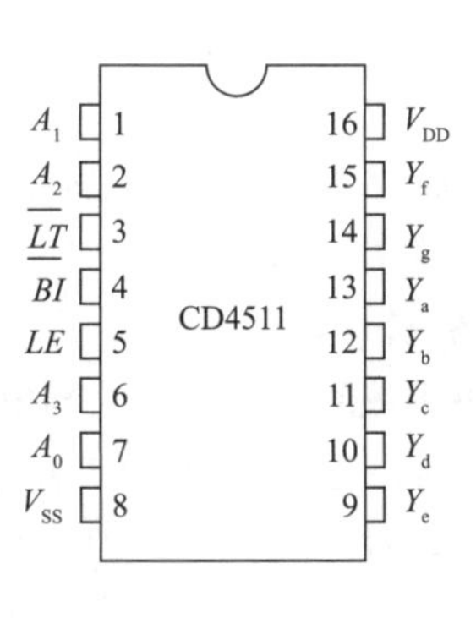

图 1–148 译码器 CD4511 集成电路

CD4511 的真值表见表 1–17。

表 1–17 CD4511 的真值表

输 入				输 出	
LE	$\overline{BI}$	$\overline{LT}$	D C B A	Y_a Y_b Y_c Y_d Y_e Y_f Y_g	
×	×	L	× × × ×	H H H H H H H	8
×	L	H	× × × ×	L L L L L L L	
L	H	H	L L L L	H H H H H H L	0

续表

输　　入				输　　出	
LE	$\overline{BI}$	$\overline{LT}$	*D C B A*	Y_a Y_b Y_c Y_d Y_e Y_f Y_g	
L	H	H	L L L H	L H H L L L L	1
L	H	H	L L H L	H H L H H L H	2
L	H	H	L L H H	H H H H L L H	3
L	H	H	L H L L	L H H L L H H	4
L	H	H	L H L H	H L H H L H H	5
L	H	H	L H H L	L L H H H H H	6
L	H	H	L H H H	H H H L L L L	7
L	H	H	H L L L	H H H H H H H	8
L	H	H	H L L H	H H H L L H H	9
L	H	H	H L H L	L L L L L L L	
L	H	H	H L H H	L L L L L L L	
L	H	H	H H L L	L L L L L L L	
L	H	H	H H L H	L L L L L L L	—
L	H	H	H H H L	L L L L L L L	
L	H	H	H H H H	L L L L L L L	
H	H	H	× × × ×	—	

3．时序逻辑电路

时序逻辑电路是数字电路的一种。时序逻辑电路在逻辑功能上的特点是任意时刻的输出不仅取决于当时的输入信号，而且还取决于电路原来的状态，或者说，还与以前的输入有关。

时序逻辑电路和组合逻辑电路的主要区别是：后者工作不需要时钟信号而前者的正常工作一定需要时钟信号。组合逻辑电路一般就是由与、或、非门和复合逻辑门电路构成的，而时序逻辑电路则是由一系列的触发器构成。后者在逻辑功能上的特点是任意时刻的输出仅仅取决于该时刻的输入，与电路原来的状态无关。

时序逻辑电路由组合逻辑电路和存储电路两部分组成，通过反馈回路将两部分连成一个整体。时序逻辑电路的一般结构如图 1–149 所示。

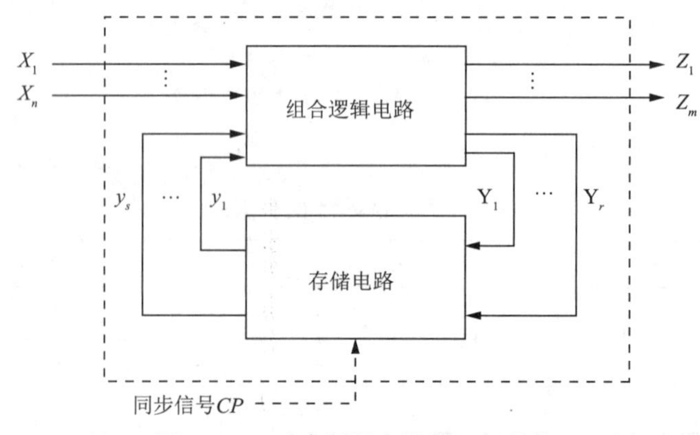

图 1–149　时序逻辑电路的一般结构

图 1–154 中，X_1，…，X_n 为时序逻辑电路的输入信号，又称组合逻辑电路的外部输入信号；Z_1，…，Z_m 为时序逻辑电路的输出信号，又称组合逻辑电路的外部输出信号；y_1，…，y_s 为时序逻辑电路的“状态”，又称组合逻辑电路的内部输入信号；Y_1，…，Y_r 为时序逻辑电路中的激励信号，又称组合逻辑电路的内部输出信号，它决定电路下一时刻的状态；CP 为时钟脉冲信号，它是同步时序逻辑电路中的定时信号。

时序逻辑电路的状态 y_1，…，y_s 是存储电路对过去输入信号记忆的结果，它随着外部信号的作用而变化。在对电路功能进行研究时，通常将某一时刻的状态称为“现态”，记作 y_n，简记为 y；而把在某一现态下，外部信号发生变化时即将到达的新的状态称为“次态”，记作 y_{n+1}。

时序逻辑电路具有如下特征：

(1) 电路由组合逻辑电路和存储电路组成，具有对过去输入进行记忆的功能。

(2) 电路中包含反馈回路，通过反馈使电路功能与“时序”相关。

(3) 电路的输出由电路当时的输入和状态（过去的输入）共同决定。

在实际的数字系统中往往包含大量的存储单元，而且经常要求它们在同一时刻同步动作，为达到这个目的，在每个存储单元电路中引入一个时钟脉冲（CP）作为控制信号，只有当 CP 到来时电路才被“触发”而动作，并根据输入信号改变输出状态。把这种在时钟信号触发时才能动作的存储单元电路称为触发器（flip flop）。以区别没有时钟信号控制的锁存器。

触发器是由基本的门电路组合而成的。常用的触发器类型有基本 RS 触发器、同步 RS 触发器、T 触发器、D 触发器、JK 触发器等。

(1) 基本 RS 触发器：由两个门电路构成，这两个门电路可以是与非门，也可以是异或门，如图 1–150 所示。

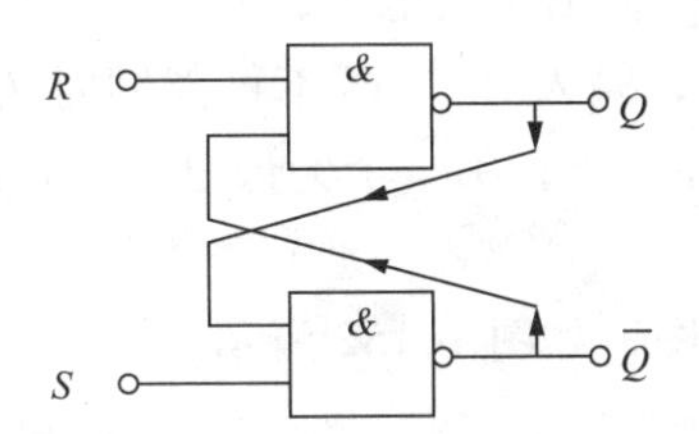

（a）两个与非门构成的基本RS触发器

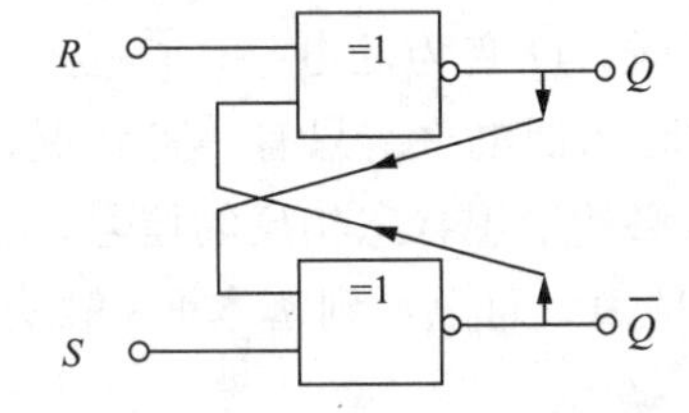

（b）两个异或门构成的基本RS触发器

图 1–150　基本 RS 触发器

基本 RS 触发器用真值表来描述见表 1–18，表中的 Q^n 表示触发器的现在状态，简称现态；Q^{n+1} 和表示触发器在触发脉冲作用后输出端的新状态，简称次态。对于新状态 Q^{n+1} 而言，Q^n 又称原状态。输出端的新状态与前一状态有关，这个就是组合逻辑电路所不具有的特点。

基本 RS 触发器的工作原理如图 1–151 所示，其中 R 为复位端（RESET），S 为置位端，输出 Q 和 $\overline{Q}$ 相反，这种触发器又称非同步触发器。当 Q 和 $\overline{Q}$ 为 1，而 R 和 S 从 0 变为 1 的时候，Q 和 $\overline{Q}$ 的输出就会处于不确定状态。

表 1–18 基本 RS 触发器真值表

现态	输入信号		输出信号	
Q^n	R	S	Q^{n+1}	$\overline{Q^{n+1}}$
0	0	0	0	1
0	0	1	1	0
0	1	0	0	1
0	1	1	0	0
1	0	0	1	0
1	0	1	1	0
1	1	0	0	1
1	1	1	0	0

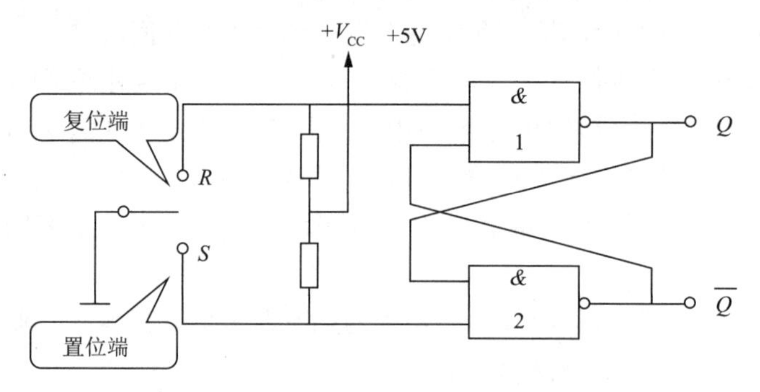

图 1–151 基本 RS 触发器的工作原理

当开关置于 S 端，S 为低电平，R 则为高电平，与非门 1 的输入为低电平，与非门 2 的输入为高电平，这样就使触发器的 Q 输出为高电平，$\overline{Q}$ 输出为低电平。如果开关置于 R 端，则触发器反转，Q 变为低电平，$\overline{Q}$ 变为高电平。可见，输入 R、S 既不可能同时为高电平，也不可能同时为低电平。只有两种状况，其中一个为高电平，另一个为低电平，则触发器 Q 和 $\overline{Q}$ 两端也必然输出状态相反的信号。

根据真值表，可以得到基本 RS 触发器的状态转移图，如图 1–152 所示。

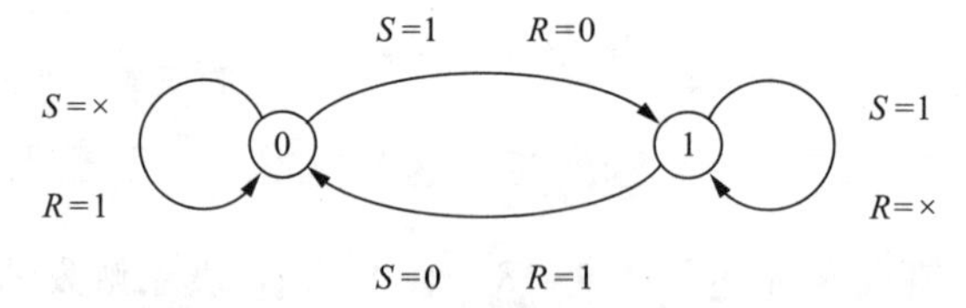

图 1–152 基本 RS 触发器状态转移图

从时序的角度看状态转移，也就是逻辑波形图，又称时序图。时序图又称序列图或循序图、顺序图，作为一种交互图，时序图能够描述对象之间发送消息的时间顺序，显示对象之间的状态转换和协作关系。

当 R 和 S 均为 1 时，电路出现不确定状态（此前 Q 和 $\overline{Q}$ 均为高），如图 1–153 所示。

（2）同步 RS 触发器：由于基本 RS 触发器属于非同步触发器，不能与系统时钟信号同步。因此，同步 RS 触发器增加了同步功能，可以与时钟信号同步（高电平触发）。

同步 RS 触发器的结构及图形符号如图 1–154 所示。

同步 RS 触发器两个输入端用两个与非门，并增加了一个时钟脉冲输入端（高电平触发），这样便可以使触发器的输出与时钟信号同步，如图 1–155 所示。

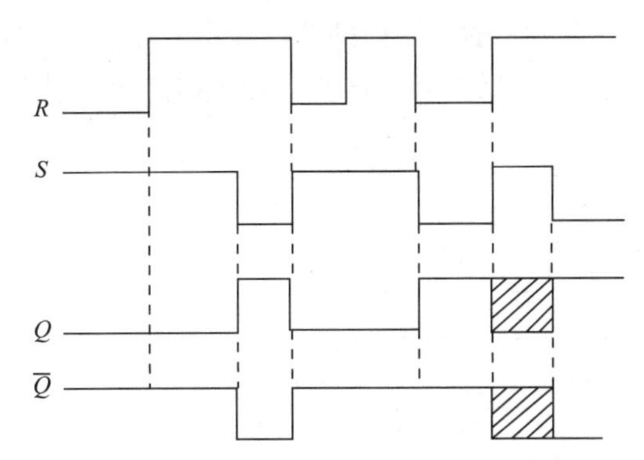

图 1–153　电路不确定状态

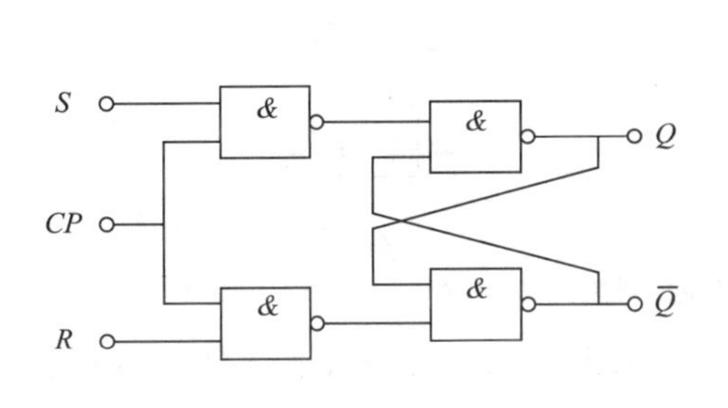

（a）同步RS触发器的结构

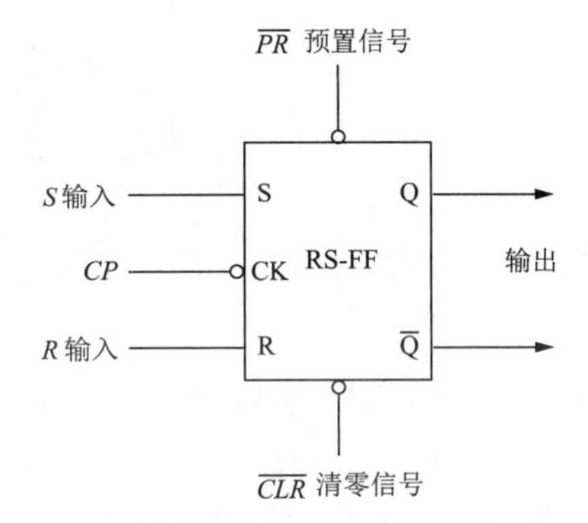

（b）同步RS触发器的图形符号

图 1–154　同步 RS 触发器

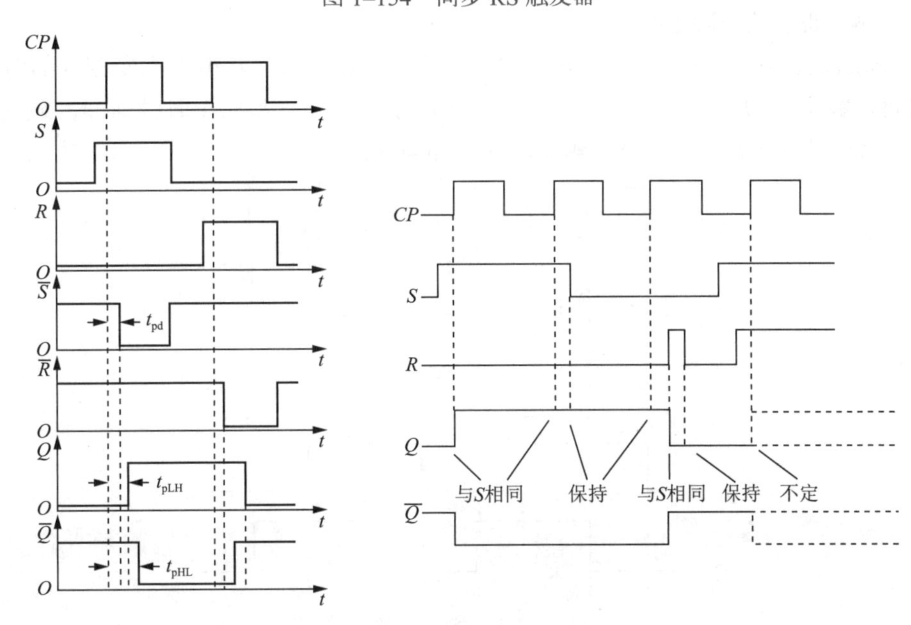

图 1–155　同步 RS 触发器的时序图

根据对同步 RS 触发器的分析，当 CP=0 时，无论 R、S 如何变化，输出 Q 和 $\overline{Q}$ 保持不变；当 CP=1 时，其工作情况和基本 RS 触发器一样，同步 RS 触发器仍然存在输出不确定的状态。

（3）主从 RS 触发器：主从 RS 触发器由两个同步 RS 触发器组成，它们分别称为主触发器和从触发器，如图 1–156 所示。反相器使这两个触发器加上互补时钟脉冲。

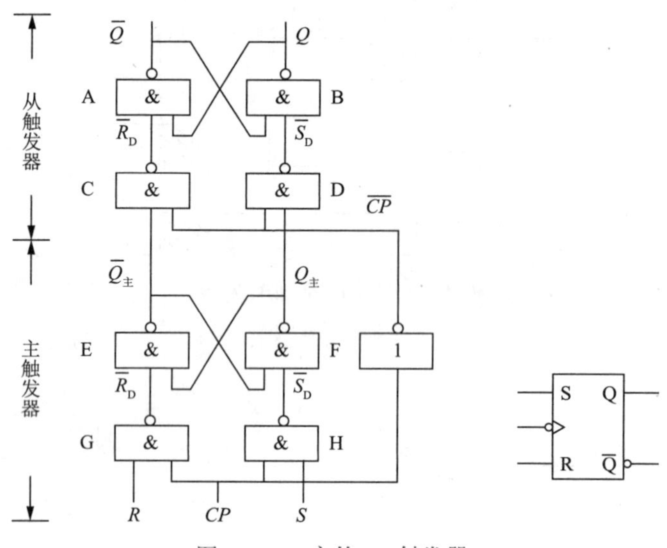

图 1–156 主从 RS 触发器

① 当 $CP=1$ 即时钟脉冲到来时，G、H 门打开，接收 R、S 的信号，使主触发器发生动作，由于 $\overline{CP}=0$，C、D 门被封锁，使从触发器亦即整个触发器保持原状态不变。

② 当 $CP=0$ 即时钟脉冲回到低电平时，G、H 门被封锁，主触发器不动作，其状态保持不变；由于 $\overline{CP}=1$，C、D 门打开，接收主触发器原状态信号，使从触发器发生动作，从而导致整个触发器处于某一确定状态。

主从 RS 触发器状态的翻转发生在 CP 脉冲的下降沿，即 CP 由 1 跳变到 0 的时刻；在 $CP=1$ 期间，触发器的状态保持不变如图 1–157 所示。因此，来一个时钟脉冲，触发器状态至多改变一次，从而解决了同步 RS 触发器的空翻问题。

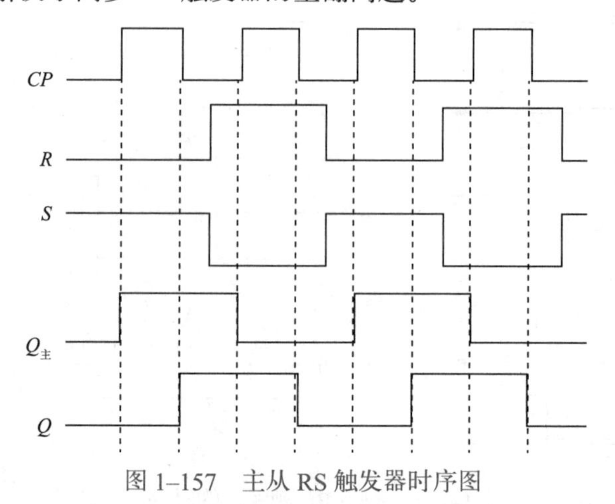

图 1–157 主从 RS 触发器时序图

（4）主从 JK 触发器：在主从 RS 触发器基础上，将 Q 接到 R，将$\overline{Q}$接到 S，并增加 J、K 两个输入端，其中 $S=J\overline{Q}$，$R=KQ$，如图 1–158 所示

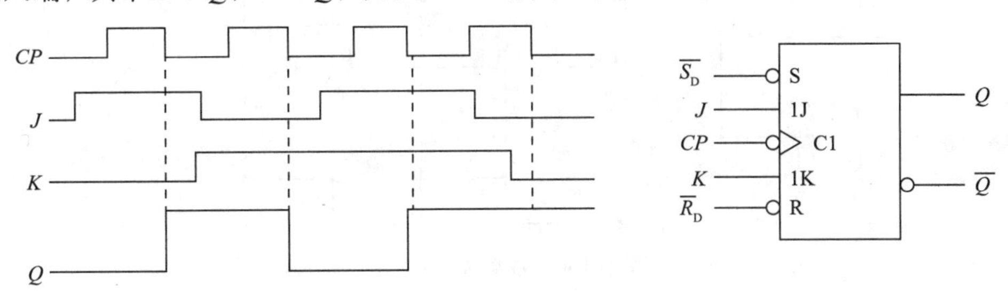

图 1–158　主从 JK 触发器

主从 JK 触发器的状态表见表 1–19。

表 1–19　主从 JK 触发器的状态表

J	K	Q^n	Q^{n+1}	功能	
0	0	0	0	$Q^{n+1}=Q^n$	保持
0	0	1	1		
0	1	0	0	$Q^{n+1}=0$	置 0
0	1	1	0		
1	0	0	1	$Q^{n+1}=1$	置 1
1	0	1	1		
1	1	0	1	$Q^{n+1}=\overline{Q}^n$	翻转
1	1	1	0		

主从JK触发器集成电路74LS112，包括两个 CP 下降沿触发的JK触发器，如图1–159所示。

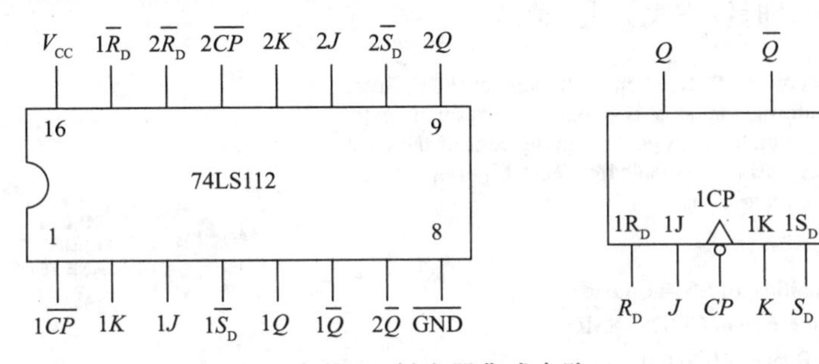

图 1–159　主从 JK 触发器集成电路 74LS112

（5）D 触发器（data flip-flop 或 delay flip-flop），是一个具有记忆功能的，具有两个稳定状态的信息存储器件，是构成多种时序逻辑电路的最基本逻辑单元，也是数字逻辑电路中一种重要的单元电路。

D 触发器在时钟脉冲 CP 的下降沿（负跳变 1 → 0）发生翻转，触发器的次态取决于 CP 的脉冲下降沿到来之前 D 的状态，即次态 $=D$，如图 1–160 所示。因此，它具有置 0、置 1 两种功能。由于在 CP=1 期间电路具有维持阻塞作用，所以在 CP=1 期间，D 端的数据状态变化，不会影响触发器的输出状态。其状态表如表 1–20 所示。

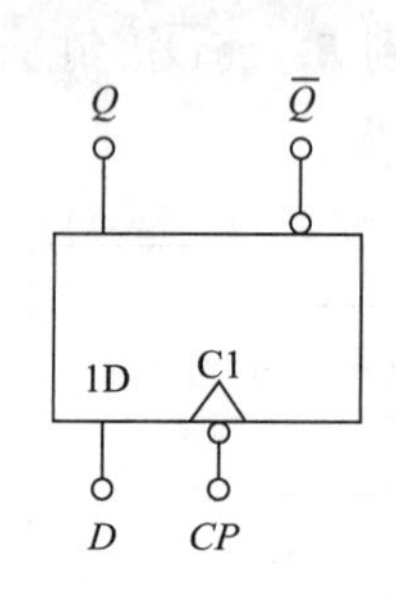

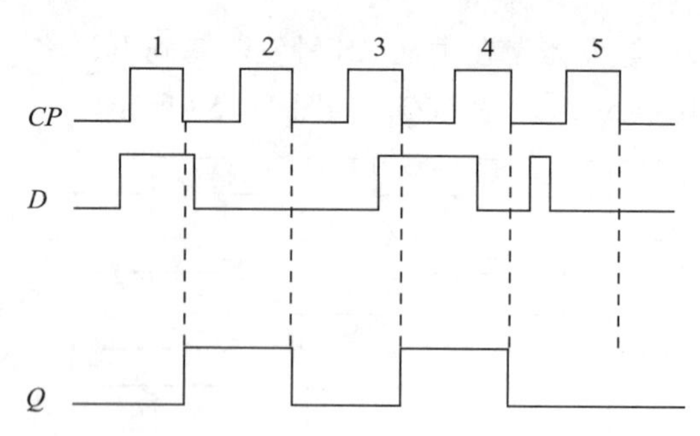

图 1–160　D 触发器时序图

表 1–20　D 触发器状态表

D	CP	Q	$\overline{Q}$
0	时钟下降沿	0	1
1	时钟下降沿	1	0
×	0	保持	保持
×	1	保持	保持

不管是工程师、硬件研发人员或板子维修员，想要用最快、最省时的方法去了解一个芯片，那么，无疑是从数据手册入手。数据手册简明扼要的科技英语非常适合学生阅读。

芯片数据手册应该怎么看？一般我们会先从芯片特性到应用场合，最后到内部框架去了解。当然，这里所指的了解是宏观的，对于芯片这种注重细节的部件，微观上才是关注点。芯片参数、引脚定义、内部寄存器任何一个都要研究透彻。连数据手册中的注意部分都不要放过。

下面以 74HC74 这个双 D 触发器的数据手册为例，说明如何来使用这个芯片。

首先了解 74HC74 的基本性能、封装和引脚，如图 1–161 所示。可以从中了解到该芯片是一个双 D 触发器，时钟方式为上升沿触发。

This device consists of two D flip–flops with individual Set, Reset, and Clock inputs. Information at a D–input is transferred to the corresponding Q output on the next positive going edge of the clock input. Both Q and $\overline{\text{Q}}$ outputs are available from each flip–flop. The Set and Reset inputs are asynchronous.

Features

- Output Drive Capability: 10 LSTTL Loads
- Outputs Directly Interface to CMOS, NMOS, and TTL
- Operating Voltage Range: 2.0 to 6.0 V
- Low Input Current: 1.0 μA
- High Noise Immunity Characteristic of CMOS Devices
- In Compliance with the JEDEC Standard No. 7A Requirements
- ESD Performance: HBM > 2000 V; Machine Model > 200 V
- Chip Complexity: 128 FETs or 32 Equivalent Gates
- Pb–Free Packages are Available

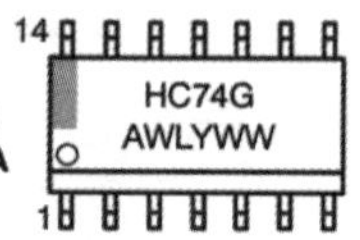

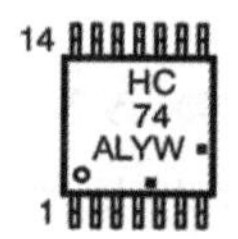

HC74　= Device Code
A　= Assembly Location
L, WL　= Wafer Lot

图 1–161　数据手册中芯片基本性能封装和引脚定义

PIN ASSIGNMENT

Pin	Name	Pin	Name
1	RESET 1	14	V_{CC}
2	DATA 1	13	RESET 2
3	CLOCK 1	12	DATA 2
4	SET 1	11	CLOCK 2
5	Q1	10	SET 2
6	$\overline{Q1}$	9	Q2
7	GND	8	$\overline{Q2}$

FUNCTION TABLE

Inputs				Outputs	
Set	Reset	Clock	Data	Q	$\overline{Q}$
L	H	X	X	H	L
H	L	X	X	L	H
L	L	X	X	H*	H*
H	H	↗	H	H	L
H	H	↗	L	L	H
H	H	L	X	No Change	
H	H	H	X	No Change	
H	H	↘	X	No Change	

*Both outputs will remain high as long as Set and Reset are low, but the output states are unpredictable if Set and Reset go high simultaneously.

LOGIC DIAGRAM

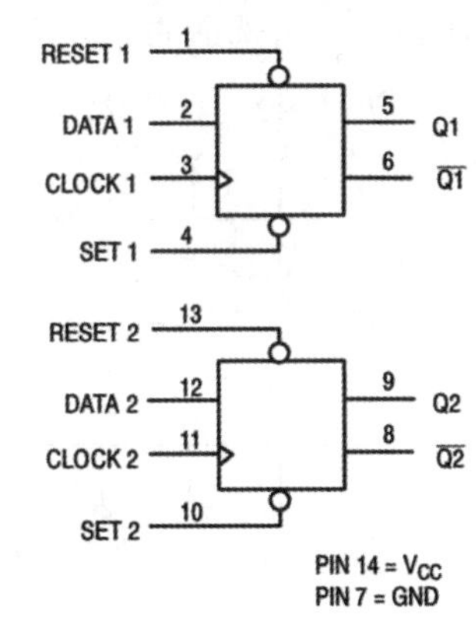

图 1–161　数据手册中芯片基本性能封装和引脚定义（续）

进一步了解 74HC74 的时序图，如图 1–162 所示，时序图能够描述对象之间发送消息的时间顺序，显示对象之间的动态转换和协作。

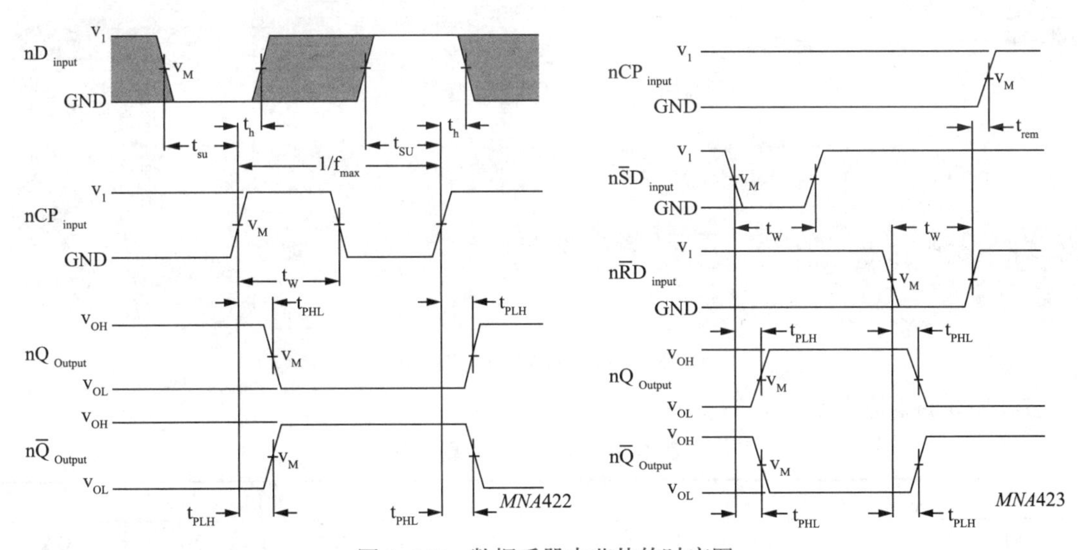

图 1–162　数据手册中芯片的时序图

一般来说，计数器主要由触发器组成，用以统计输入计数脉冲 *CP* 的个数。计数器的输出通常为现态的函数。计数器累计输入脉冲的最大数目称为计数器的“模”，用 *M* 表示。如 *M*=6 计数器，又称六进制计数器。所以，计数器的“模”实际上为电路的有效状态数。

按计数进制可分为：二进制计数器、十进制计数器、任意进制计数器。按计数增减可分为：加法计数器、减法计数器、加 / 减计数器，又称可逆计数器。按计数器中触发器翻转是否同步可分为：异步计数器和同步计数器。

74LS90 是十进制计数器集成电路，如图 1–163 所示。该计数器是由 4 个主从触发器和附加选通所组成的。有选通的零复位和置 9 输入。

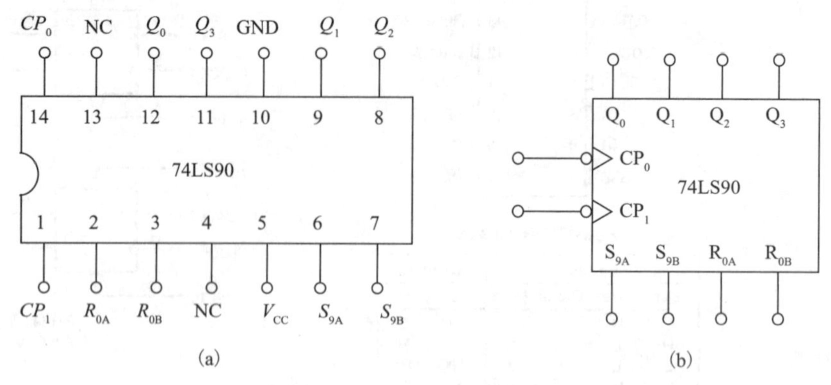

图 1–163　十进制计数器

为了利用本计数器的最大计数长度（十进制），可将输入 CKB 与输出 Q0 连接，输入计数脉冲可加到输入 CKA 上，此时输出就如相应的功能表上所要求的那样。74LS90 可以获得对称的十分频计数，办法是将 Q3 输出接到输入端 D，并把输入计数脉冲加到输入端 A，在 Q0 输出端处产生对称的十分频方波。采用十进制计数器组成计数电路仿真图，如图 1–164 所示。

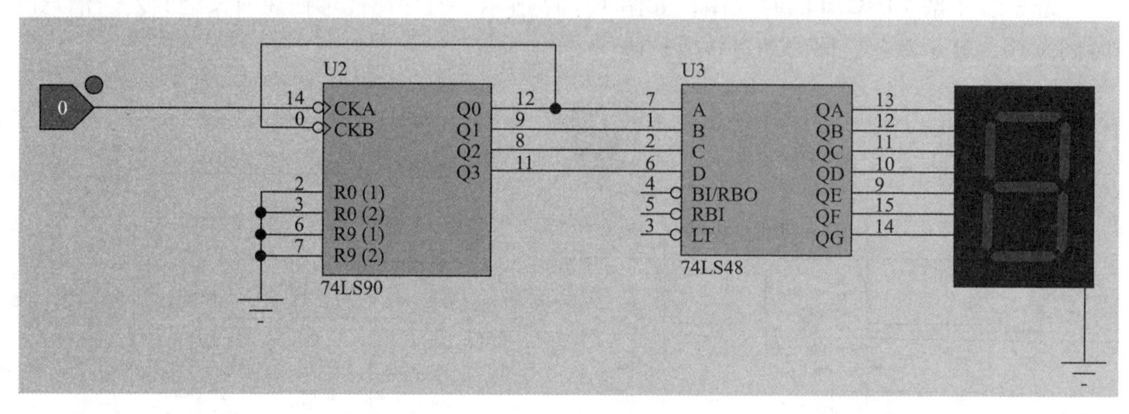

图 1–164　计数电路仿真图

74LS90 的真值表见表 1–21。

表 1–21　74LS90 的真值表

复位输入				输出			
R0(1)	R0(2)	R9(1)	R9(2)	QD	QC	QB	QA
H	H	L	×	L	L	L	L
H	H	×	L	L	L	L	L
×	×	H	H	H	L	L	H
×	L	×	L	COUNT			
L	×	L	×				
L	×	×	L				
×	L	L	×				

H= 高电平；L= 低电平；×= 不定。

寄存器是存放数码、运算结果或指令的电路，移位寄存器不但可存放数码，而且在移位脉冲作用下，寄存器中的数码可根据需要向左或向右移位。寄存器和移位寄存器是数字系统和计算机中常用的基本逻辑部件，应用很广。一个触发器可存储 1 位二进制代码，n 个触发器可存储 n 位二进制代码。因此，触发器是寄存器和移位寄存器的重要组成部分。对寄存器中的触发器只要求它们具有置 0 或者置 1 功能即可，无论是用同步结构的触发器，还是用主从结构或者边沿触发的触发器，都可以组成寄存器。

74HC595 是一个 8 位串行输入、并行输出的移位缓存器，并行输出为三态输出，如图 1–165 所示。在 SH_{CP} 的上升沿，串行数据由 DS 输入到内部的 8 位移位缓存器，并由 Q_7' 输出，而并行输出则是在 ST_{CP} 的上升沿将在 8 位移位缓存器的数据存入 8 位并行输出寄存器。当串行数据输入端 $\overline{OE}$ 的控制信号为低使能时，并行输出端的输出值等于并行输出寄存器所存储的值。而当 $\overline{OE}$ 为高电平，也就是输出关闭时，并行输出端会维持在高阻抗状态。

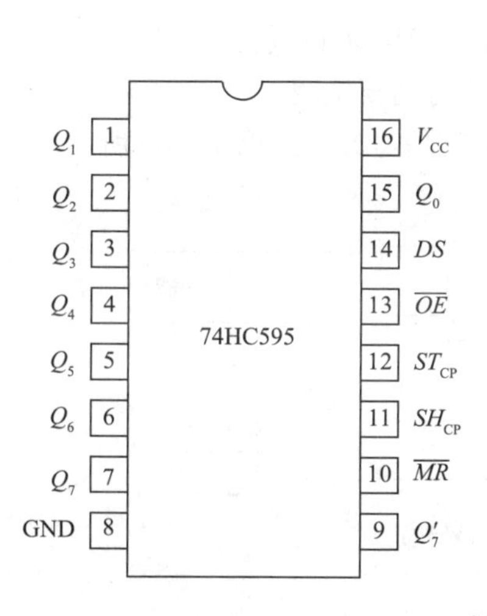

符号	引脚	描述
Q_0~Q_7	第 15 脚，第 1~7 脚	8 位并行数据输出
GND	第 8 脚	地
Q_7'	第 9 脚	串行数据输出
$\overline{MR}$	第 10 脚	主复位（低电平有效）
SH_{CP}	第 11 脚	数据输入时钟线
ST_{CP}	第 12 脚	输出存储器锁存时钟线
$\overline{OE}$	第 13 脚	输出有效（低电平有效）
DS	第 14 脚	串行数据输入
V_{CC}	第 16 脚	电源

图 1–165　移位寄存器

74HC595 具体使用的步骤：

第一步：将要准备输入的位数据移入 74HC595 数据输入端上。

方法：送 1 位数据到 74HC595。

第二步：将位数据逐位移入 74HC595，即数据串入。

方法：SH_{CP} 产生一上升沿，将 DS 上的数据移入 74HC595 移位寄存器中，先送低位，后送高位。

第三步：并行输出数据，即数据并行输出。

方法：ST_{CP} 产生一上升沿，将由 DS 上已移入数据寄存器中的数据送入输出锁存器。

由上可分析：从 SH_{CP} 产生一上升沿（移入数据）和 ST_{CP} 产生一上升沿（输出数据）是两个独立过程，实际应用时互不干扰，即可输出数据的同时移入数据。74HC595 真值表见表 1–22。

表 1–22　74HC595 真值表

输入					输出		功　能
SH_{CP}	ST_{CP}	$\overline{OE}$	$\overline{MR}$	DS	Q_7'	Q_n	
×	×	L	L	×	L	NC	MR 为低电平时仅仅影响移位寄存器
×	↑	L	L	×	L	L	空移位寄存器到输出寄存器
×	×	H	L	×	L	Z	清空移位寄存器，并行输出为高阻状态
↑	×	L	H	H	Q_6	NC	逻辑高电平移入移位寄存器状态 0，包含所有的移位寄存器状态移入
×	↑	L	H	×	NC	Q_n'	移位寄存器的内容到达保持寄存器并从并口输出
↑	↑	L	H	×	Q_6'	Q_n'	移位寄存器内容移入，先前的移位寄存器的内容到达保持寄存器并输出

4．练习

（1）查找资料，在 Tinkercad 中搭建电路验证与非门 74HC00 的功能。

（2）请画出同步 RS 触发器的波形图，并对波形图进行简要说明。

（3）设主从 JK 触发器的 Q 初始值为 0，CP、J、K 的信号波形如图 1–166 所示，请画出 Q 的波形图。

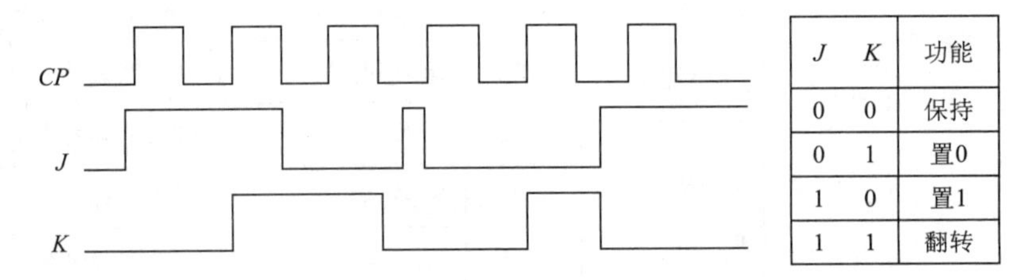

J	K	功能
0	0	保持
0	1	置0
1	0	置1
1	1	翻转

图 1–166　主从 JK 触发器信号波形

（4）请分析 D 触发器并画出状态转移图。

（5）请采用 74HC595 设计一个七段 LED 显示电路。

（6）请分析 74HC595 完成 1 字节输出的流程。

1.8 接插件

接插件又称连接器。国内也称为接头和插座，一般是指电器接插件，即连接两个有源器件的器件，传输电流或信号。连接器是电子工程技术人员经常接触的一种部件。iPhone 内部的接插件如图 1–167 所示。

接插件的功用：接插件简化了电子产品的装配过程，也简化了批量生产过程；易于维修，如果某电子元器件失效，装有接插件时可以快速更换失效元器件；便于升级，随着技术进步，装有接插件时可以更新元器件，用新的、更完善的元器件代替旧的；提高设计的灵活性，使用接插件使工程师们在设计和集成新产品时，以及用元器件组成系统时，有更大的灵活性。

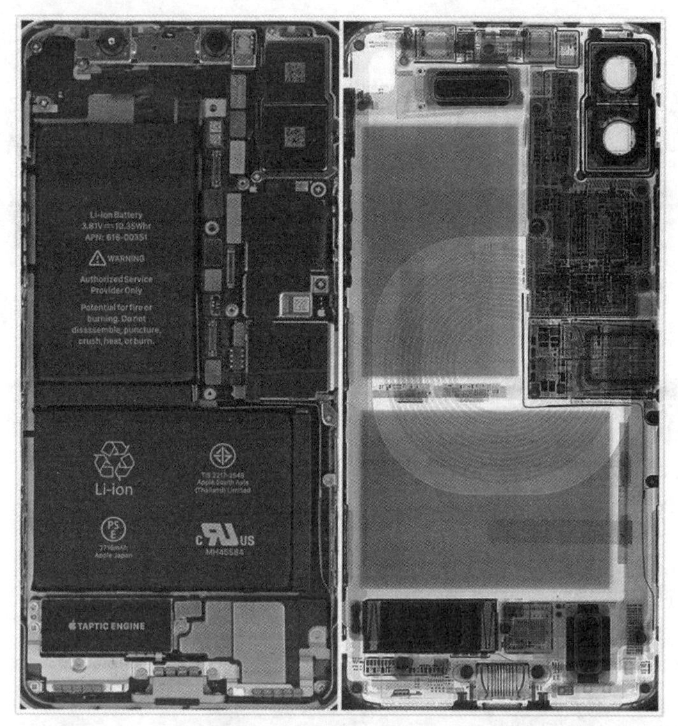

图 1–167 iPhone 内部的接插件

接插件的基本性能可分为三大类，即机械性能、电气性能和环境性能。 另一个重要的机械性能是接插件的机械寿命。机械寿命实际上是一种耐久性 (durability) 指标，在国标 GB/T 5095 中把它称为机械操作。它是以一次插入和一次拔出为一个循环，以在规定的插拔循环后接插件能否正常完成其连接功能（如接触电阻值）作为评判依据。

1．概述

一般来讲，接插件主要包括三大类：

(1) 连接器（见图 1–168）的诞生是从战斗机的制造技术中所孕育的，战役中的飞机必须在地面上加油、修理，而地面上的逗留时间是一场战役胜负的重要因素。因此，第二次世界大战中，美军当局决心致力于地面维修时间的缩短，增加战斗机的战斗时间。他们先将各种控制仪器与机件单元化，然后再由连接器连成一体成为一个完整的系统。修理时，将发生故障的单元拆开，更换新的单元，战斗机马上就能升空作战。

(2) 接插件是一种连接电子线路的定位接头，由两部分构成，即插件和接件，一般状态下是可以完全分离的。开关和接插件的相同处在于通过其接触对的接触状态的改变，实现其所连电路的转换目的，而其本质区别在于接插件只有插入和拔出两种状态，开关可以在其本体上实现电路的转换，而接插件不能够实现在本体上的转换，接插件的接触对存在固定的对应关系，因此，接插件又称连接器，如图 1–169 所示。

(3) 接线端子（terminal，又称终端），就是用于实现电气连接的一种配件产品，工业上划分为连接器的范畴，如图 1–170 所示。接线端子是为了方便导线的连接而应用的，它其实就是一段封在绝缘塑料里面的金属片，两端都有孔，可以插入导线。接线端子可以分为欧式接线端子系列、插拔式接线端子系列等。

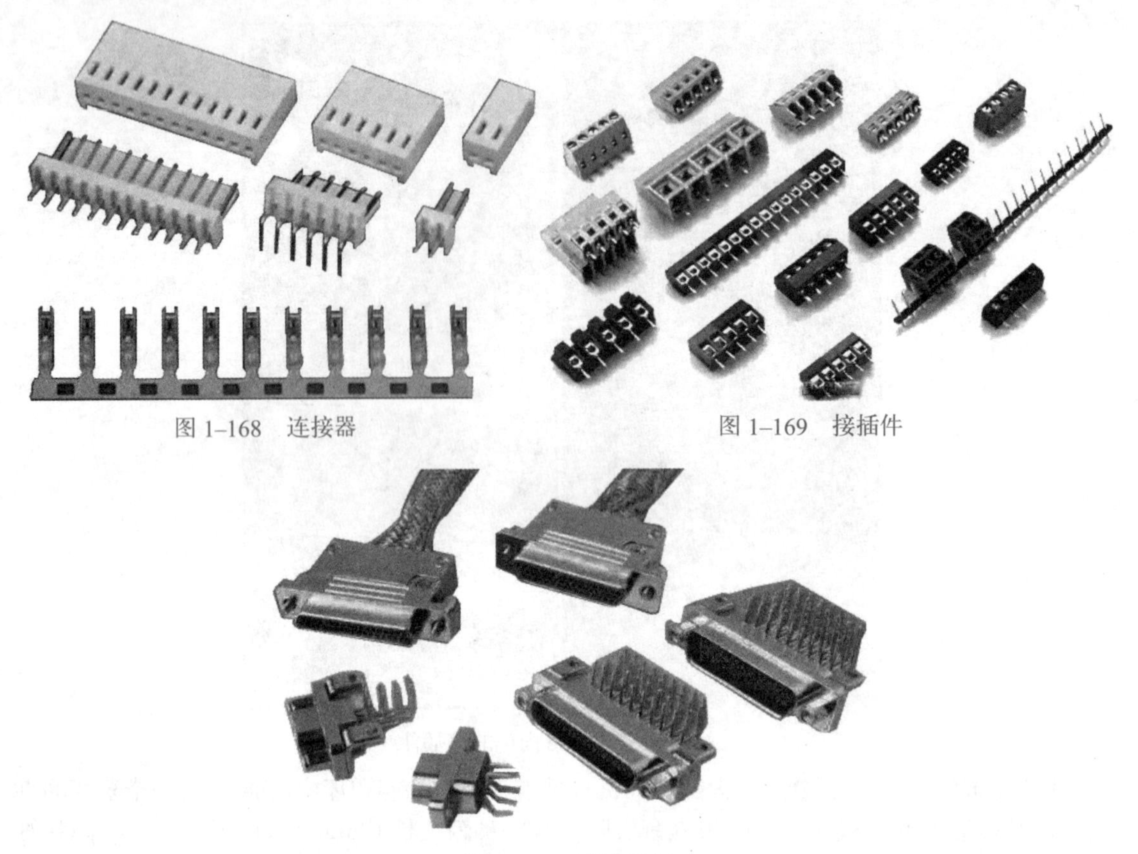

图 1–168　连接器

图 1–169　接插件

图 1–170　接线端子

随着工业机器人的兴起，导轨式接线端子具有独特的压线结构，良好的自锁和防松动性能；全铜接线端子可避免钢制金属件和铜导线在潮湿的环境下的电池效应等在智能制造中得到了广泛的应用，如图 1–171 所示。

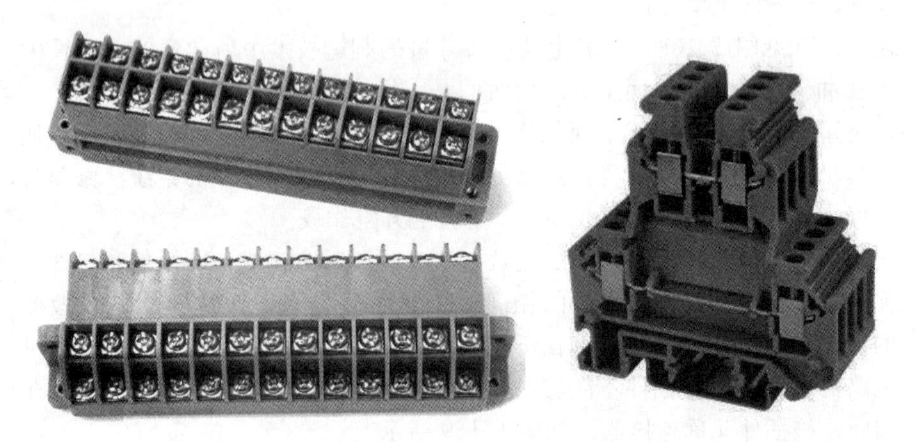

图 1–171　导轨式接线端子

导轨端子是为了方便导线的连接而应用的，如图 1–172 所示，它其实就是一段封在绝缘塑料里面的金属片，两端都有孔可以插入导线，有螺钉用于紧固或者松开，比如两根导线，有时需要连接，有时又需要断开，就可以用端子把它们连接起来，并且可以随时断开，而不必把它们焊接起来或者缠绕在一起，很方便快捷，而且适合大量的导线互连。在电力行业就有专门的端子排、端子箱，上面全是接线端子，单层的、双层的，电流的、电压的，普通的、可断的等。一定的压接面积是为了保证可靠接触，以及保证能通过足够的电流。

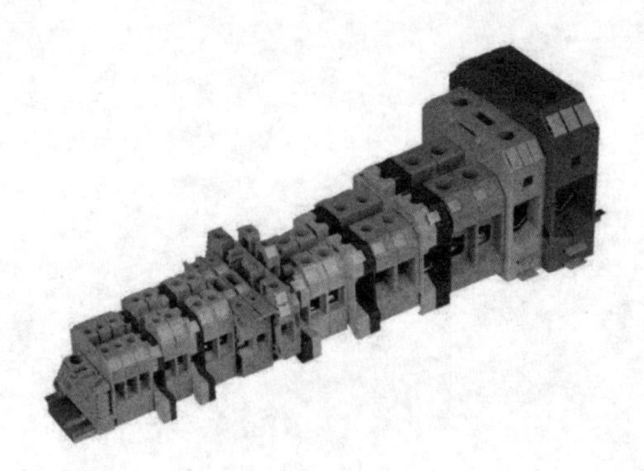

图 1–172　导轨端子

总体来说，连接器、接插件、接线端子三者是同属于一个概念的不同应用表现形式，是根据不同的实际应用而命名的。

2．面包板

面包板上有很多小插孔，专为电子电路的无焊接实验设计制造的，如图 1–173 所示。由于各种电子元器件可根据需要随意插入或拔出，免去了焊接，节省了电路的组装时间，而且电子元器件可以重复使用，所以非常适合电子电路的组装、调试和训练。

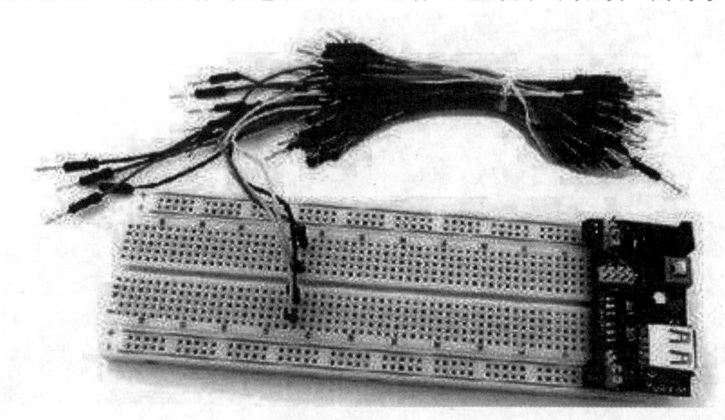

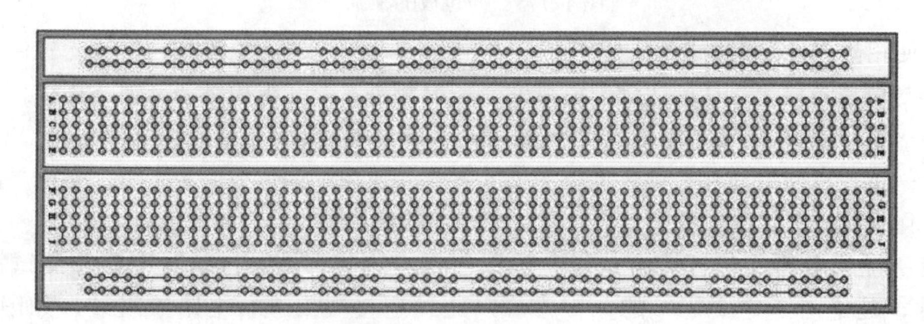

图 1–173　面包板

在 20 世纪 60 年代以前，如果想搭建一个电路，很有可能会用一种称为绕线连接（wire-wrap)的技术。绕线连接是将金属导线环绕在导体柱的过程,被环绕的导体柱插在一块穿洞板上，如图 1–174 所示。

图 1–174　绕线连接

面包板的得名可以追溯到真空管电路的年代，当时的电子元器件大都体积较大，人们通常通过螺钉和钉子将它们固定在一块切面包用的木板上进行连接，后来电子元器件体积越来越小，但面包板的名称沿用了下来，如图 1–175 所示。

图 1–175　面包板的来源

整板使用热固性酚醛树脂制造，板底有金属条，在板上对应位置打孔使得元器件插入孔中时能够与金属条接触，从而达到导电目的。一般将每 5 个孔板用一条金属条连接。板子中央一般有一条凹槽,这是针对需要集成电路、芯片实验而设计的。板子两侧有两排竖着的插孔，也是 5 个一组。这两组插孔是用于供板子上的元器件使用的。母板使用带铜箔导电层的玻璃纤维板，作用是把无焊面包板固定，并且引出电源接线柱。

一般所说的电路面包板通常是指免焊面包板。这些都是制作临时电路和测试原型的最好元件，是绝对不需要焊接的，一般可以通过连接线来进行电路的组装，如图 1–176 所示。

图 1–176　鳄鱼夹、多色排线和莲花插头

测试原型是一种通过创建初始模型来测试想法的过程，而这个模型由其他形式开发或复制，这是面包板最广泛的用途。如果不确定一个电路在给定参数的设置下会如何反应，建立一个测试原型去检测它是最好的。

对于那些电子电路的入门者，面包板是一个很好的开始。面包板的优点在于，它能同时容纳最简单和最复杂的电路。如果你的电路不能被当前的面包板所容纳，你能够拼接其他板子来适应所有大小和复杂度不同的电路。

另外，一个普遍的用途是测试新模块，比如集成电路（IC）。当尝试掌握某个模块如何工作并且需要多次重新布线时，你肯定不想每次都焊接电路接口。

面包板的主要特征：双列直插式封装支持（凹槽中间距离 7.26 mm）、电源轨（地线 + 电源）、接线轨，如图 1–177 所示。

图 1–177　面包板的外形

在面包板上搭建电路的步骤：

第一步：阅读电路示意图。电路示意图是一种能够让所有人都明白并建立电路的通用图解。每一种电子元器件都有独一无二的图形符号。这些图形符号组成了大量的电路图，如图 1–178 所示。

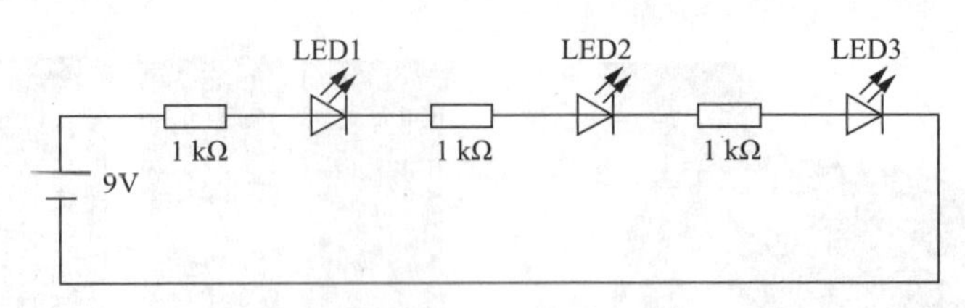

图 1–178　LED 发光电路图

第二步：整理元器件清单。9 V 叠层电池 1 个，1 kΩ 的电阻 3 只，红色 LED 发光二极管 3 个，导线若干。

第三步：根据面包板进行连线，如图 1–179 所示。

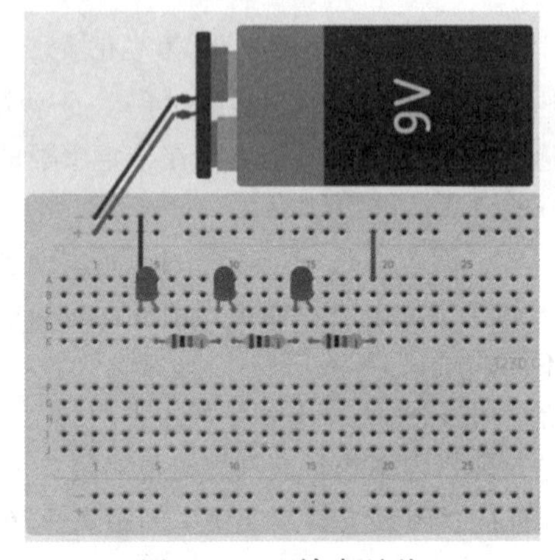

图 1–179　面包板连线

当然，可以使用元器件盒来保存各种电子元器件，也便于细小元器件的查找，如图 1–180 所示。

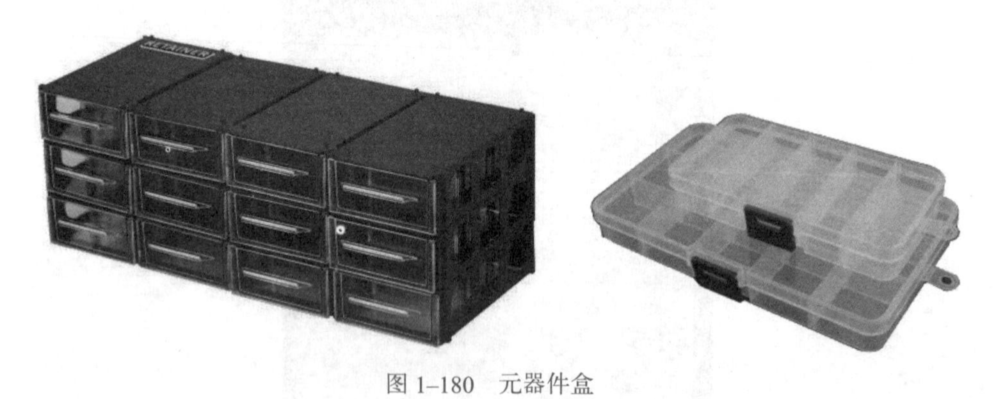

图 1–180　元器件盒

3．导线与接插件

导线，指的是用作电线电缆的材料，工业上也指电线。一般由铜或铝制成，也有用银线所制（导电、导热性好），用来疏导电流或者是导热。电线是我们经常见到的，有很多种类型，其颜色、粗细、硬度、作用各不相同，应用的领域自然也不一样。

电气上"硬线"与"软线"的概念分别是：硬线，直径 1 mm 以上可导电的固态金属的单根导线；软线，由多股直径 1 mm 以下可导电的固态金属丝绞合而成的导线，如图 1–181 所示。

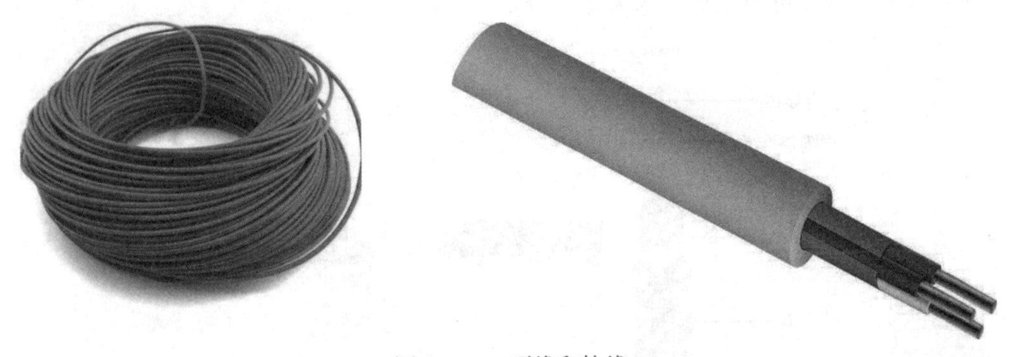

图 1–181　硬线和软线

软线是多根铜丝组成的线芯；软线又称护套线，一般是多股线，即内部为多股铜丝缠绕在一起，如图 1–182 所示。

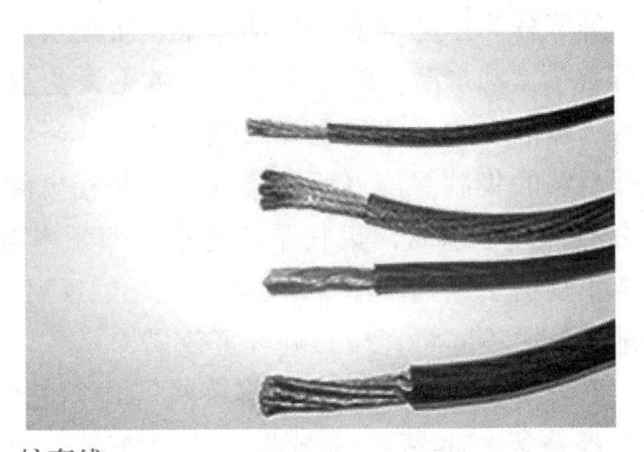

图 1–182　护套线

它们各自的优缺点可从如下几个方面考察：

（1）横截面积。相同载流量硬线横截面积小，软线横截面积大。

（2）抗拉力。硬线较强，软线较弱。

（3）抗腐蚀。硬线较强，软线较弱。

（4）抗疲劳（抗横向折断）。硬线弱，软线强。

（5）绝缘强度。硬线、软线都取决于绝缘层的材料与厚度。

（6）抗“集肤效应”（即电流频率越高，越是趋于导线表面，则中心部分无电流，造成浪费）。硬线较差，软线较好。

（7）废品回收率（金属再利用）。硬线较高，软线较低。

硬线、软线这些各自的优缺点，也决定了各自的应用场所。硬线多用于埋墙、埋地、室外等永久性场所；软线多用于家电、设备的电源连接线以及电器内部电路板、元件之间的连接。

导线里面有一类比较特殊的是屏蔽线。屏蔽线是使用金属网状编织层把信号线包裹起来的传输线，包裹导体的编织层称为屏蔽层，一般为导电布，编织层材料一般采用红铜或者镀锡铜。

屏蔽线是为减少外电磁场对电源或通信线路的影响，而专门采用的一种带金属编织物外壳的导线，如图 1–183 所示。这种屏蔽线也有防止线路向外辐射电磁能的作用。屏蔽层需要接地，外来的干扰信号可被该层导入大地。

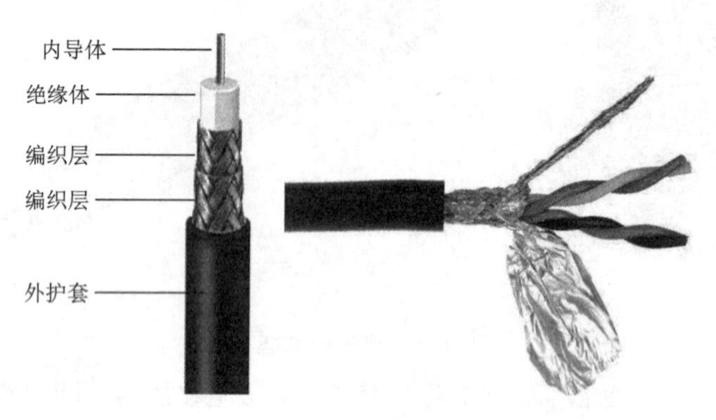

图 1–183　屏蔽线

屏蔽分为主动屏蔽和被动屏蔽，主动屏蔽目的是为了防止噪声源向外辐射，是对噪声源的屏蔽；被动屏蔽目的是为了防止敏感设备遭到噪声源的干扰，是对敏感设备的屏蔽。

屏蔽电缆的屏蔽层主要由铜、铝等非磁性材料制成，并且厚度很薄，远小于使用频率上金属材料的集肤深度（所谓集肤效应是指电流在导体截面的分布随频率的升高而趋于导体表面分布，频率越高，集肤深度越小，即频率越高，电磁波的穿透能力越弱），屏蔽层的效果主要不是由于金属体本身对电场、磁场的反射、吸收而产生的，而是由于屏蔽层的接地产生的，接地的形式不同将直接影响屏蔽效果。

屏蔽层一般需要接地。屏蔽线的作用是将电磁场噪声源与敏感设备隔离，切断噪声源的传播路径。屏蔽线的屏蔽层不允许多点接地，因为不同的接地点总是不一样的，各点存在电位差。如多点接地，在屏蔽层形成电流，不但起不到屏蔽作用，反而会引进干扰，尤其在变频器用得多的场合里，干扰中含有各种高次谐波分量，造成影响更大，应特别注意。

屏蔽布线系统源于欧洲，它是在普通非屏蔽布线系统的外面加上金属屏蔽层，利用金属屏蔽层的反射、吸收及趋肤效应实现防止电磁干扰及电磁辐射的功能。屏蔽系统综合利用了双绞线的平衡原理及屏蔽层的屏蔽作用，因而具有非常好的电磁兼容（EMC）特性。

电磁兼容是指电子设备或网络系统具有一定的抵抗电磁干扰的能力，同时不能产生过量的电磁辐射。

也就是说，要求该设备或网络系统能够在比较恶劣的电磁环境中正常工作，同时又不能辐射过量的电磁波干扰周围其他设备及网络的正常工作。

单层屏蔽线一般一端接地，另一端悬空。当信号线传输距离比较远的时候，由于两端的接地电阻不同或 PEN 线有电流，可能会导致两个接地点电位不同，此时如果两端接地，屏蔽层就有电流形成，反而对信号形成干扰，因此这种情况下一般采取一端接地，另一端悬空的办法，能避免这种干扰形成，如图 1–184 所示。两端接地屏蔽效果更好，但信号失真会增大。

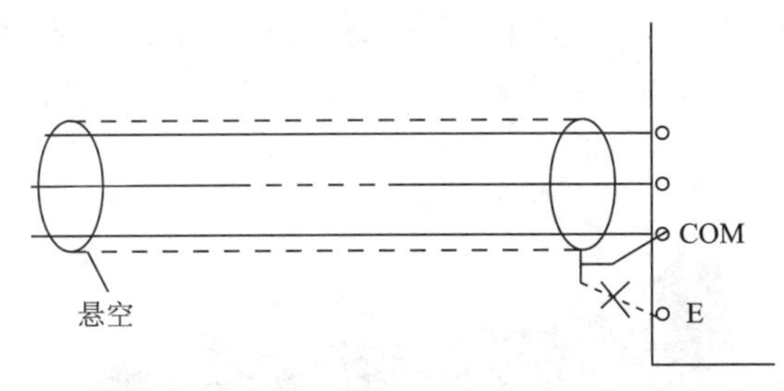

图 1–184　单层屏蔽线接法

双层屏蔽线的接线：最外层屏蔽两端接地是由于引入的电位差而感应出电流，因此产生降低源磁场强度的磁通，从而基本上抵消掉没有外屏蔽层时所感应的电压；而最内层屏蔽一端接地，由于没有电位差，仅用于一般防静电感应，如图 1–185 所示。

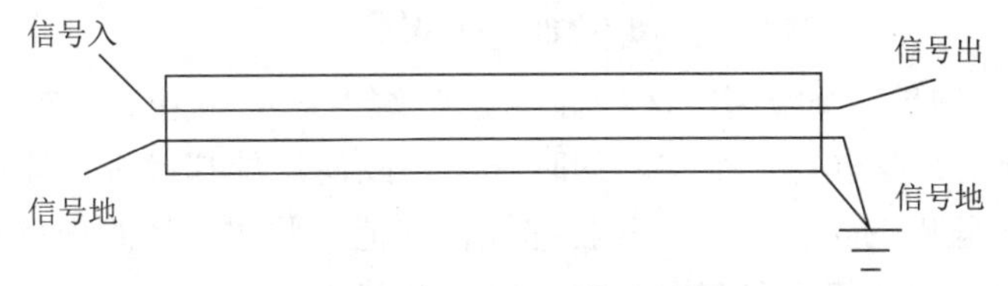

图 1–185　双层屏蔽线接法

屏蔽电缆的屏蔽原理不同于双绞线的平衡抵消原理，屏蔽电缆是在四对双绞线的外面加多一层或两层铝箔，利用金属对电磁波的反射、吸收和趋肤效应原理，有效防止外部电磁干扰进入电缆，同时也阻止内部信号辐射出去，干扰其他设备的工作。

实验表明，频率超过 5 MHz 的电磁波只能透过 38 μm 厚的铝箔。如果让屏蔽层的厚度超过 38 μm，就使能够透过屏蔽层进入电缆内部的电磁干扰的频率主要在 5 MHz 以下。

而对于 5 MHz 以下的低频干扰可应用双绞线的平衡抵消原理有效抵消，如图 1–186 所示。

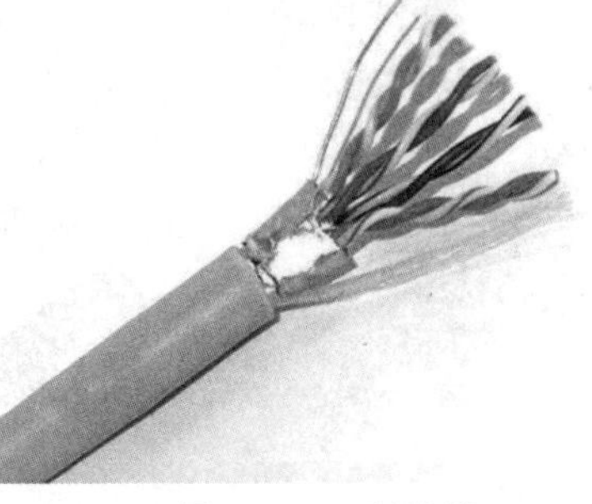

图 1–186　双绞线

彩色排线（rainbow cable）又称彩色杜邦线。

以弱电流为主的彩色排线颜色种类繁多，一般有红、黑、白、黄、兰、绿、橙、棕、紫、灰、黄/绿、透明等 10 多个颜色。其主要是为了方便更多的产品在线材连接时能明确地区分出来，如图 1–187 所示。

图 1–187　彩色排线

杜邦线是美国杜邦公司生产的有特殊效用的缝纫线，如图 1–188 所示。在电子行业杜邦线可用于实验板的引脚扩展，可以非常牢靠地和插针连接，无须焊接，可以快速进行电路试验，开展电子实验项目等。

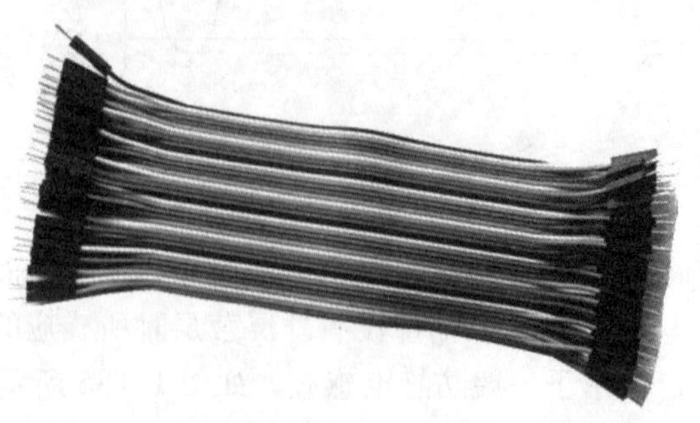

图 1–188 杜邦线

杜邦线也就是一种导线的名字，这种导线在两端有一个插座，这个插座能够刚好插在 2.54 mm 间距的排针上，在进行电路实验的时候，可以使用杜邦线进行连接，方便使用，重要的是不占地方。实验板的实验也离不开杜邦线，其他一些实验性的项目也需要使用到杜邦线。杜邦头和压线钳是和杜邦线配套使用的，如图 1–189 所示。

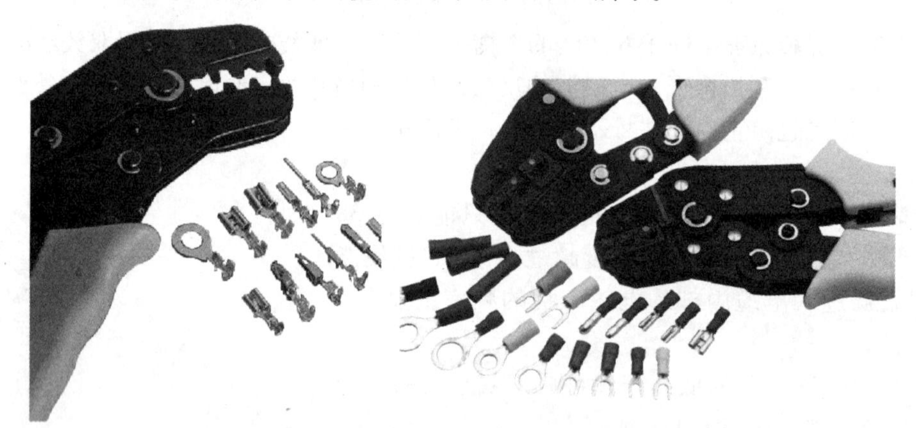

图 1–189 杜邦头和压线钳

电连接器简称连接器，又称接插件，是电子元器件的一个细分领域，主要用于电路与电路之间的连接。在工业生产中，线路连接可以说是无处不在，因而连接器的使用范围当然是十分广泛，应用在各个行业。

连接器具体分很多品类，如矩形连接器、圆形连接器、阶梯形连接器等。接线端子排是连接器的一种，一般属于矩形连接器。端子排的使用范围也比较单一，一般应用于电子电气领域，用于印制电路板和配电柜的内外连线。

接线端子的使用范围越来越广，而且种类也越来越多。目前用得最广泛的除了 PCB 端子外，还有五金端子、螺母端子、弹簧端子等。

4．开关与接触器

开关的词语解释为开启和关闭。它还指一个可以使电路开路、使电流中断或使其流到其他电路的电子元件。低压电器开关、家用电器、信息技术设备等均需要经过 3C 认证，具体可以查询国家公布的目录清单。

3C 认证就是中国强制性产品认证制度，全称为“强制性产品认证制度”（China Compulsory Certification，CCC）。它是中国政府为保护消费者人身安全和国家安全、加强产品质量管理、依照法律法规实施的一种产品合格评定制度。强制性产品认证制度符号与低压开关如图 1–190 所示。

图 1–190　强制性产品认证制度符号与低压开关

最常见的开关（switch）是一种手动操作的开关，如家里电灯开关。照明开关接线和微动开关内部结构如图 1–191 所示。

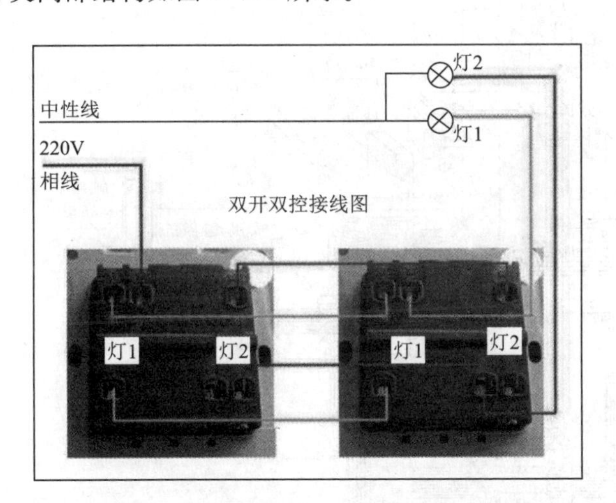

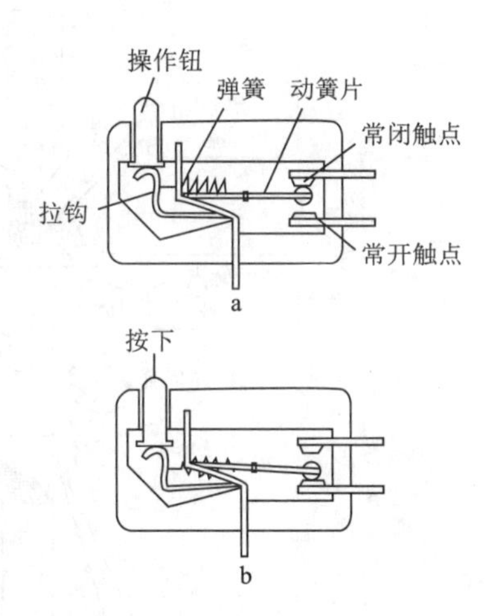

图 1–191　照明开关接线和微动开关内部结构

工业上最常用的开关是控制机电设备的空气开关，其中有一个或数个电子接点，又称接触器，如图 1–192 所示。接点的“闭合”（closed）表示电子接点导通，允许电流流过；开关的“开路”（open）表示电子接点不导通形成开路，不允许电流流过。

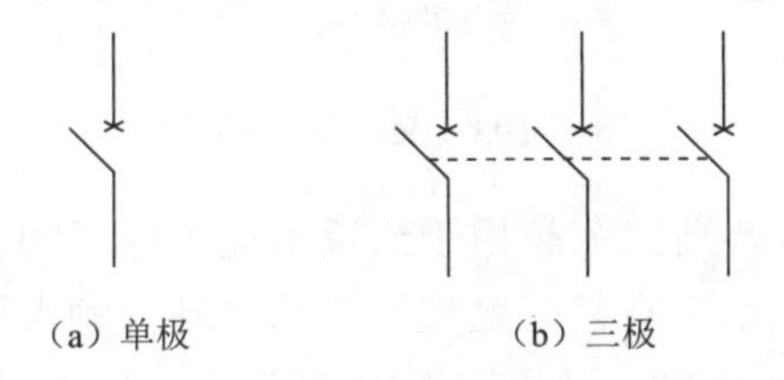

图 1–192　接触器

接触器分为交流接触器（电压 AC）和直流接触器（电压 DC），它应用于电力、配电与用电场合。接触器广义上是指工业电中利用线圈流过电流产生磁场，使触点闭合，以达到控制负载的电器。

在电工学上，接触器因为可快速切断交流与直流主回路和可频繁地接通与大电流控制（达800A）电路的装置，所以经常运用于电动机作为控制对象，也可用作控制工厂设备、电热器、工作母机和各样电力机组等电力负载。接触器不仅能接通和切断电路，而且还具有低电压释放保护作用。接触器控制容量大，适用于频繁操作和远距离控制，是自动控制系统中的重要元件之一。

交流接触器的工作原理：利用电磁力与弹簧弹力相配合，实现触点的接通和分断。交流接触器有两种工作状态，即失电状态（释放状态）和得电状态（动作状态）。交流接触器常采用双断口电动灭弧、纵缝灭弧和栅片灭弧 3 种灭弧方法。用以消除动、静触点在分、合过程中产生的电弧。容量在 10 A 以上的接触器都有灭弧装置。交流接触器还有反作用弹簧、缓冲弹簧、触点压力弹簧、传动机构、底座及接线柱等辅助部件，如图 1–193 所示。

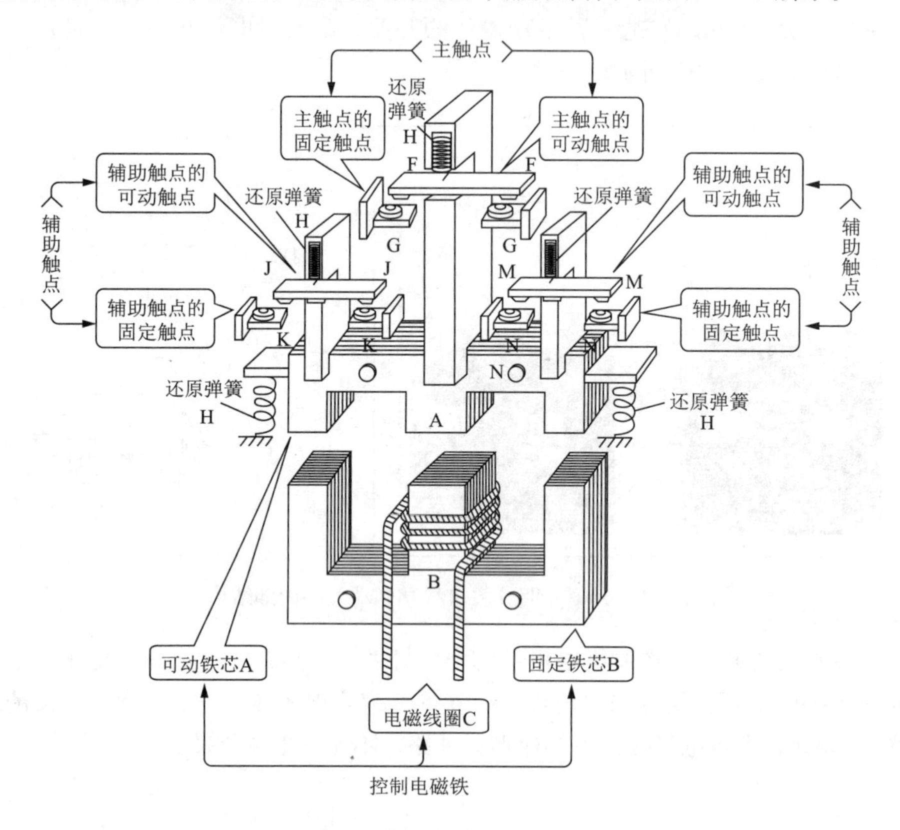

图 1–193　交流接触器结构

在多个常开触点中，有两到三个是用于给设备提供电源的，称为“主触点”，需要接到主回路中。其余的触点（包括所有常闭触点）称为“辅助触点”，需要接到控制回路中，也就是按钮、指示灯之类所在的回路，如图 1–194 所示。

接触器的接线方式：接触器的每个接线柱上都有标识（见图 1–195），不要死记硬背哪个接线柱接哪条线，因为品牌或型号不同，这些顺序有可能会发生变化。

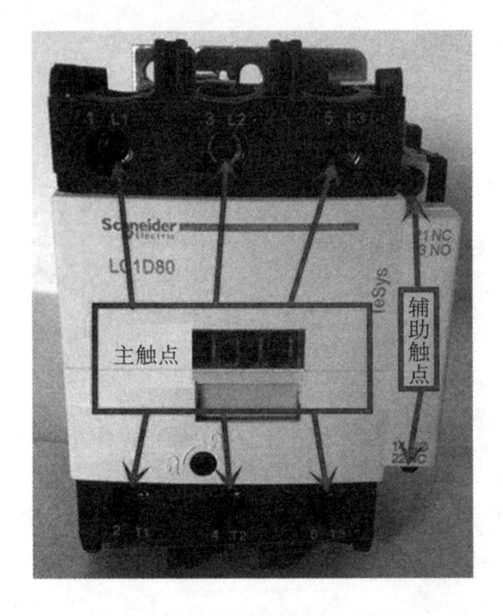

图 1–194　主触点和辅助触点

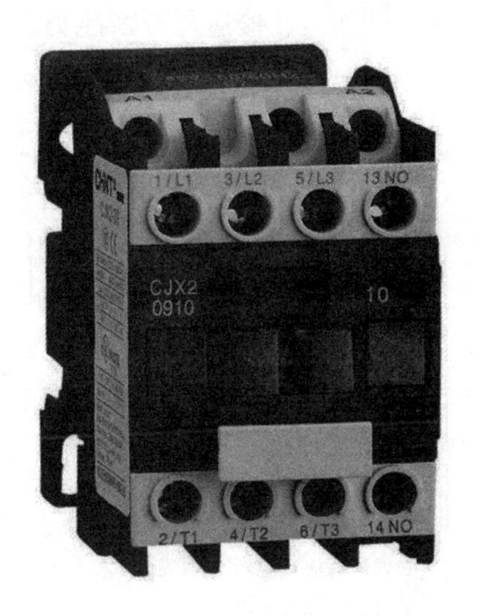

图 1–195　接触器的外观

接线柱上的标识总共有三类：一位数字标识；两位数字标识；A 加数字标识。

其中，一位数字标识的接线柱就是主触点；两位数字标识的是辅助触点；A 加数字标识的是线圈电源。

在一位数字标识的后面，还会跟着字母加数字的标识；两位数字标识的后面，会跟着纯字母标识。

无论是纯数字标识还是字母加数字的标识，在接线时首先看数字的单双。所有单数都接进线，双数都接出线。比如，接线柱 1，接线柱 A1，接线柱 13 等，都是进线；接线柱 2，接线柱 A2，接线柱 14 等，都是出线。

主触点，也就是一位数字接线柱，在纯数字后面还会写着一个数字加字母的标识。进线端加的字母是 L，出线端加的字母是 T，数字分别是从左向右依次增长。比如 L1，L2，L3；T1，T2，T3。接线时可以按照 L 接进线、T 接出线，也可以按照纯数字标识的单数接进线，双数接出线，得到的结果是一样的。

两位数字标识后面会写着辅助触点的属性，即 NO 和 NC，NC 表示常闭触点，NO 表示常开触点。根据触点的属性，选择需要的触点接入电路。

纯数字的接线柱，怎么区分哪两个接线柱是一对呢？可以直接从外观看，正对着的两个接线柱就是一对。也可以从标号上来判断，单数为进线，该单数 +1 的数字即为该进线对应的出线。亦可从数字后面的字母标号（L—T 标号）来判断，数字相同的一组即为一对，比如 L1 和 T1。

线圈接线柱的标号只有两个，即 A1 和 A2，但是却可能有三个接线柱——个别品牌的接触器，会出现两个 A2，一个在 A1 旁边，另一个在 A1 正对的另一侧。这两个 A2 的内部其实是接通的，接线时连接任意一个 A2 即可，这样设计只是为了接线方便。

接触器通常用字母 C 与不同字母和数字的组合来构成其整个型号。接触器基本型号所表示的含义如图 1–196 所示。

接触器的主要技术参数包括：额定工作电压、额定工作电流、电磁线圈的额定电压、约定发热电流、动作值、接通与分断能力、电气寿命与机械寿命、额定操作频率等，如图 1–197 所示。

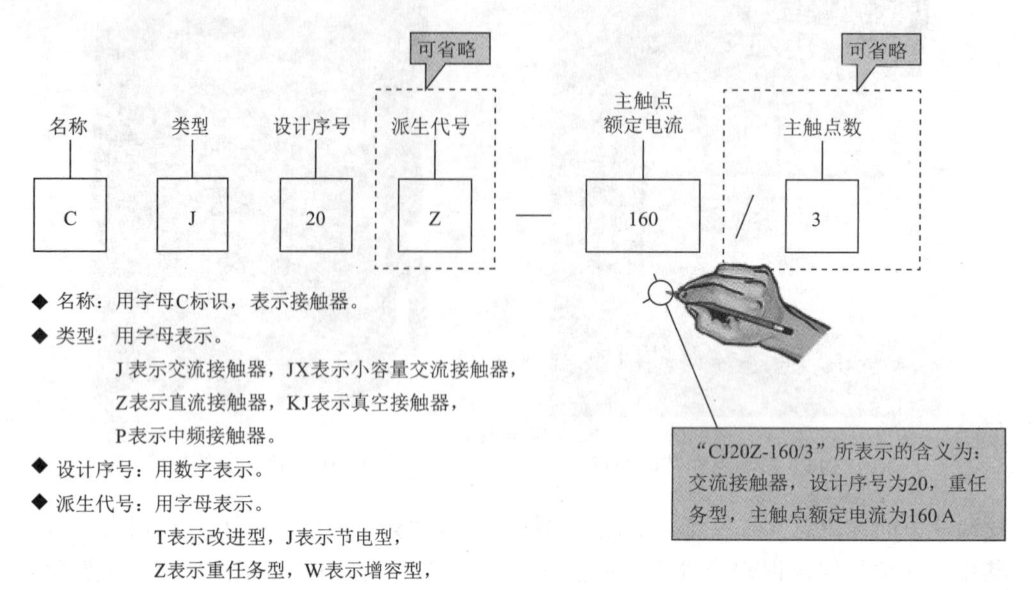

图 1–196　接触器基本型号所表示的含义

图 1–197　接触器的铭牌

常用的交流接触器有 CJ10 系列、CJ20 系列、CJ40 系列、CJX 系列、B 系列、LC1-D 系列、3TB 和 3TF 系列等，其中 CJ10 系列、CJ20 系列、CJ40 系列、CJX 系列主要为我国生产的，B 系列是引进德国 ABB 公司技术生产的（如 CJ12B-S 系列锁扣接触器用于交流电压 380V 及以下、电流 600A 及以下的配电线路中，供远距离接通和分断线路用），LC1-D 系列是引进法国 TE 公司技术生产的，3TB 和 3TF 系列是引进德国西门子公司技术生产的。常用的直流接触器有 CZ18、CZ21、CZ22、CZ0、MJZ 系列等。交流电动机启动停止电路如图 1–198 所示。

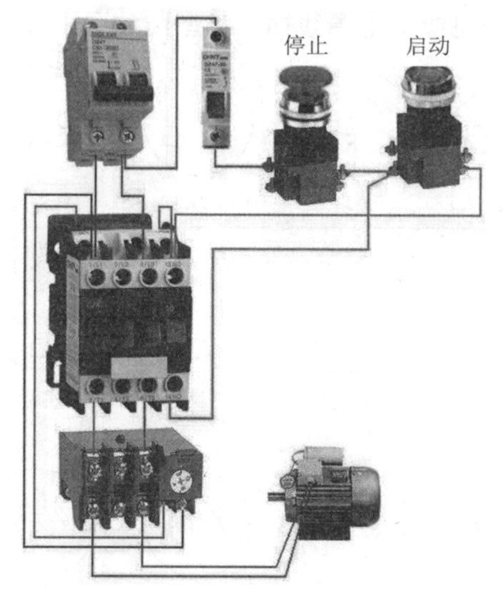

图 1–198　交流电动机启动停止电路

5．练习

（1）接触器型号为 CJX1-63，说明型号所标识的含义。

（2）查找相关资料，了解数字电视（机顶盒）所使用的 75 Ω 同轴电缆及其接插件的制作。

（3）请根据二 / 三开单控开关接线图（见图 1–199），练习接线。

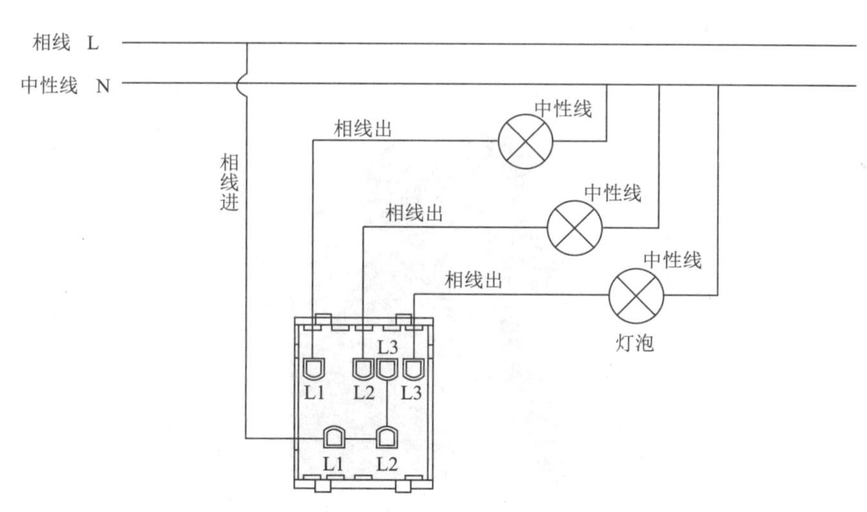

图 1–199　二 / 三开单控开关接线图

注：图中“L1、L2、L3”与其他产品中“COM1、COM2、COM3”对应，为同一接口。

1.9 电源

电源是将其他形式的能转换成电能的装置。电源自“磁生电”原理，由水力、风力、海潮、水坝水压差、太阳能等可再生能源及烧煤炭、油渣等产生电力来源。常见的电源是电池（直流电）与家用的110~220 V交流电源，电源线插头类型图如图1–200所示。

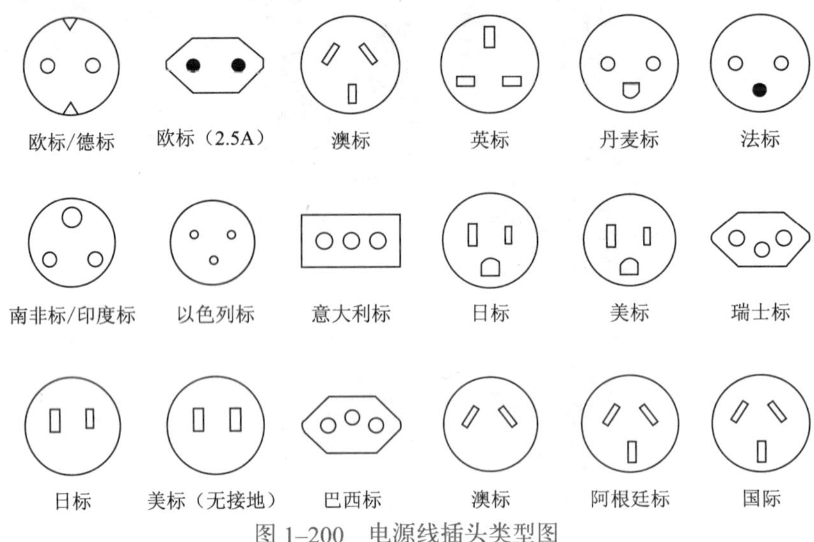

图1–200　电源线插头类型图

世界上第一个使人类获得稳定持续电流的是伟大的意大利物理学家、发明家亚历山德罗·伏特（Alessandro Volta，1745—1827年），如图1–201所示。伏特所处的时代，人们只停留在静电现象的研究。1780年，意大利物理学家伽伐尼发现了“动物电”现象。在此启发下，伏特于1800年，根据电势差叠加的思想，设计了一种装置：将锌板和铜板用布片隔开，叠在一起，然后浸在酸性溶液中，形成回路，便产生了电流。这种装置实验成功后，伏特将其命名为“电堆”，也就是电池组。

图1–201　亚历山德罗·伏特

伏特电池是19世纪初具有划时代意义的最伟大的发明。这一发明在此后的相当长的时间内成为人们获得稳定的持续电流的唯一手段，由此开拓了电学研究的新领域，使电学从静电现象的研究进入动电现象的研究，导致了电化学、电磁联系等一系列重大发现。正是依靠足够强的持续电流，1820年丹麦物理学家奥斯特发现了电流的磁效应，这又导致了1831年英国物理学家法拉第发现了电磁感应现象等，使电磁学发展走上了突飞猛进的道路。人们为了纪念这位最先为人类提供稳定电流的科学家伏特，将电动势和电位差的单位以他的姓氏“伏特”命名，简称“伏”。

1．概述

电源是向工业、家用设备等提供功率的装置，又称电源供应器，它提供计算机中所有部件所需要的电能。电源功率的大小，电流和电压是否稳定，将直接影响计算机的工作性能和使用寿命。

优质的电源一般具有 FCC（美国联邦通信委员会）、美国 UL（保险商试验所）和中国长城等多种认证标志。这些认证是认证机构根据行业内技术规范对电源制定的专业标准，包括生产流程、电磁干扰、安全保护等，凡是符合一定指标的产品在申报认证通过后，就能在包装和产品表面使用认证标志，具有一定的权威性。

常见的计算机电源是一种安装在主机箱内的封闭式独立部件，它的作用是将交流电通过一个开关电源变压器变换为 +5 V、−5 V、+12 V、−12 V、+3.3 V 等稳定的直流电。

电源插头是指将电器用品等装置连接至电源的装置。电源插座和插头根据国家或地区的不同，在外形、等级、尺寸和种类等方面都有所不同。各个国家都有政府制定的标准。电源插头又称电源线插头（power plug），其外形如图 1–202 所示。根据电源插头的用途不同，电源插头可以使用在 250 V、125 V、36 V 的电压上；根据电流的不同，可以使用在 16 A、13 A、10 A、5 A 、2.5 A 的电路中。频率一般为 50 Hz/60 Hz。

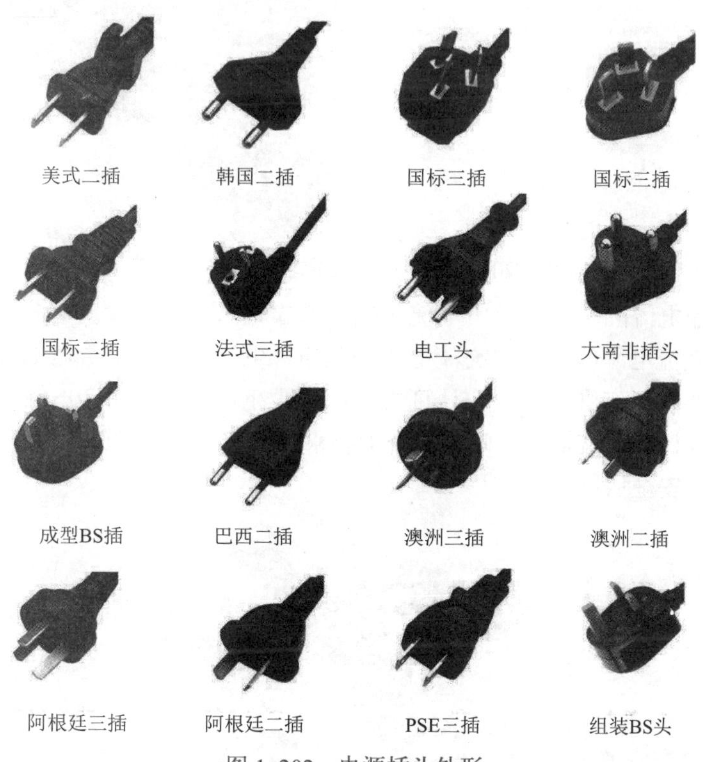

图 1–202　电源插头外形

电源插座是指用来接上市电提供的交流电，使家用电器与可携式小型设备通电可使用的装置。电源插座是有插槽或凹洞的母接头，用于让有棒状或铜板状突出的电源插头插入，以将电力经插头传导到电器。

电源插座按照结构和用途的不同主要分为移动式电源插座、嵌入式墙壁电源插座、机柜电源插座、桌面电源插座、智能电源插座、功能性电源插座、工业用电源插座、电源组电源插座等。常见的计算机电源插座与插头如图 1–203 所示。

图 1–203　常见的计算机电源插座与插头

（1）没有金属外露的塑料外壳电器设备及双绝缘（即带“回”字符号）的小型电器设备，可以使用二孔插座。

（2）有金属外壳的电器设备，以及有金属外露的电器设备，应使用带保护极的三头插头。如电冰箱、电烤箱等。一般插座都设计成非同一规格的插头就无法插入，部分插座上会有棒状突出，搭配插头上的凹洞。具有 USB 电源输出的多孔插座如图 1–204 所示。

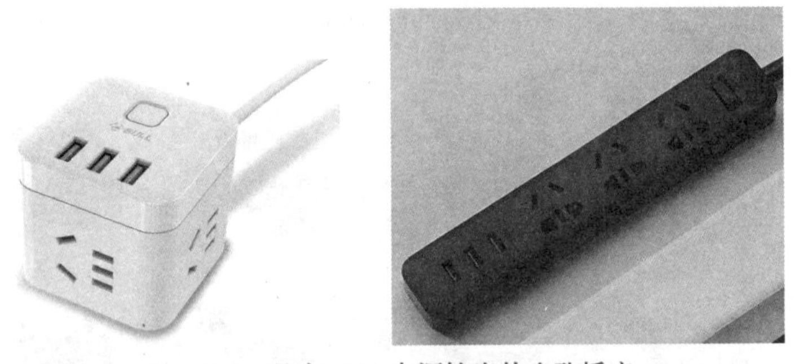

图 1–204　具有 USB 电源输出的多孔插座

电源线是传输电流的导线。通常电流传输的方式是点对点传输。电源线按照用途可以分为交流电源线及直流电源线。通常交流电源线是通过电压较高的交流电的线材，这类线材由于电压较高，需要统一标准获得安全认证方可以正式生产，如图 1–205 所示。而直流电源线基本是通过电压较低的直流电，因此在安全上要求并没有交流电源线严格，但是为安全起见，各国还是要求统一安全认证。

图 1–205　交流电源线

直流电源插座又称 DC 插座，一般通过外直径和内孔直径来表示规格，5.5–2.5。如图 1–206 所示，DC 插座的正负极并不统一，一般是内正外负，但也有相当多的插头是内负外正，具体以电源设备上标注的极性为准。

图 1–206 多孔径直流电源插头和插座

智能插座是一种具有计量、定时、遥控、节约用电等功能的插座，可通过 Wi-Fi、Bluetooth 等方式与手持装置连接，包括智能音箱，相当于一个可以远端控制的开关插座，一个可以通过语音操控的开关插座，如图 1–207 所示。

图 1–207 智能插座内部结构

逆变器是把直流电能（蓄电池）转变成交流电（一般为 220 V,50 Hz 正弦波）的设备。它由逆变桥、控制逻辑和滤波电路组成。因汽车的普及率较高，外出工作或外出旅游即可用逆变器连接蓄电池带动电器及各种工具工作。通过点烟器输出的车载逆变有 20 W、40 W、80 W、120 W 和 150 W 功率规格。把家用电器连接到电源转换器的输出端就能在汽车内使用各种电器，如图 1–208 所示。

图 1–208 逆变器

2．电池

电池（battery）指盛有电解质溶液和金属电极以产生电流的杯、槽或其他容器或复合容器的部分空间，是能将化学能转化成电能的装置。具有正极、负极之分。随着科技的进步，电池泛指能产生电能的小型装置，如太阳能电池。电池的性能参数主要有电动势、容量、比能量和电阻。利用电池作为能量来源，可以得到具有稳定电压、稳定电流、长时间稳定供电、受外界影响很小的电流，并且电池结构简单，携带方便，充放电操作简便易行，不受外界气候和温度的影响，性能稳定可靠，在现代社会生活中的各个方面发挥着很大作用。

电池是工业、家用和手持设备应用的最常用电源。它通过电化学放电反应将化学能转化为电能。它由一个或多个电池组成，每个电池包含阳极、阴极和电解质。电池单元分为两种类型，即原电池和二次电池。原电池不是可充电类型，但是二次电池是可充电类型。

锂离子电池是一种二次电池（充电电池），它主要依靠锂离子在正极和负极之间移动来工作。在充放电过程中，锂离子在两个电极之间往返嵌入和脱嵌：充电时，锂离子从正极脱嵌，经过电解质嵌入负极，负极处于富锂状态；放电时则相反。

锂离子电池由日本索尼公司于 1990 年最先开发成功。它是把锂离子嵌入碳（石油焦炭和石墨）中形成负极（传统锂电池用锂或锂合金作负极）。正极材料常用 Li_xCoO_2，也用 Li_xNiO_2 和 Li_xMnO_4，电解液用 $LiPF_6$+ 二乙烯碳酸酯（EC）+ 二甲基碳酸酯（DMC）。石油焦炭和石墨作为负极材料无毒且资源充足，锂离子嵌入碳中，克服了锂的高活性，解决了传统锂电池存在的安全问题，正极 Li_xCoO_2 在充、放电性能和寿命上均能达到较高水平，使成本降低。

可充电锂离子电池是手机、笔记本式计算机等现代数码产品中应用最广泛的电池，但它较为“娇气”，在使用中不可过充、过放（会损坏电池或使之报废）。因此，在电池上有保护元器件或保护电路以防止昂贵的电池损坏。锂离子电池充电要求很高，要保证终止电压精度在 ±1% 之内，各大半导体器件厂已开发出多种锂离子电池充电的集成电路，以保证安全、可靠、快速地充电。

锂离子电池的额定电压，因为材料的变化，一般为 3.7 V，磷酸铁锂（简称“磷铁”）正极电压为 3.2 V。充满电时的终止充电电压一般是 4.2 V，磷铁为 3.65 V。锂离子电池的终止放电电压为 2.75 V ～ 3.0 V（电池厂给出工作电压范围或给出终止放电电压，各参数略有不同，一般为 3.0 V，磷铁为 2.5 V）。低于 2.5 V（磷铁 2.0 V）继续放电称为过放，过放对电池会有损害。

18650 是锂离子电池的鼻祖——日本索尼公司当年为了节省成本而定下的一种标准性的锂离子电池型号，其中 18 表示直径为 18 mm，65 表示长度为 65 mm，0 表示为圆柱形电池。

常见的 18650 电池（见图 1–209）分为锂离子电池、磷酸铁锂电池。锂离子电池标称电压为 3.7 V，充电截止电压为 4.2 V；磷酸铁锂电池标称电压为 3.2V，充电截止电压为 3.6 V；容量通常为 1 200~3 350 mA · h，常见容量是 2 200~2 600 mA · h。

图 1–209　锂离子电池

聚合物电池又称锂聚合物电池（Li-polymer），又称高分子锂电池，如图 1–210 所示。它也是锂离子电池的一种，但是与液锂电池 (Li-ion) 相比具有能量密度高、更小型化、超薄化、轻量化，以及高安全性等多种明显优势，是一种新型电池。在形状上，锂聚合物电池具有超薄化特征，可以配合各种产品的需要，制作成任何形状与容量的电池。该类电池可以达到的最小厚度可达 0.5 mm。 它的标称电压与 Li-ion 一样，也是 3.7 V，没有记忆效应。

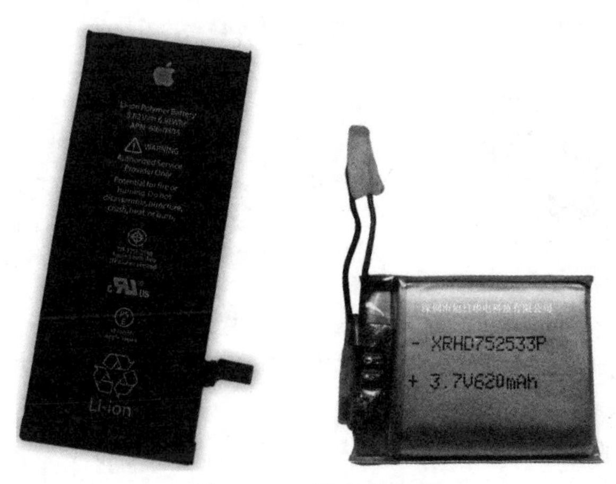

图 1–210　聚合物电池

移动电源又称充电宝（power bank），是指可以直接给移动设备充电且自身具有储电单元的装置。目前市场主要品类多功能性充电宝，基本都配置标准的 USB 输出，基本能满足目前市场常见的移动设备，如手机、MP3、MP4、PDA、PSP、蓝牙耳机、数码照相机等数码产品的充电需求。

充电宝是一种个人可随身携带，自身能储备电能，主要为手持式移动设备等消费电子产品充电的便携充电器，特别应用在没有外部电源供应的场合，如图 1–211 所示。

充电宝的原理较为简单，在能找到外部电源供应的场合预先为内置的锂离子电池充电，即输入电能，并以化学能形式预先存储起来，当需要时，即由电池提供能量及产生电能，以电压转换器（直流－直流转换器）达至所需电压，由输出端子（一般是 USB 接口）输出给所需设备充电或其他用途。

图 1–211　移动电源

纽扣电池（button cell）又称扣式电池，是指外形尺寸像一颗小纽扣的电池。一般来说直径较大、厚度较薄（相对于柱状电池，如市场上的 5 号 AA 等电池）。纽扣电池是从外形上命名的，同等对应的电池分类有柱状电池、方形电池、异形电池。

纽扣电池一般来说常见的有充电的和不充电的两种，充电的包括 3.6 V 可充锂离子扣式电池 (LR 系列)、3 V 可充锂离子扣式电池 (ML 或 VL 系列)；不充电的包括 3 V 锂锰扣式电池 (CR 系列) 及 1.5 V 碱性锌锰扣式电池 (LR 及 SR 系列)。

比较常见的纽扣电池（见图 1–212）有用于玩具和礼品上的 AG3、AG10、AG13 电池，计算机主板电池的型号为 CR2032，用于电子词典中的电池型号为 CR2025，用于电子表、汽车遥控器中的电池型号为 CR2016、CR1616 或者 SR44，SR626 等。

图 1–212　纽扣电池

纽扣电池的型号名称前面的英文字母表示电池的种类，数字表示尺寸，前两位数字表示直径，后两位数字表示厚度。

叠层电池是把普通的化学干电池制作成长方形的小块，并多个叠加串联在一起，成为一个独立的电池。具有体积小、输出电压高的特点。广泛用于工农业和国防工业、铁路信号、江海航标、气象探测、自动控制仪表等领域。生活中最常见的叠层电池是用在遥控玩具车和万用表上的叠层电池。常见型号是 6F22 碳性电池、6F22 碱性电池等。

3．稳压电源

直流稳压电源是能为负载提供稳定直流电源的电子装置。直流稳压电源的供电电源大都是交流电源，当交流供电电源的电压或负载电阻变化时，稳压器的直流输出电压都会保持稳定，如图 1–213 所示。直流稳压电源随着电子设备向高精度、高稳定性和高可靠性的方向发展，对电子设备的供电电源提出了更高的要求。

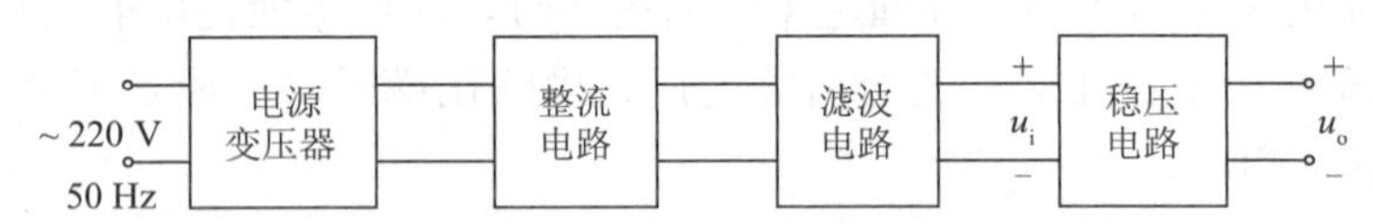

图 1–213　直流稳压电路原理框图

稳压电源的分类方法繁多，按输出电源的类型分有直流稳压电源和交流稳压电源；按稳压电路与负载直流稳压电源的连接方式分有串联稳压电源和并联稳压电源；按调整管的工作状态分有线性稳压电源和开关稳压电源；按电路类型分有简单稳压电源和反馈型稳压电源。

USB 接口的形状主要分为 USB-A/B/C 三类接口。

Type A：即常见的标准 USB 大口，主流的可以分为 USB2.0 速度（几十兆每秒）和 USB3.0 速度（上百兆每秒）。事实上，目前有少量 Type A 为 USB3.1（10 Gbit/s 速度），常见于新的台式机主板上，如图 1–214（a）所示。现在的小型直流稳压电源基本支持 Type A 供电接口。

Type B：常见于打印机以及带触摸和 USB 接口的显示器，日常使用频率低，如图 1–214（b）所示。

Type C：这是目前绝大多数手机的充电/数据接口，有些还同时是手机的耳机接口（乐视，小米）以及视频输出接口（华为 Mate10、三星 S8/S9、Lumia950、坚果 R1、Pro2S）。同时也是 2015 款 12 英寸 Macbook 后苹果全系新笔记本式计算机的主要接口。

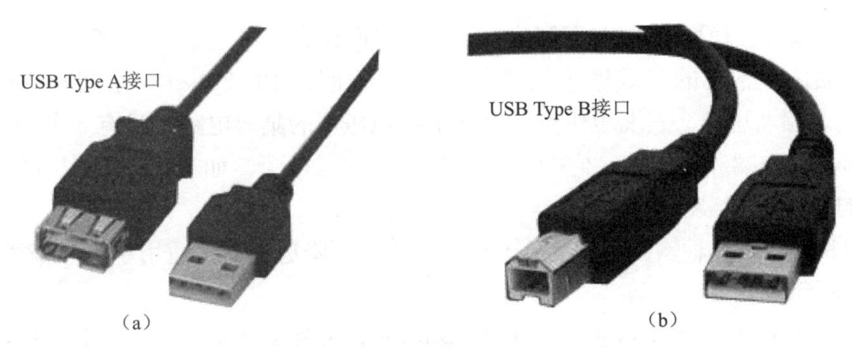

（a）　　　　（b）

图 1–214　USB Type A 接口和 Type B 接口

USB Type C，简称 Type C，是一种通用串行总线（USB）的硬件接口规范，如图 1–215 所示。新版接口的亮点在于更加纤薄的设计、更快的传输速率（最高 10Gbit/s）以及更强的电力传输（最高 100 W）。Type C 双面可插接口最大的特点是支持 USB 接口双面插入，解决了“USB 永远插不准”的世界性难题，正反面随便插。同时与它配套使用的 USB 数据线也必须更细、更轻便。

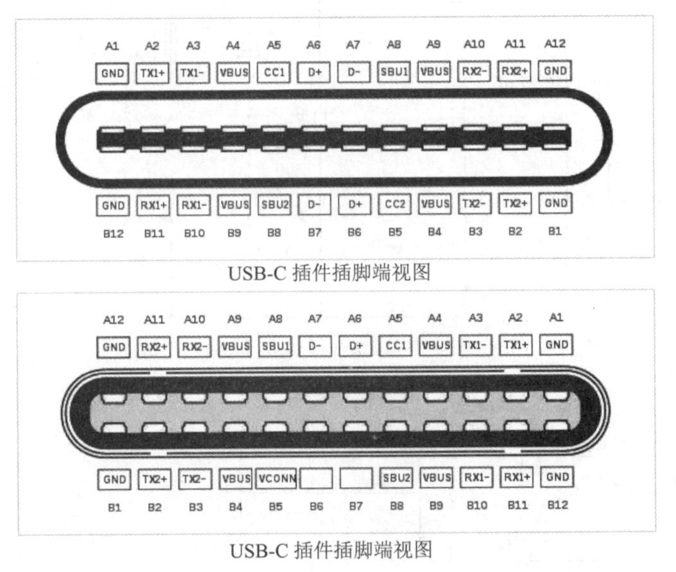

USB-C 插件插脚端视图

USB-C 插件插脚端视图

图 1–215　USB Type C 接口

各种线性稳压电源有一个共同的特点就是它的功率器件（调整管）工作在线性区，靠调整管之间的电压降来稳定输出。由于调整管静态损耗大，需要安装一个很大的散热器给它散热。而且由于变压器工作在工频（50 Hz）上，所以质量较大。

该类电源的优点是稳定性高、纹波小、可靠性高、易做成多路输出连续可调的成品。缺点是体积大、较笨重、效率相对较低。这类电源又有很多种，从输出性质上可分为稳压电源和稳流电源及集稳压、稳流于一身的稳压稳流（双稳）电源；从输出值来看，可分为定点输出电源、波段开关调整式电源和电位器连续可调式电源几种。从输出指示上可分为指针指示型和数字显示型等。

线性电源（linear power supply）是先将交流电经过变压器降低电压幅值，再经过整流电路整流后，得到脉冲直流电，后经滤波得到带有微小波纹电压的直流电压。要得到高精度的直流电压，必须经过稳压电路进行稳压，如图 1–216 所示。

电子产品中，常见的三端稳压集成电路有正电压输出的 78 × × 系列和负电压输出的 79 × × 系列。顾名思义，三端稳压集成电路是指稳压用的集成电路，只有 3 条引脚输出，分别是输入端、接地端和输出端。它的样子像是普通的三极管，如 TO-220 的标准封装，也有 9013 样子的 TO-92 封装。

AMS1117 3.3 是一种输出电压为 3.3 V 的正向低压降稳压器，适用于高效率线性稳压器，如图 1–217 所示。

开关电源（switch mode power supply，SMPS），又称交换式电源、开关变换器，是一种高频化电能转换装置，是电源供应器的一种。其功能是将一个位准的电压，透过不同形式的架构转换为用户端所需求的电压或电流。开关电源的输入多半是交流电源（例如市电）或是直流电源，而输出多半是需要直流电源的设备，例如个人计算机，而开关电源就进行两者之间电压及电流的转换，如图 1–218 所示。

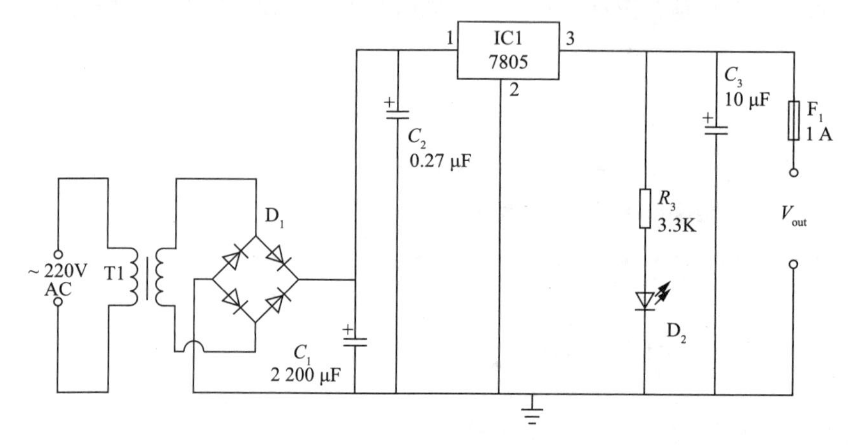

图 1–216　常见 7805 稳压电源电路

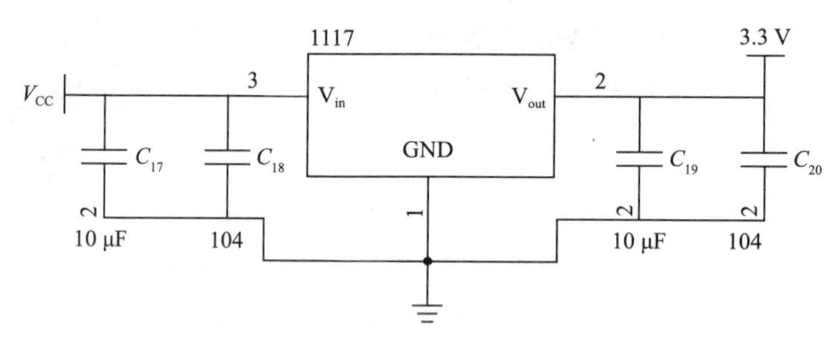

图 1–217　常见 3.3 V 稳压电路

图 1–218　开关电源

开关电源的优点是体积小、质量小、稳定可靠；缺点是相对于线性电源来说纹波较大。功率自几瓦至几千瓦均有产品。

开关型稳压电源的电路形式主要有单端反激式、单端正激式、半桥式、推挽式和全桥式。它和线性电源的根本区别在于变压器不工作在工频而是工作在几十千赫到几兆赫的频段。

开关电源（见图 1–219）不同于线性电源，开关电源利用的切换晶体管多半是在全开模式（饱和区）及全闭模式（截止区）之间切换，这两个模式都有低耗散的特点，切换之间的转换会有较高的耗散，但时间很短，因此比较节省能源，产生废热较少。理想上，开关电源本身是不会消耗电能的。稳压是通过调整晶体管导通及断路的时间来达到的。相反的，线性电源在产生输出电压的过程中，晶体管工作在放大区，本身也会消耗电能。开关电源的高转换效率是其一大优点，而且因为开关电源工作频率高，可以使用小尺寸、小质量的变压器，因此开关电源也会比线性电源的尺寸要小，质量也会比较小。

若电源的效率、体积及质量是考虑重点时，开关电源比线性电源要好。

开关电源一般有 3 种工作模式：频率、脉冲宽度固定模式，频率固定、脉冲宽度可变模式，频率、脉冲宽度可变模式。第一种工作模式多用于 DC/AC 逆变电源或 DC/DC 电压变换；后两种工作模式多用于开关稳压电源。另外，开关电源输出电压也有 3 种工作模式：直接输出电压模式、平均值输出电压模式、幅值输出电压模式。同样，第一种工作模式多用于 DC/AC 逆变电源或 DC/DC 电压变换；后两种工作模式多用于开关稳压电源。

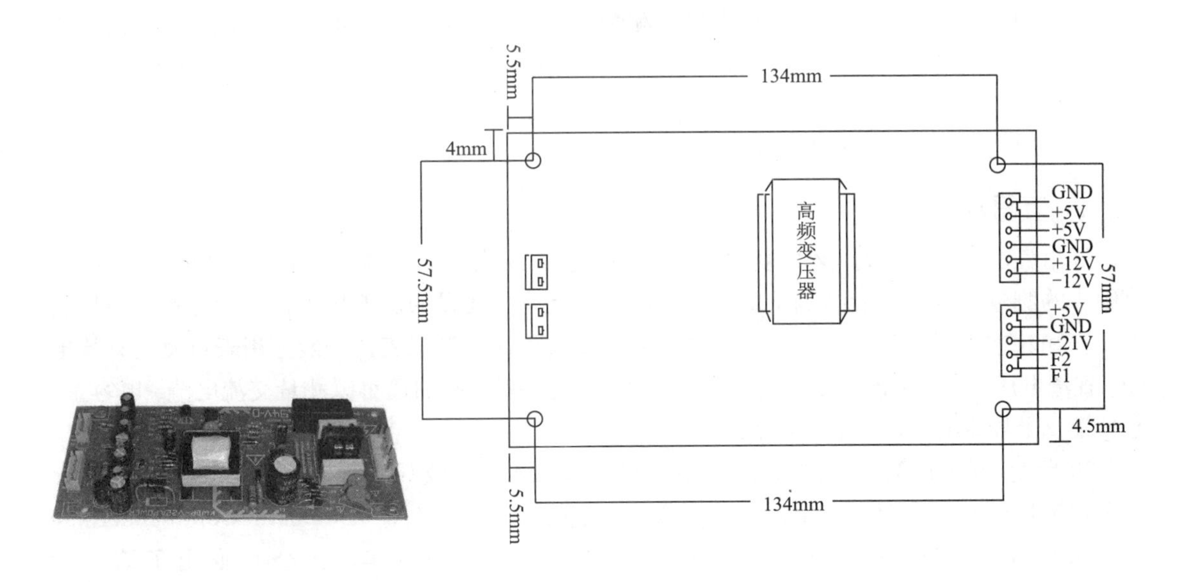

图 1–219　开关电源内部结构和外形尺寸

4．练习

（1）请查找资料，学习使用 AMS1117 电源模块。

（2）请识别图 1–220 中的集成电路，查找并学习其数据手册。

（3）请识别图 1–221 所示电源的铭牌

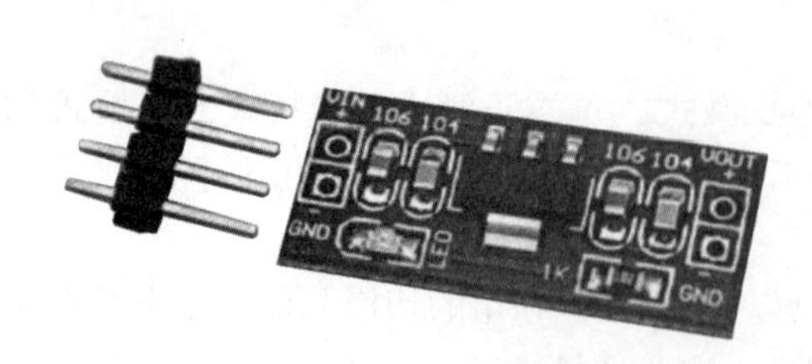

图 1–220　集成电路

图 1–221　电源铭牌

1.10 常用仪表

电子测量仪器是指利用电子技术进行测量，观察电量或非电量的仪器、设备和系统，或为了测量目的而供给的光、电量以及测量附件。测量包括数据采集、存储、显示、打印、绘图、加工和传输等，属信息产品。

常用的电子测量仪器有万用表、示波器等。

1．万用表

万用表（multimeter）又称复用表、多用表、三用表、繁用表等，是电力电子等部门不可缺少的测量仪表，一般以测量电压、电流和电阻为主要目的。万用表按显示方式分为指针万用表和数字万用表。万用表是一种多功能、多量程的测量仪表，一般万用表可测量直流电流、直流电压、交流电流、交流电压、电阻和音频电平等，有的还可以测量交流电流、电容量、电感量及半导体的一些参数（如 β）等。

20 世纪 20 年代初，英国一个叫 Donald Macadie 的邮政局工程师因觉得日常工作需要带多种测量仪器而发明了万用表。他把这项发明带给了一家叫作 Automatic Coil Winder and Electrical Equipment Company，简称 ACWEEC 的公司。1923 年，该公司推出了第一款 AVOMeter。其设计一直到后续的第八代产品（Model 8）都基本不变。AVOMeter 成为英国最好的指针万用表，也是全世界最好的指针万用表之一，如图 1–222 所示。

指针万用表是由磁电式电流表(表头)、测量电路和选择开关等组成，是一种带有整流器的，可以测量交流和直流电流、电压及电阻等多种电学参量的磁电式仪表。对于每一种电学参量，一般都有几个量程，通过选择开关的变换，可方便地对多种电学参量进行测量，如图 1–223 所示。其电路计算的主要依据是闭合电路欧姆定律。

图 1–222　指针万用表 AVOMeter

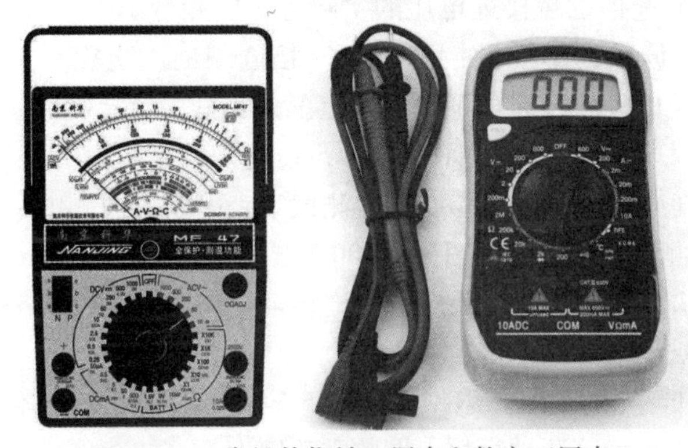

图 1–223　常见的指针万用表和数字万用表

指针万用表的刻度盘与挡位盘印制成红、绿、黑三色。表盘颜色分别按交流红色、晶体管绿色、其余黑色对应制成，使用时读数便捷。刻度盘共有 6 条刻度，第一条专供测电阻用；第二条供测交直流电压、直流电流之用；第三条供测晶体管放大倍数之用；第四条供测量电容之用；第五条供测量电感之用；第六条供测量音频电平之用。刻度盘上装有反光镜，以消除视差。除交直流 2 500 V 和直流 10 A 分别有单独插孔之外，其余各挡只需要转动一个选择开关，使用方便，如图 1–224 所示。

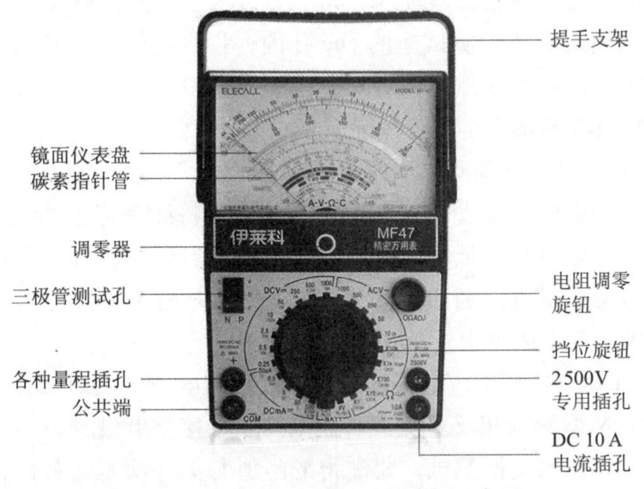

图 1–224　指针万用表面和功能示意图

在使用前应检查指针是否指在机械零位上，如不指在零位时，可旋转表盖的调零器使指针指示在零位上。将测试笔红黑插头分别插入“+”“-”插孔中，如测量交直流 2 500 V 或直流 10 A 时，红表笔则应插到标有 2 500 V 或 10 A 的插孔中。

正确使用万用表的姿势：左手持万用表，右手持表笔。两根表笔像用筷子一样握住，然后像夹菜时一样张开，进行测量。如果两个需要测量的目标距离较远，则可用导线连接过来再测。

蜂鸣挡的使用较为频繁，主要用来测量电路的通断。通路时，万用表会发出“嘀”的持续警报声，有的还带有指示灯，会在蜂鸣的同时亮起指示灯；断路时则无变化。使用蜂鸣挡时，显示屏无反映。

需要注意的是，所选挡位越接近电压的实际值，所测量出来的数据就越准确。比如，使用 750 V~ 挡位测量，读数为 100；使用 200 V~ 挡位测量，读数可能为 102.5。电流挡除了能够在量程上选择单位以外，还可以通过将表笔插入不同的表笔孔来进行选择。

（1）直流电流测量：测量 0.05~500 mA 时，转动开关至所需电流挡，测量 5 A 时，转动开关可放在 500 mA 直流电流量限上，而后将测试笔表串联于被测电路中。

（2）交直流电压测量：测量交流 10~1 000 V 或直流 0.25~1 000 V 时，转动开关至所需电压挡；测量交直流 2 500 V 时，开关应分别旋转至交流 1 000 V 或直流 1 000 V 位置上，而后将测试表笔跨接于被测电路两端。

（3）直流电阻测量：装上电池 (R14 型 2#1.5 V 及 6F22 型 9 V 各 1 只)，转动开关至所需测量的电阻挡，将测试表笔两端短接，调整零欧姆调整旋钮，使指针对准欧姆零位上，(若不能指示欧姆零位，则说明电池电压不足，应更换电池)，然后将测试表笔跨接于被测电路的两端进行测量。准确测量电阻时，应选择合适的电阻挡位，使指针尽量能够指向刻度盘中间三分之一区域。

测量电路中的电阻时，应先切断电路电源，如电路中有电容应先行放电。当检查电解电容器漏电电阻时，可转动开关到 R × 1k 挡，红表笔必须接电容器负极，黑表笔接电容器正极。

（4）晶体管直流放大倍数 h_{FE} 的测量：先转动开关至晶体管调节 ADJ 位置上，将红黑表笔短接，调节欧姆电位器，使指针对准 300 hFE 刻度线上，然后转动开关到 hFE 位置，将要测的晶体管引脚分别插入晶体管测试座的 ebc 孔内，指针偏转所示数值约为晶体管的直流放大倍数。N 型晶体管应插入 N 型管孔内，P 型晶体管应插入 P 型管孔内。

（5）晶体管引脚极性的辨别：将万用表置于 R × 1k 档。

① 判定基极（b）：由于 b 到 c 和 b 到 e 分别是两个 PN 结，它的反向电阻很大，而正向电阻很小。测试时可任意取晶体管一引脚假定为基极，将红表笔接基极，黑表笔分别去接触另外两个引脚，如此时测得都是低阻值，则红表笔所接触的引脚即为基极（b），并且是 P 型管 (如用上法测得均为高阻值，则为 N 型管)。如测量时两个引脚的阻值差异很大，可另选一个引脚为假定基极，直至满足上述条件为止。

②判定集电极（c）。对于 PNP 型管，当集电极接负电压，发射极接正电压时，电流放大倍数才比较大，而 NPN 型管则相反。测试时假定红表笔接集电极（c），黑表笔接发射极（e），记下其阻值，而后红黑表笔交换测试，将测得的阻值与第一次阻值相比，阻值小的红表笔接的是集电极（c），黑表笔接的是发射极（e），而且可判定是 P 型管 (N 型管则相反)。

（6）二极管极性的判别：测试时选 R×10k 挡，黑表笔一端测得阻值小的一极为正极。

MF47 指针万用表表头原理分析：一般来说，指针万用表的直流电流最小量程挡，属于基础挡，它的准确与否会影响到全部量程的准确度，如图 1–225 所示。对于 MF47 来说，50 A（0.25 V 或 0.5 V）就是它的基础挡。

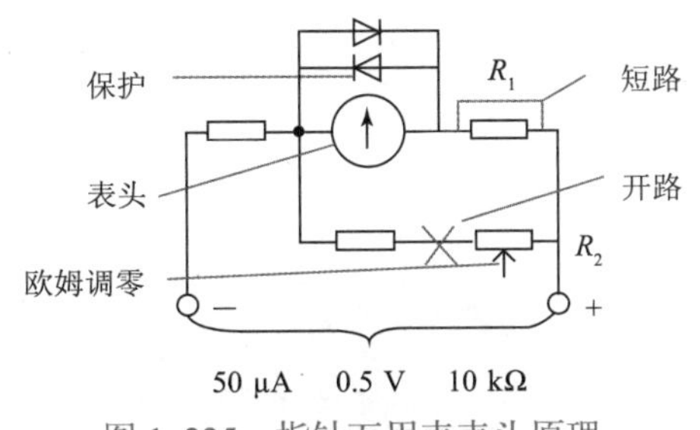

图 1–225 指针万用表表头原理

① 首先用数字万用表测一下该挡的内阻是否等于 5 kΩ（或 10 kΩ），如果大于此值，有可能是电阻挡调零电位器 R_2 开路，因为此电位器兼有分流电阻的作用；如果阻值偏小，则有可能是电阻 R_1 短路或阻值过小。这两种情况都会导致指示值偏高。

② 正规厂家生产的 MF47 应属于外磁式，现在市场上也出现了线性较差的内磁式。其线性差的表现形式就是指针的初始和满度附近灵敏度低、中部灵敏度高。而指针万用表的调校是以满度为准的，这就会出现中部指示偏高的情况（有的甚至出现中部偏高 5% ~ 6%）。而人们在选择挡位时总习惯让被测值位于刻度盘中部附近，这就导致了这种情况发生。

数字万用表称数字多用表（digital mulity meter），其种类繁多、型号各异。其主要特点是准确度高、分辨率强、测试功能完善、测量速度快、显示直观、过滤能力强、耗电省，便于携带。一块基本功能的数字万用表包括显示屏、按钮、量程、表笔插孔四大部分，如图 1–226 所示。

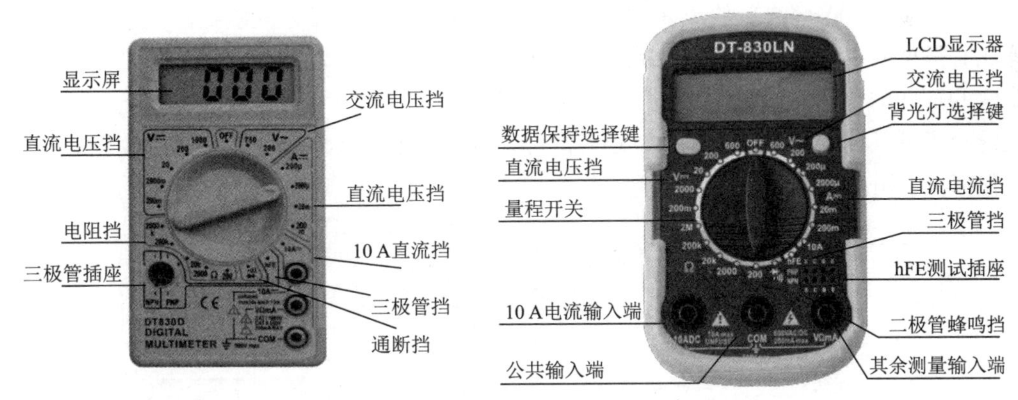

图 1–226 数字万用表面板功能示意图

数字万用表的显示位数通常为 3+1/2 位 ~ 8+1/2 位。判定数字仪表的显示位数有两条原则：其一是，能显示从 0~9 中所有数字的位数是整位数；其二是，分数位的数值是以最大显示值中最高位数字为分子，用满量程时计数值为 2 000，这表明该仪表有 3 个整数位，而分数位的分子是 1，分母是 2，故称为 3+1/2 位，读作“三位半”，其最高位只能显示 0 或 1（0 通常不显示）。3+1/2 位（读作“三又二分之一位”）数字万用表的最高位只能显示 0 ~ 2 的数字，故最大显示值为 ±2 999。在同样情况下，它要比 3+1/2 位的数字万用表的量限高 50%，尤其在测量 380 V 的交流电压时很有价值。

普及型数字万用表一般属于 3+1/2 位显示的手持式万用表，4+1/2 位、5+1/2 位（6 位以下）数字万用表分为手持式（见图 1–227）、台式两种。6+1/2 位以上大多属于台式数字万用表，如图 1–228 所示。

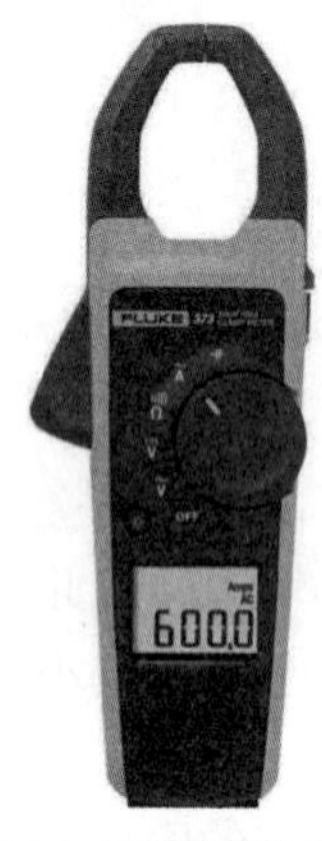

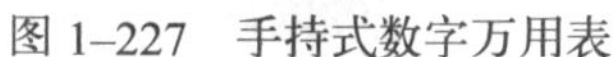

图 1–227　手持式数字万用表　　图 1–228　台式数字万用表

数字万用表在最低电压量程上末位 1 个字所对应的电压值，称为分辨力，它反映出仪表灵敏度的高低。数字仪表的分辨力随显示位数的增加而提高。不同位数的数字万用表所能达到的最高分辨力指标不同。

从测量角度看，分辨力是“虚”指标（与测量误差无关），准确度才是“实”指标（它决定测量误差得大小）。因此，任意增加显示位数来提高仪表分辨力的方案是不可取得。

2．示波器

示波器（oscilloscope）是一种用途十分广泛的电子测量仪器。它能把肉眼看不见的电信号变换成看得见的图像，便于人们研究各种电现象的变化过程。示波器是用来测量交流电或脉冲电流波的形状的仪器，由电子管放大器、扫描振荡器、阴极射线管等组成，如图 1–229 所示。示波器除了可以观测电流的波形外，还可以测定频率、电压等。凡可以变为电效应的周期性物理过程都可以用示波器进行观测。

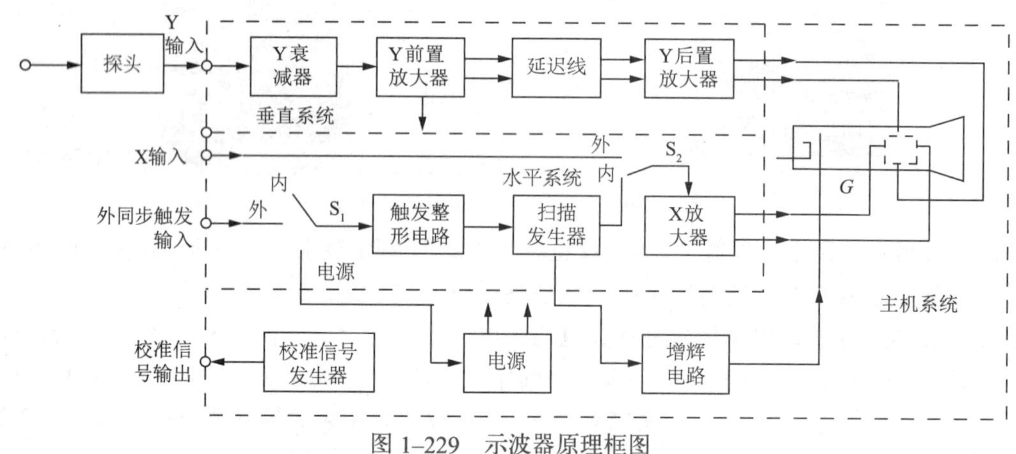

图 1–229　示波器原理框图

示波器最早的发明者是：卡尔·费迪南德·布劳恩（1850—1918 年），德国物理学家，诺贝尔物理学奖获得者，阴极射线管（布劳恩管，CRT 显示器的核心部件）的发明者，如图 1–230 所示。

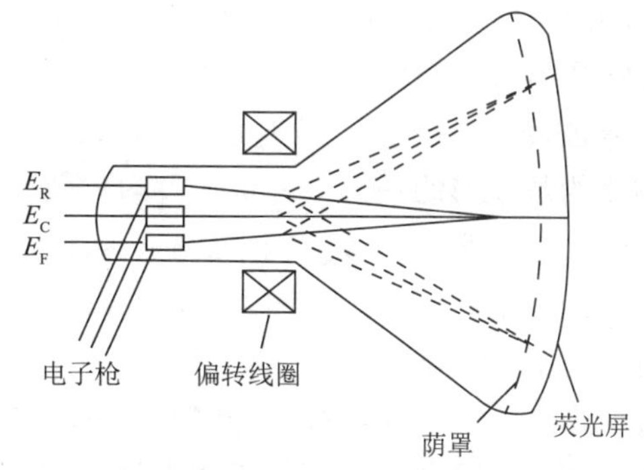

图 1–230　布劳恩和阴极射线管

布劳恩制造了第一个阴极射线管（CRT，俗称显像管）示波器。在德语国家，CRT 仍被称为“布劳恩管”（德语：Braunsche Röhre）。

早期的示波器由于缺少触发器，所以只能在输入电压超过可调阈值时才能对输入电压的波形开始进行水平追踪。触发功能可以在 CRT 上保持稳定的重复波形，即多次重复画出相同轨迹的波形。如果没有触发功能，示波器会将多个扫描波形显示在不同的位置上，导致屏幕上出现不连贯的杂乱图形或者移动的图像。示波器的性能和功能得以持续改进的直接因素是高性能的模拟和数字半导体装置，以及软件的飞速发展。

根据 IEEE 的文献记载，1972 年英国的 Nicolet 公司发明了第一台数字示波器 (DSO)，到了 1996 年惠普科技 (安捷伦科技前身) 发明了全球第一台混合信号示波器 (MSO)。

模拟示波器采用的是模拟电路（示波管，其基础是电子枪）电子枪向屏幕发射电子，发射的电子经聚焦形成电子束，并打到屏幕上。屏幕的内表面涂有荧光物质，这样电子束打中的点就会发出光来。

传统的模拟示波器的工作原理：示波器利用狭窄的、由高速电子组成的电子束，打在涂有荧光物质的屏面上，就可产生细小的光点。在被测信号的作用下，电子束就好像一支笔的笔尖，可以在屏面上描绘出被测信号的瞬时值的变化曲线，如图 1–231 所示。利用示波器能观察各种不同信号幅度随时间变化的波形曲线，还可以用它测试各种不同的电量，如电压、电流、频率、相位差、调幅度等。

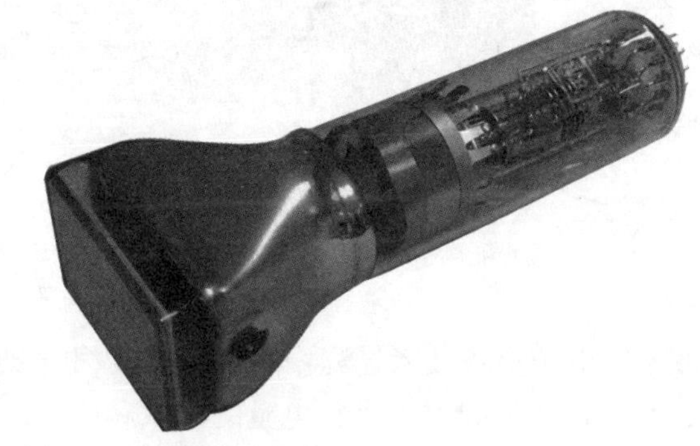

图 1–231　模拟示波器

模拟示波器要提高带宽，需要示波管、垂直放大和水平扫描全面推进。数字示波器要改善带宽只需要提高前端的 A/D 转换器的性能，对示波管和扫描电路没有特殊要求。而且数字示波管能充分利用记忆、存储和处理，以及多种触发和超前触发能力。

数字示波器是指通过数据采集、A/D 转换、软件编程等一系列的技术制造出来的高性能示波器。数字示波器的工作方式是通过模 / 数转换器（ADC）把被测电压转换为数字信息。数字示波器捕获的是波形的一系列样值，并对样值进行存储，存储限度是判断累计的样值是否能描绘出波形为止，随后，数字示波器重构波形。数字示波器可以分为数字存储示波器(DSO)、数字荧光示波器（DPO）和采样示波器。

按照结构和性能不同分类：

（1）普通示波器。电路结构简单，频带较窄，扫描线性差，仅用于观察波形。

（2）多用示波器。频带较宽，扫描线性好，能对直流、低频、高频、超高频信号和脉冲信号进行定量测试。借助幅度校准器和时间校准器，测量的准确度可达 ±5%。

（3）多线示波器。采用多束示波管，能在荧光屏上同时显示两个以上同频信号的波形，没有时差，时序关系准确。

（4）多踪示波器。具有电子开关和门控电路的结构，可在单束示波管的荧光屏上同时显示两个以上同频信号的波形。但存在时差，时序关系不准确。

（5）采样示波器。采用采样技术将高频信号转换成模拟低频信号进行显示，有效频带可达吉赫级。

（6）记忆示波器。采用存储示波管或数字存储技术，将单次电信号瞬变过程、非周期现象和超低频信号长时间保留在示波管的荧光屏上或存储在电路中，以供重复测试。

（7）数字示波器。内部带有微处理器，外部装有数字显示器，有的产品在示波管荧光屏上既可显示波形，又可显示字符如图 1–232 所示。被测信号经模 / 数转换器（ADC）送入数据存储器，通过键盘操作，可对捕获的波形参数的数据，进行加、减、乘、除、求平均值、求平方根值、求均方根值等的运算，并显示出答案数字。

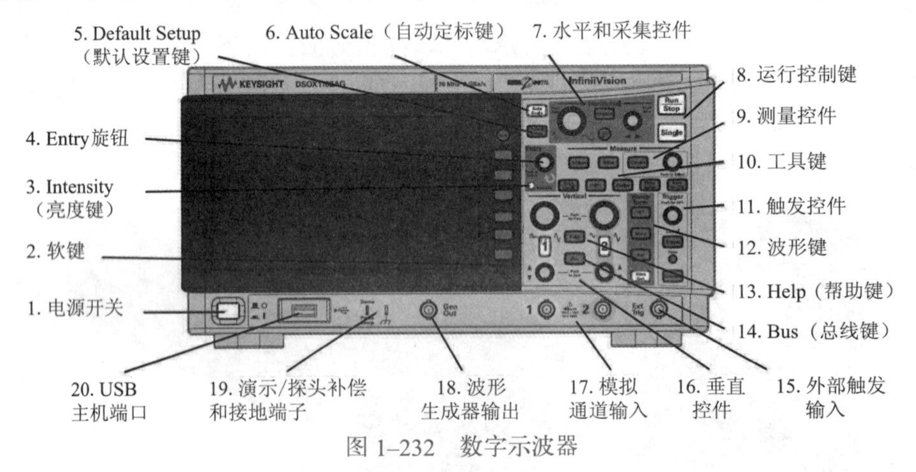

图 1–232　数字示波器

双线示波：在电子实践技术过程中，常常需要同时观察两种（或两种以上）信号随时间变化的过程，并对这些不同信号进行电量的测试和比较。为了达到这个目的，人们在应用普通示波器原理的基础上，采用了以下两种同时显示多个波形的方法：一种是双线（或多线）

示波法，如图 1–233 所示；另一种是双踪（或多踪）示波法。应用这两种方法制造出来的示波器分别称为双线（或多线）示波器和双踪（或多踪）示波器。

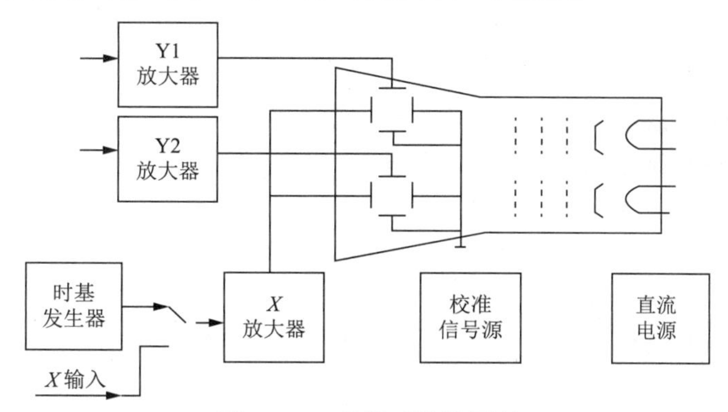

图 1–233　双线示波器原理

双线（或多线）示波器是采用双枪（或多枪）示波管来实现的。下面以双枪示波管为例加以简单说明。双枪示波管有两个互相独立的电子枪产生两束电子。另有两组互相独立的偏转系统，它们各自控制一束电子做上下、左右的运动。荧光屏是共用的，因而屏上可以同时显示出两种不同的电信号波形，双线示波也可以采用单枪双线示波管来实现。这种示波管只有一个电子枪，在工作时是依靠特殊的电极把电子分成两束。然后，由管内的两组互相独立的偏转系统，分别控制两束电子上下、左右运动。由于双线示波管的制造工艺要求高、成本也高，所以应用并不十分普遍。

双踪示波：双踪（或多踪）示波是在单线示波器的基础上，增设一个专用电子开关，用它来实现两种（或多种）波形的分别显示，如图 1–234 所示。由于实现双踪（或多踪）示波比实现双线（或多线）示波来得简单，不需要使用结构复杂、价格昂贵的“双枪”或“多枪”示波管，所以双踪（或多踪）示波获得了普遍的应用。

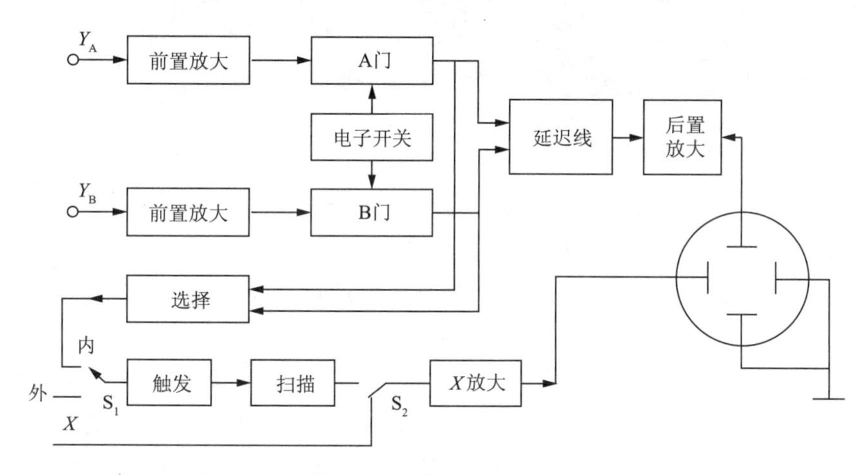

图 1–234　双踪示波原理

双踪示波的显示原理：电子开关的作用是使加在示波管垂直偏转板上的两种信号电压做周期性转换。例如，在 0 ~ 1 这段时间里，电子开关 K 与信号通道 A 接通，这时在荧光屏上显示出信号 U_A 的一段波形；在 1 ~ 2 这段时间里，电子开关 K 与信号通道 B 接通，这时在荧光屏上显现出信号 U_B 的一段波形；在 2 ～ 3 这段时间里，荧光屏上再一次显示出信号 U_A 的一段波形；在 3 ～ 4 这段时间里，荧光屏上将再一次显示出 U_B 的一段波形……。这样，两个信号在荧光屏上虽然是交替显示的，但由于人眼的视觉暂留现象和荧光屏的余辉（高速电子在停止冲击荧光屏后，荧光屏上受冲击处仍保留一段发光时间）现象，就可在荧光屏上同时看到两个被测信号波形。

为了保持荧光屏显示出来的两种信号波形稳定，则要求被测信号频率、扫描信号频率与电子开关的转换频率三者之间必须满足一定的关系。

两个被测信号频率与扫描信号频率之间应该是成整数比的关系，也就是要求“同步”。这一点与单线示波器的原理是相同的，区别在于被测信号是两个，而扫描电压是一个。在实际应用中，需要观察和比较的两个信号常常是互相有内在联系的，所以上述的同步要求一般是容易满足的。

示波器的作用主要可以分为如下几类：测量电信号的波形(电压与时间关系)；测量幅度、周期、频率等参数；测量一切可以转化为电压的参量(如电流、电阻等)，如图 1–235 所示。

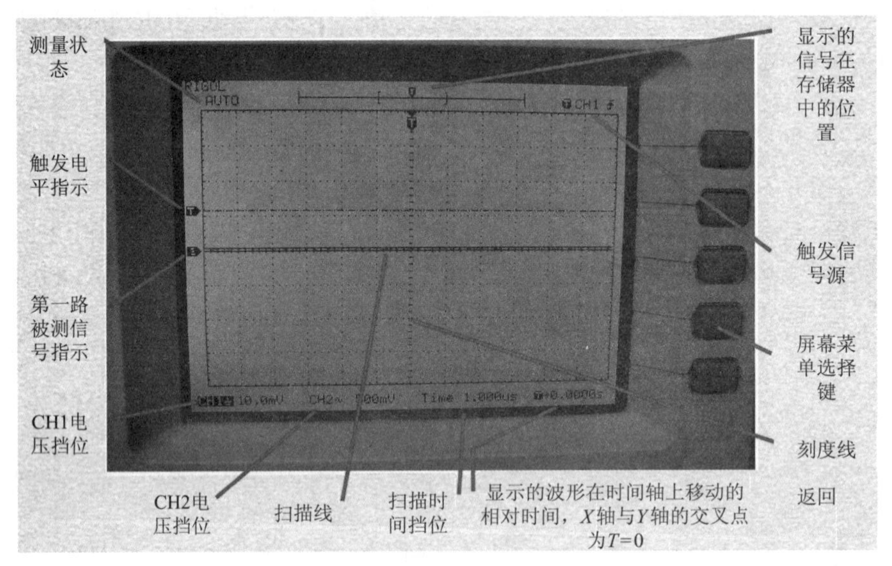

图 1–235　数字示波器屏幕功能示意图

为了使荧光屏上显示的两个被测信号波形都稳定，除满足上述要求外，还必须合理地选择电子开关的转换频率，使得在示波器上所显示的波形个数合适，以便观察，如图 1–236 所示。

示波器一般都会有 2 个或 4 个通道(通常都会标有 1 ～ 4 的数字，而多余的那个探头插座是外部触发，一般用不到它)，它们的低位是等同的，可以随便选择。把探头插到其中一个通道上，探头另一头的小夹子连接被测系统的参考地(这里一定要注意一个问题：示波器探头上的夹子是与大地，即三插插头上的地线直接连通的，所以如果被测系统的参考地与大地之间存在电压差，将会导致示波器或被测系统的损坏)，探针接触被测点，这样示波器就可以采集到该点的电压波形了(普通的探头不能用来测量电流，要测量电流必须选择专门的电流探头)。

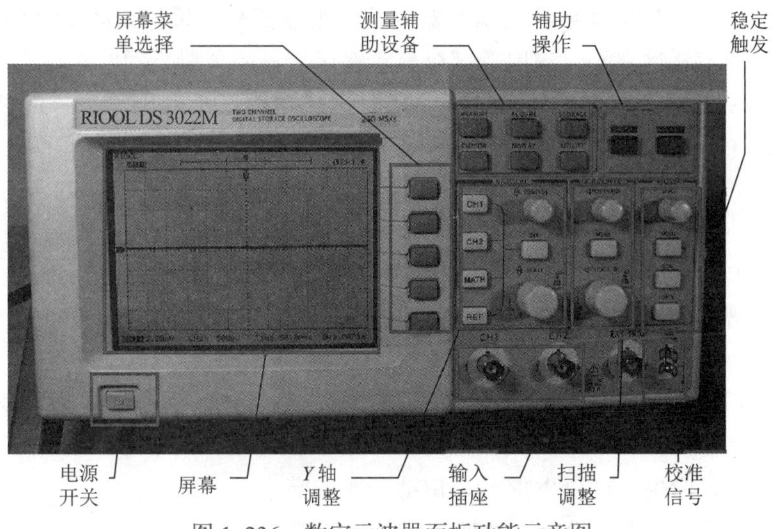

图 1–236 数字示波器面板功能示意图

探头补偿：第一次使用示波器的时候，需要对探头进行补偿调整，从而使探头和所使用的通道相匹配，未经补偿或者调整偏差的探头会导致测量错误或者误差，如图 1–237 所示。

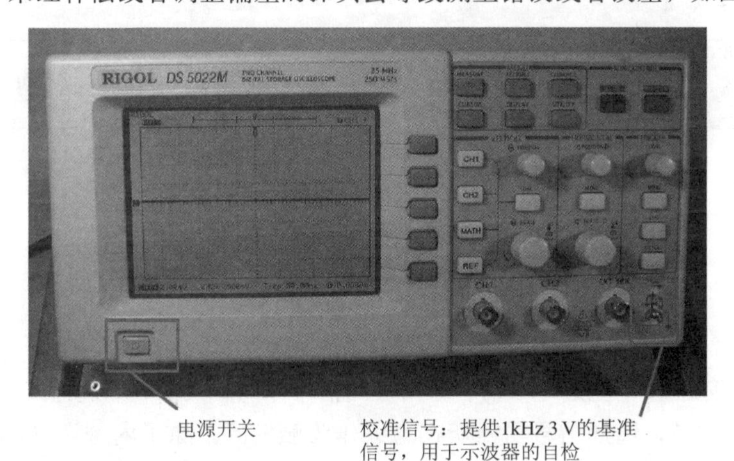

图 1–237 示波器的校准信号

用户将探头连接到通道 1 或者通道 2，测试端连接到校准信号上，下方采用探头上的鳄鱼夹夹持，上方采用探头钩针连接。

将探头菜单衰减系数设定为 10×，然后找到 Auto Set 按钮，这样示波器会产生一个 1Hz，2.5 V 的标准信号。

采用探头补偿调节棒或者螺钉旋具调整探头上的可调电容，使屏幕上显示图 1–238 所示“补偿正确”的波形。

图 1–238 探头补偿波形图

示波器的触发系统与采样系统是示波器的重要组成部分。采样系统负责将模拟信号数字化，但信号是源源不断过来的，该取哪部分显示在示波器的屏幕上呢？

如果示波器没有触发系统，采用每隔一段时间或随机某个时间将采样的波形进行叠加，由于采样位置的不确定性和无规律，就会出现非常混乱的波形显示，在屏幕上看起来就像来回滚动的波形。

触发：为了使扫描信号与被测信号同步，可以设定一些条件，将被测信号不断地与这些条件相比较，只有当被测信号满足这些条件时才启动扫描，从而使得扫描的频率与被测信号相同或存在整数倍的关系，也就是同步。这种技术就称为“触发”，而这些条件称为“触发条件”，如图 1–239 所示。

触发条件：用作触发条件的形式很多，最常用、最基本的就是“边沿触发”，即将被测信号的变化（即信号上升或下降的边沿）与某一电平相比较，当信号的变化以某种选定的方式达到这一电平时，产生一个触发信号，启动一次扫描。

一般可以将触发电平选在 0 V，当被测信号从低到高跨越这个电平时，就产生一次扫描，这样就得到了与被测信号同步的扫描信号。其他的触发条件有“脉宽触发”、“斜率触发”和“状态触发”等，这些触发条件通常会在比较高档的示波器中出现。

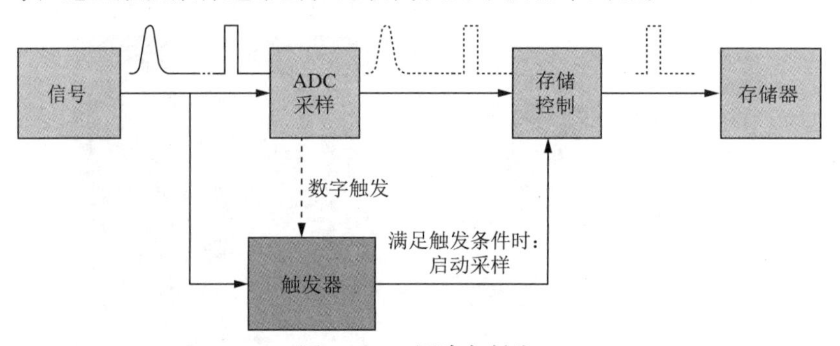

图 1–239　同步与触发

最常见的触发源是内触发（INT），即用被测信号作为触发源，如通道 1、通道 2、通道 3，使用时需要注意的是，选择信号当前所在通道作为触发源。除了内触发（INT）外，还有外触发（EXT 或 AUX IN）和电源触发（LINE）两种触发源。外触发是独立于信号通道的触发源，该触发源只能是低频与高频信号，与被测信号之间要具有周期性的关系；电源触发使用示波器的市电输入作为触发信号，这种方法在测量与交流电源频率有关的信号时是有效的。

示波器的触发条件的一个很关键的因素是触发电平，触发电平大多数情况下是用一个直流电平作为基准，当信号的电压超过该直流电平的时刻作为采样波形的起始点。由于起始采样的位置是有规律的，因此多次采样的波形进行叠加后看上去还是一个稳定的波形。触发电平在示波器显示中为一个电压值，单位是 mV 或 V，另外，在屏幕上都会有一个触发电平线以指示其相对于信号波形的位置。

示波器的触发功能，一方面可以使波形稳定，波形不再左右摇晃；另一方面可以缩短用户调试的时间，只有满足触发条件的信号才会被捕获、显示。

触发极性的开关用来选择触发信号的极性。选择正的时候，在信号增加的方向上，当触发信号超过触发电平时就产生触发，如图 1–240 所示；选择负的时候，在信号减少的方向上，当触发信号超过触发电平时就产生触发。

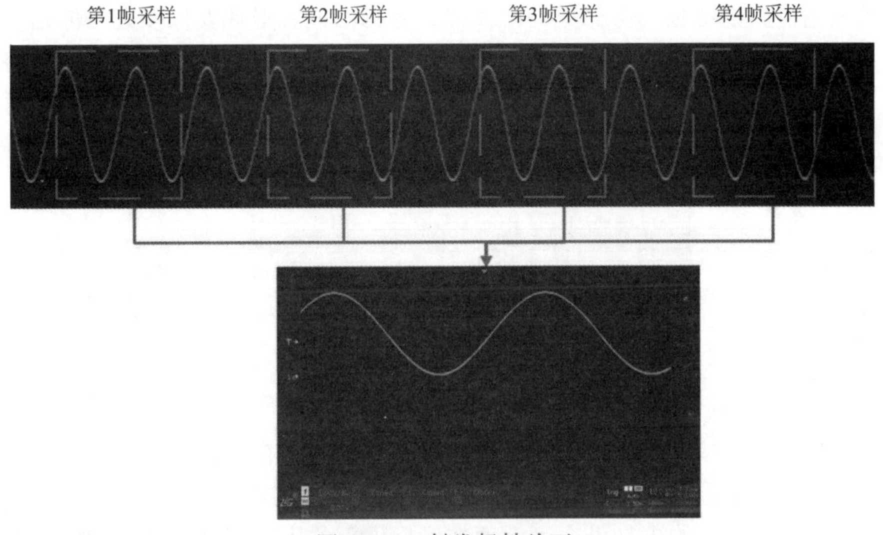

图 1–240 触发极性为正

在常用的设置中，一般设定了触发类型、触发电压，波形就能稳定显示了。但对于噪声比较大的信号，会出现触发不稳定、上下边沿都能触发的情况。这是因为信号毛刺的存在，干扰了触发系统对触发条件的判断，造成误触发。这时候就需要设置触发耦合了。

触发耦合其实就是一种对触发信号的低通或高通滤波。因此可对噪声大的信号加入“高频抑制”耦合，过滤掉其中高频部分，使得波形触发稳定，如图 1–241 所示。

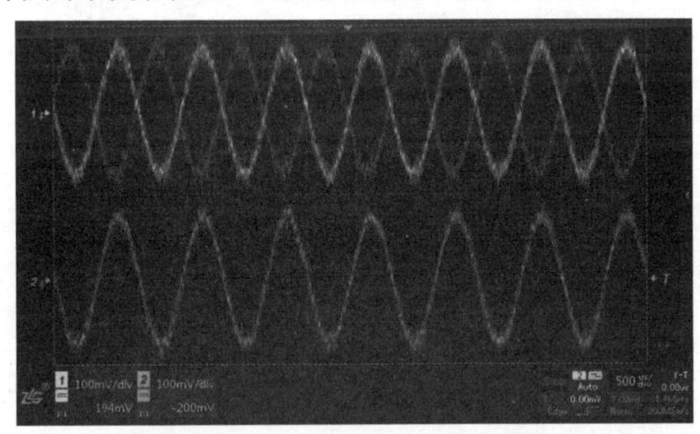

图 1–241 触发耦合 / 高频抑制

在触发设置中，触发释抑的功能一般会被忽略。按照定义，释抑是定义两次触发之间的最小时间间隔，如图 1–242 所示。

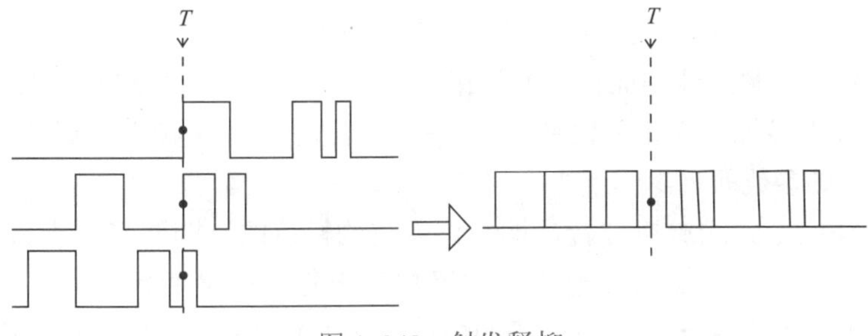

图 1–242 触发释抑

当示波器触发一次后，会进入触发释抑时间计数，在此时间内触发功能会被抑制，即使信号满足触发条件，系统也不会标记为触发点。释抑的设置对偶发性多边沿的信号捕获极为好用，使得原来图像不稳定的波形马上清晰。若触发释抑时间设得不对，示波器将会把不同边沿的信号作为触发点重叠在一起，造成波形显示异常，如图 1–243 所示。释抑时间应该在 T_{max} 与 T_{min} 之间。

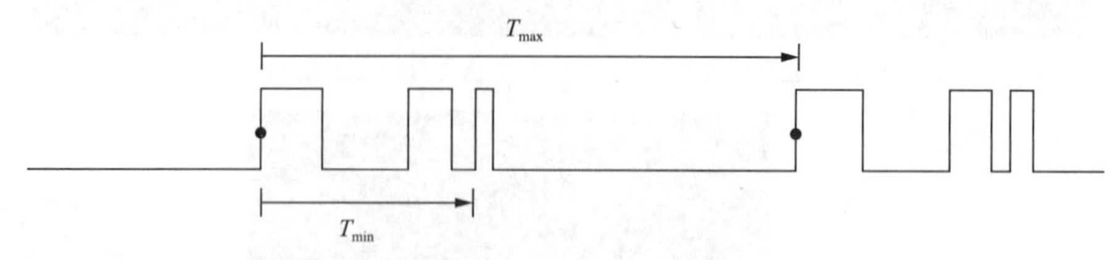

图 1–243　触发释抑时间设得不对，造成波形显示异常

触发电平只是一个参考电压，而实际的波形在边沿处是存在抖动的，即使波形的干扰非常小，但是上升沿还是存在锯齿状，当噪声很大时抖动会更剧烈。

如果想稳定触发波形的上升沿，则需要在触发电平的上下范围内使用迟滞比较，以过滤触发电平附近的波形抖动和毛刺。这个迟滞范围就是触发灵敏度。当在测量小信号时，需要较高的触发灵敏度才能使信号稳定触发，这时可将触发灵敏度的值调小或调为 0；在波形噪声较大时，需要适当调大触发灵敏度，可以有效滤除有可能叠加在触发信号上的噪声，从而防止误触发，如图 1–244 所示。

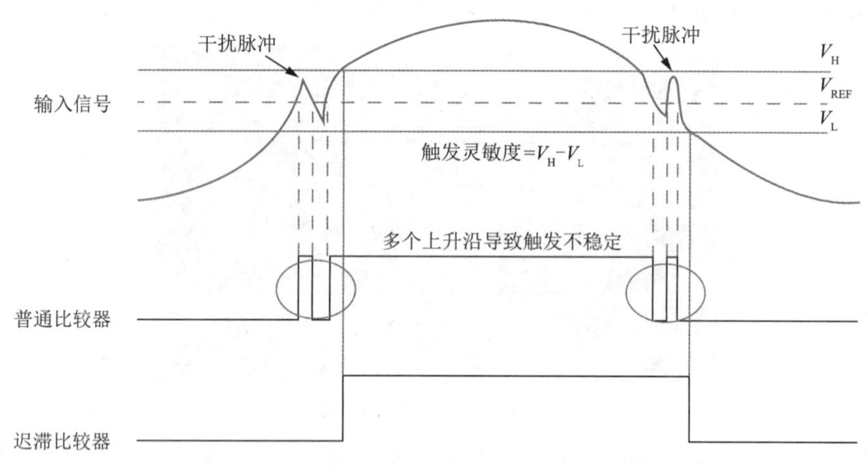

图 1–244　触发灵敏度

接下来就要通过调整示波器面板上的按钮（见图 1–245），使被测波形以合适的大小显示在屏幕上了。只需要按照一个信号的两大要素——幅值和周期（频率与周期在概念上是等同的）来调整示波器的参数即可。

在每个通道插座上方的旋钮，就是调整该通道的幅值的，即波形垂直方向大小的调整，如图 1–246 所示。转动它，就可以改变示波器屏幕上每个竖格所代表的电压值，所以可称其为“伏格”调整，每个格子代表着电压的幅度，如 1 V/grid 和 500 mV/grid，在波形图上，前者波形的幅值占了 2.5 个格，是 2.5 V，后者波形的幅值占了 5 个格，也是 2.5 V。波形占这个示波器的显示范围越大，越有利于提高波形测量的精度，也更有利于观察结果。

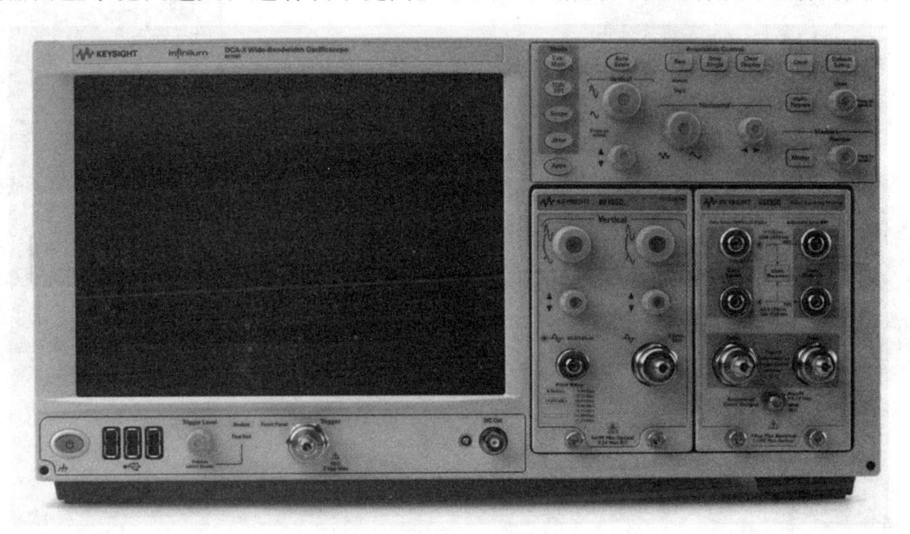

图 1–245　数字示波器面板

通常还会在面板上找到一个大小相同的旋钮，这个旋钮是调整周期的，即波形水平方向大小的调整，如图 1–247 所示。转动它，就可以改变示波器屏幕上每个横格所代表的时间值，所以可称其为“秒格”调整，如 500 μs/grid 和 200 μs/grid，前者表示一个周期占 2 个格，周期是 1 ms，即频率为 1 kHz；后者表示一个周期占 5 个格，也是 1 ms，即 1kHz。

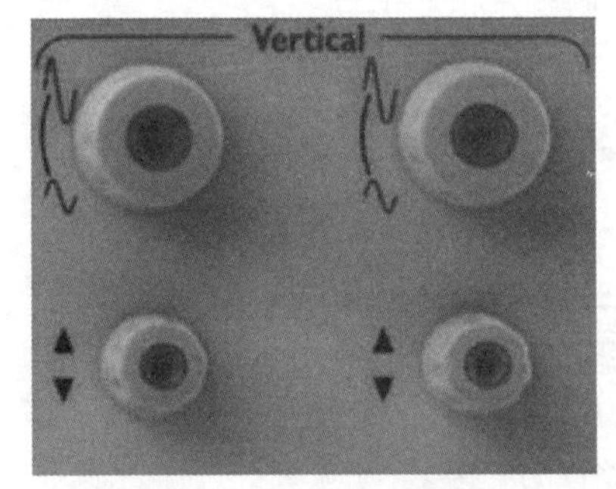

图 1–246　幅度调整旋钮

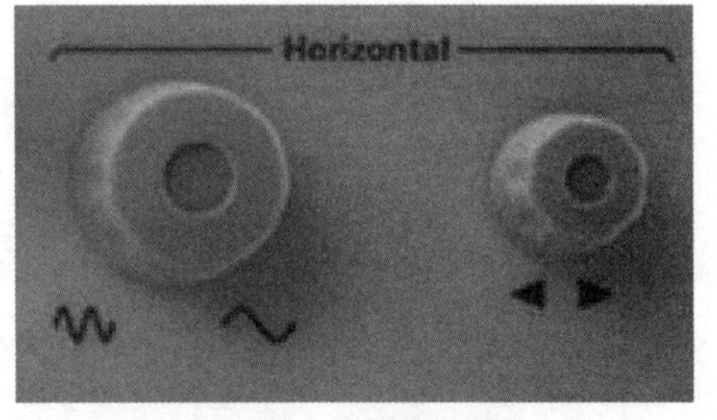

图 1–247　周期调整旋钮

只要经过上述的这三四步，就可以把示波器的核心功能应用起来了，可以用它观察系统的各个信号了。比如单片机上电后系统不运行，就用它来测一下晶振引脚的波形正常与否。需要注意的是，晶振引脚上的波形并不是方波，更像是正弦波，而且晶振的两个引脚上的波形是不一样的，一个幅值小一点的是作为输入的，一个幅值大一点的是作为输出的。

3．练习

(1) 请查找资料，说明如何利用图 1–248 所示的指针万用表测量 3.7 V 锂离子电池电压。

(2) 请查找资料，说明如何利用图 1–249 所示的便携式示波器测量振荡器波形。

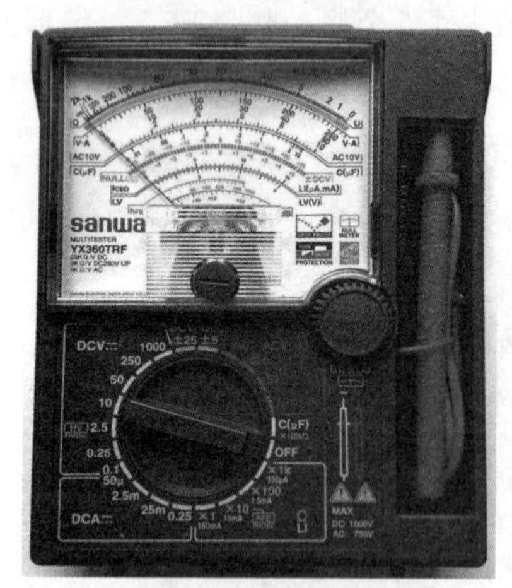

图 1–248　指针万用表

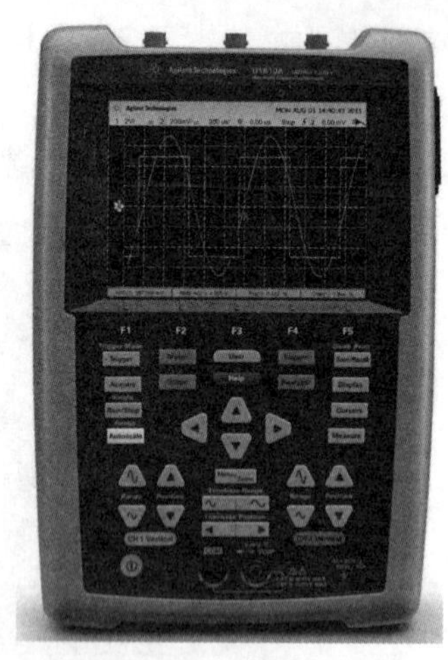

图 1–249　便携式示波器

1.11 电烙铁与焊接

电烙铁 (soldering iron) 是电子制作和电器维修的必备工具，主要用途是焊接元件及导线，按机械结构可分为外热式电烙铁和内热式电烙铁，如图 1–250 所示，按功能可分为无吸锡电烙铁和吸锡式电烙铁，根据用途不同又分为大功率电烙铁和小功率电烙铁。

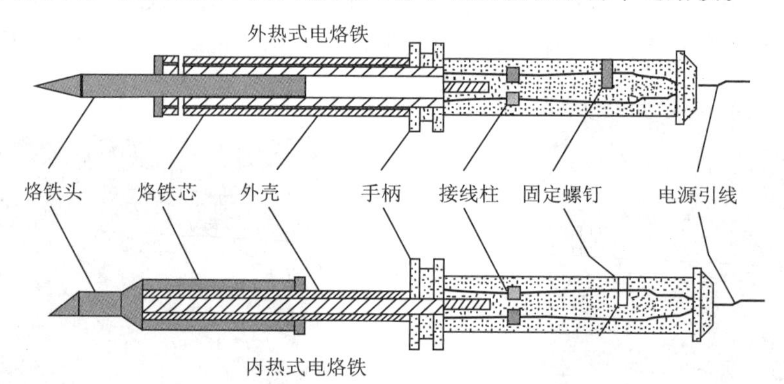

图 1–250　外热式电烙铁和内热式电烙铁的结构

外热式电烙铁（见图 1–251）由烙铁头、烙铁芯、外壳、木柄、电源引线、插头等部分组成。由于烙铁头安装在烙铁芯里面，故称为外热式电烙铁。烙铁芯是电烙铁的关键部件，它是将电热丝平行地绕制在一根空心瓷管上构成的，中间的云母片绝缘，并引出两根导线与 220 V 交流电源连接。外热式电烙铁的规格很多，常用的有 25 W、45 W、75 W、100 W 等，功率越大烙铁头的温度也就越高。

内热式电烙铁（见图 1–252）由手柄、连接杆、弹簧夹、烙铁芯、烙铁头等组成。由于烙铁芯安装在烙铁头里面，因而发热快，热利用率高，因此，称为内热式电烙铁。内热式电烙铁的常用规格为 20 W、50 W 等几种。

内热式电烙铁的热效率比较高，其 20 W 就相当于 40 W 左右的外热式电烙铁。

焊接又称熔接、镕接，是一种以加热、高温或者高压的方式接合金属或其他热塑性材料，如塑料的制造工艺及技术。主要有熔焊、压焊和钎焊。我们手工采用电烙铁将电子元器件焊接到印制电路板，工厂则主要采用回流焊工艺。

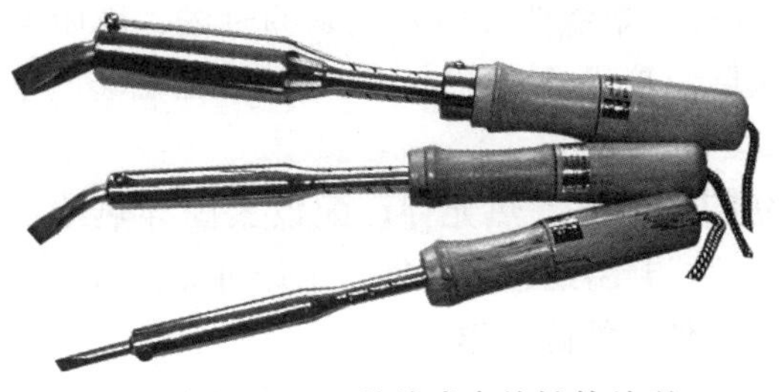

图 1–251　外热式电烙铁的外观

图 1–252　内热式电烙铁的外观

1．电烙铁

新烙铁使用前，应用细砂纸将烙铁头打光亮，通电烧热，蘸上松香后用烙铁头刃面接触焊锡丝，使烙铁头上均匀地镀上一层锡。这样做，便于焊接和防止烙铁头表面氧化。旧的烙铁头如严重氧化而发黑，可用钢挫挫去表层氧化物，使其露出金属光泽后，重新镀锡，才能使用。

电烙铁要使外壳妥善接地，保证不会因静电损害器件。使用前，应认真检查电源插头、电源线有无损坏，并检查烙铁头是否松动。电烙铁使用中，不能用力敲击，要防止跌落。烙铁头上焊锡过多时，可用布擦掉。不可乱甩，以防烫伤他人。焊接过程中，烙铁不能到处乱放。不焊时，应放在烙铁架上。注意，电源线不可搭在烙铁头上，如图 1–253 所示，以防烫坏绝缘层而发生事故。使用结束后，应及时切断电源，拔下电源插头。冷却后，再将电烙铁收回工具箱。

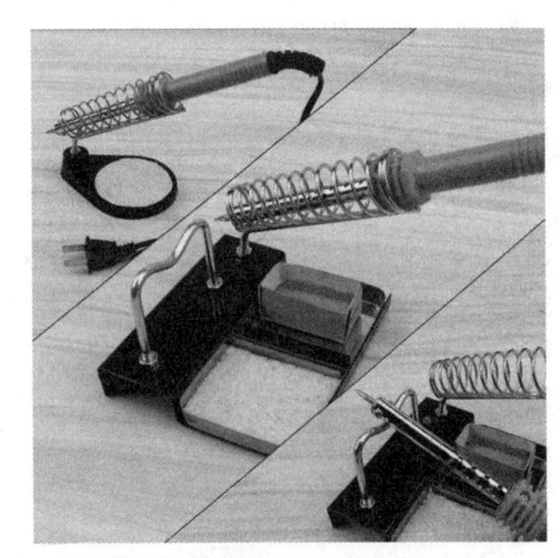

图 1–253　烙铁架和电烙铁

焊接时，还需要焊锡和助焊剂。焊接电子元件，一般采用有松香芯的焊锡丝。这种焊锡丝，熔点较低，而且内含松香助焊剂，使用极为方便。

我们使用的焊锡一般分为有铅焊锡和无铅焊锡两种，但最常用的是无铅焊锡，成分是 99% 的锡，1%左右的助焊剂，熔点为 227 ℃；而有铅焊锡成分是 63% 的锡、37%的铅、熔点为 183℃。有铅焊锡的优点是熔点低、易焊接、价格低，但不环保，而且铅对人体有害，所以焊接完成之后，一定要认真洗手，在焊接过程中，最好戴口罩，或者在光线明亮的地方，保证头部与焊件有一定的距离。随着人们环保意识的增强，现在工厂里的机器焊接都采用无铅焊锡。

电烙铁的焊接温度由实际使用决定。平时观察烙铁头，当其发紫的时候，说明温度设置过高。一般直插式电子元件，将烙铁头的实际温度设置为 330~370℃；表面贴装电子元件（SMC），将烙铁头的实际温度设置为 300~320℃。

恒温电烙铁内部采用高居里温度条状的 PTC 恒温发热元件，配设紧固导热结构，如图 1–254 所示。特点是优于传统的电热丝烙铁芯，升温迅速、节能、工作可靠、寿命长、成本低廉。用低电压 PTC 发热芯就能在野外使用，便于维修工作。

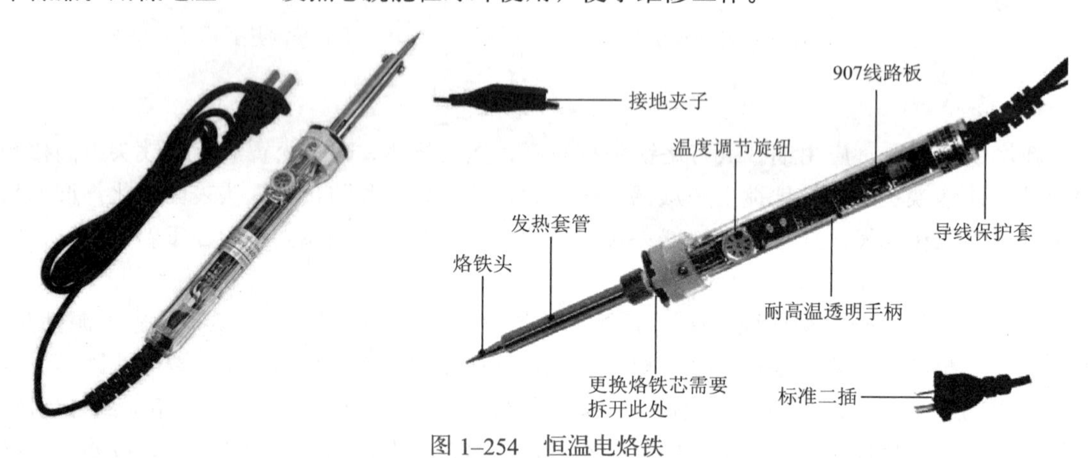

图 1–254　恒温电烙铁

恒温焊台是一种常用于电子焊接工艺的手动工具，通过给焊料（通常是指焊锡丝）供热，使其熔化，从而使两个工件焊接起来。

（1）效率比较：恒温焊台的效率相对较高，热效率可以达到 80% 左右；电烙铁一般能有 50% 就不错了。

（2）能耗比较：恒温焊台能耗比较低，因为到了调节好的温度，就不再加温，相应的能耗较低，也就是说，同样的焊接效果，恒温焊台用电较少。

（3）回温比较：恒温焊台的回温速度较快，电烙铁的功率一般不如恒温焊台高，因此回温速度没恒温焊台快。

（4）耗材寿命比较：恒温焊台的温度得到控制，不会无限升高，所以，烙铁头的寿命和发热芯的寿命较高。而电烙铁的温度无法得到有效控制，所以，烙铁头的寿命和发热芯的寿命不如恒温焊台高。

（5）安全比较：恒温焊台的手柄电压只有交流的 24 V，属于安全电压，一般不会出现触电现象，而电烙铁的手柄电压一般是交流 220 V，容易出现触电现象。

（6）防静电比较：恒温焊台具有除静电功能，但电烙铁一般没有。

恒温焊台的温度控制范围通常为 200 ～ 480 ℃，常见的型号为 936、FX951、FX-888、942 等，如图 1–255 所示。

热风拆焊台是采用微风加热除锡的原理，能快捷干净地拆卸和焊接各类封装形式的元器件，满足广大从事电子产品研究、生产、维修人员的需求，开发研制的一种高效实用的多功能产品，如图 1–256 所示。热风拆焊台性能优异，能瞬间拆下各类元器件，包括分立、双列直插及贴片元件，热风头不用接触印制电路板，印制电路板不易损伤，所拆印制电路板过孔及器件引脚干净无锡（所拆处如同新印制电路板），方便第二次使用。热风的温度及风量可调，可应付各类印制电路板，一机多用，热风加热，除了拆焊多种双列直插、贴片元件，还可以满足热缩管处理、热能测试等多种热能需求的场合。

高频无铅焊台（见图 1–257）是恒温焊台的升级产品。和恒温焊台一样，高频无铅焊台的用途非常广泛，从常见的电子家电维修到电子集成电路和芯片都会应用焊台作为焊接工具，但最常用于电子工厂 PCB 电路板的锡焊。和恒温焊台相比，高频无铅焊台一般采用高频涡流加热，升温及回温速度快，实现无铅焊接，功率一般高达 90~200 W。

图 1–255　恒温焊台

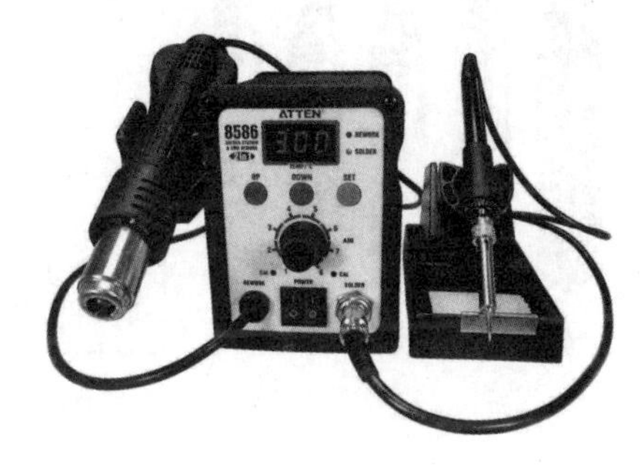

图 1–256　热风拆焊台

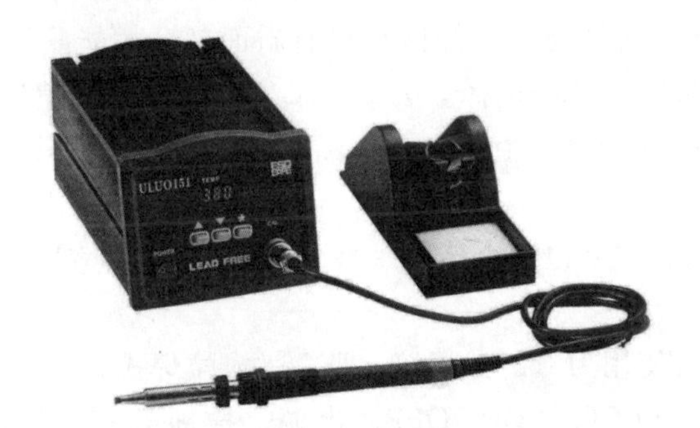

图 1–257　高频无铅焊台

烙铁头为电烙铁的配套产品，其为一体合成。烙铁头、烙铁咀、焊咀同为一种产品，是电烙铁、电焊台的配套产品，主要材料为铜，属于易耗品。每个电烙铁厂家配有不同型号的烙铁头（烙铁咀、焊咀），但基本形状为尖形、马蹄形、扁咀形、刀口形。每种烙铁头（烙铁咀、焊咀）的头部基本相同，区别在于烙铁头（烙铁咀、焊咀）身体部分尺寸，以便和自己的电烙铁、电焊台配套。一般电烙铁、电焊台品牌不同，配套的烙铁头（烙铁咀、焊咀）形状也不同，如图 1–258 所示。

I 形（尖端幼细）特点：烙铁头尖端细小。应用范围：适合精细的焊接，或焊接空间狭小的情况，也可以修正焊接芯片时产生的锡桥。

B 形 /LB 形（圆锥形）特点：B 形烙铁头无方向性，整个烙铁头前端均可进行焊接；LB 形是 B 形的一种，形状修长，能在焊点周围有较高身之元件或焊接空间狭窄的焊接环境中灵活操作。应用范围：适合一般焊接，无论焊点大小，都可使用 B 形烙铁头。

D 形 /LD 形（一字批咀形）特点：用批咀部分进行焊接。应用范围：适合需要多锡量的焊接，例如，焊接面积大、粗端子、焊垫大的焊接环境。

烙铁头类型	热传导性能	耐磨及防氧化性能	精细元件焊接能力	适用特点
B形头，又称圆头	一般	较好	较好	可焊贴片及直插电路板上的大多数元件，适用范围最广
I形头，又称尖头	差	差	很好	小型贴片元件焊接及微小焊点和走线处理。不常用
K形头，又称刀头	较好	较好	一般	焊接贴片多密脚IC，常用拖焊。适用范围广
C形头，又称马蹄头，型号数字代表圆柱直径	很好	很好	一般	焊接较大型及散热较快的直插元件。适用范围较广
D形头，又称一字头、平头，型号数字代表平头的宽度	很好	很好	一般	焊接较大型及散热较快的直插元件。适用范围较广

图 1–258　烙铁头形状和功能

C 形 /CF 形(斜切圆柱形)特点:用烙铁头前端斜面部分进行焊接,适合需要多锡量的焊接。CF 形烙铁头只有斜面部分有镀锡层，焊接时只有斜面部分才能蘸锡，故此蘸锡量会与 C 形烙铁头有所不同，视焊接的需要而选择。0.5C、1C/CF、1.5CF 等烙铁头非常精细，适用于焊接细小元件，或修正表面焊接时产生的锡桥、锡柱等。如果焊接只需少量焊锡，使用只在斜面有镀锡的 CF 形烙铁头比较适合；2C/2CF、3C/3CF 形烙铁头适合焊接电阻、二极管之类的元件，齿距较大的 SOP 及 QFP 也可以使用；4C/4CF 形烙铁头适用于粗大的端子和电路板上的接地。

K 形 (刀口形) 特点:使用刀形部分焊接，竖立式或拉焊式焊接均可，属于多用途烙铁头。应用范围：适用于 SOJ、PLCC、SOP、QFP，电源、接地部分元件，修正锡桥，连接器等焊接。

H 形特点：镀锡层在烙铁头的底部。应用范围：适用于拉焊式焊接齿距较大的 SOP、QFP。

2. 焊接

手工焊接是电子产品装配中的一项基本操作技能，适合于产品试制、电子产品的小批量生产、电子产品的调试与维修以及某些不适合自动焊接的场合。它是利用电烙铁加热被焊金属件和锡铅焊料，熔融的焊料润湿已加热的金属表面使其形成合金，待焊料凝固后将被焊金属件连接起来的一种焊接工艺，故又称锡焊。

为了方便焊接操作，常采用放大镜、尖嘴钳、偏口钳、镊子和铜丝球等作为辅助工具，应学会正确使用这些工具，如图 1–259 所示。

常用的助焊剂是松香或松香水（将松香溶于酒精中），如图 1–260 所示。使用助焊剂可以帮助清除金属表面的氧化物，利于焊接，又可保护烙铁头。焊接较大元件或导线时，也可采用焊锡膏，但它有一定腐蚀性，焊接后应及时清除残留物。

焊接前要把元器件摆放到位，如图 1–261 所示。

图 1–259　焊接常用工具

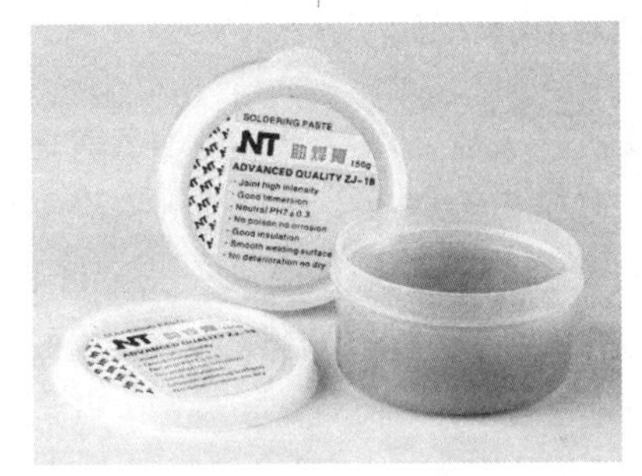

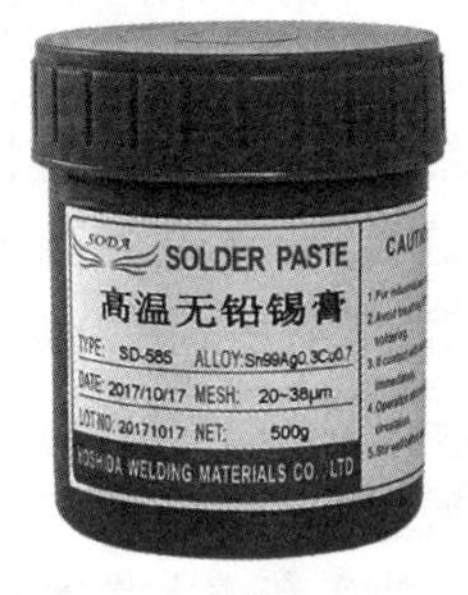

品牌	YOSHIDA
名称	无铅高温锡膏
型号	SD-585
合金成分	Sn99Ag0.3Cu0.7
颗粒	25-48/20-38 μm
熔点	227℃
重量	500g
产品试验	铜银、塌落试验均为合格
产品用途	软板 耐高温板材 裸铜板 锡金板 喷锡板 电脑主板

图 1–260　助焊剂

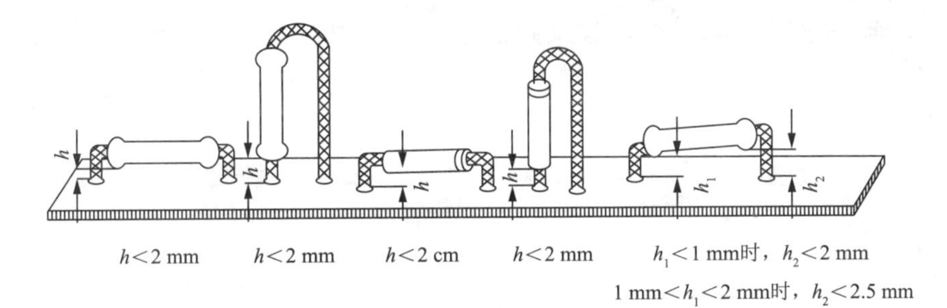

图 1–261　焊接元器件位置摆放

焊接方法一般为右手持电烙铁，左手用尖嘴钳或镊子夹持元件或导线。焊接前，电烙铁要充分预热；烙铁头刃面上要吃锡，即带上一定量焊锡；将烙铁头刃面紧贴在焊点处；电烙铁与水平面大约呈 60°，以便于熔化的锡从烙铁头上流到焊点上；烙铁头在焊点处停留的时间控制在 2 ～ 3s；抬开烙铁头，左手仍持元件不动；待焊点处的锡冷却凝固后，才可松开左手；用镊子转动引线，确认不松动，然后可用偏口钳剪去多余的引线。

焊接过程可以简单概括为 5 个步骤，如图 1–262 所示。

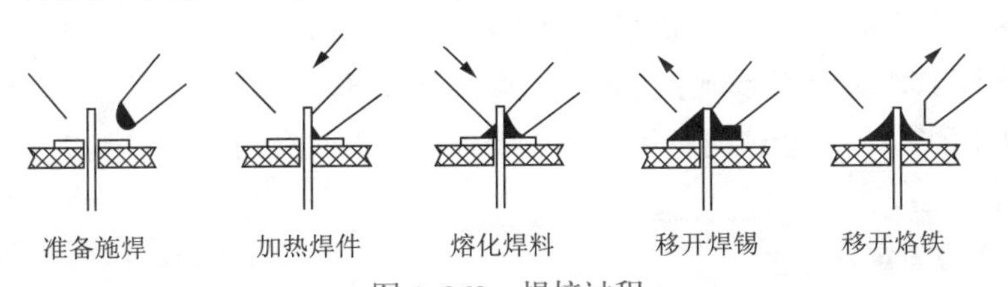

图 1–262　焊接过程

（1）准备施焊：准备好焊锡丝和电烙铁，做好焊前准备。

（2）加热焊件：将电烙铁头接触焊接点，注意首先要保持电烙铁加热焊件各部件（如印制电路板上的引线和焊盘）都受热，其次注意让烙铁头的扁平部分（较大部分）接触热容量较大的焊件，烙铁头的侧面或边缘部分接触热容量较小的焊件，以保持焊件均匀受热。

（3）熔化焊料：在焊件加热到能熔化焊料的温度后，将焊锡丝置于焊点，焊料开始熔化并润湿焊点。

(4) 移开焊锡：在熔化一定量的焊锡后，将焊锡丝移开。

(5) 移开烙铁：在焊锡完全润湿焊点后移开电烙铁，注意移开电烙铁的方向应该大致为45°的方向。

对于焊接热容量较小的工件，可以简化为两步法操作：准备焊接，同时放上电烙铁和焊锡丝，同时撤走焊锡丝并移开电烙铁。

贴片元件的焊接方法有两种：第一种是手工式焊接，方法是先用电烙铁将焊盘镀锡，然后用镊子夹住贴片元件一端，用电烙铁将元件另一端固定在相应焊盘上，待焊锡稍冷却后移开镊子，再用电烙铁将元件的另一端焊接好；第二种是机器焊接，方法是做一张漏印钢网，将锡膏印制在电路板上，然后采用手工或是机器贴装的方式将被焊接的贴片元件摆放好，最后通过高温焊接炉将贴片元件焊接好，也就是回流焊技术，如图 1–263 所示。其优点是，有可能在同一时间内完成所有的焊点，使生产成本降到最低。

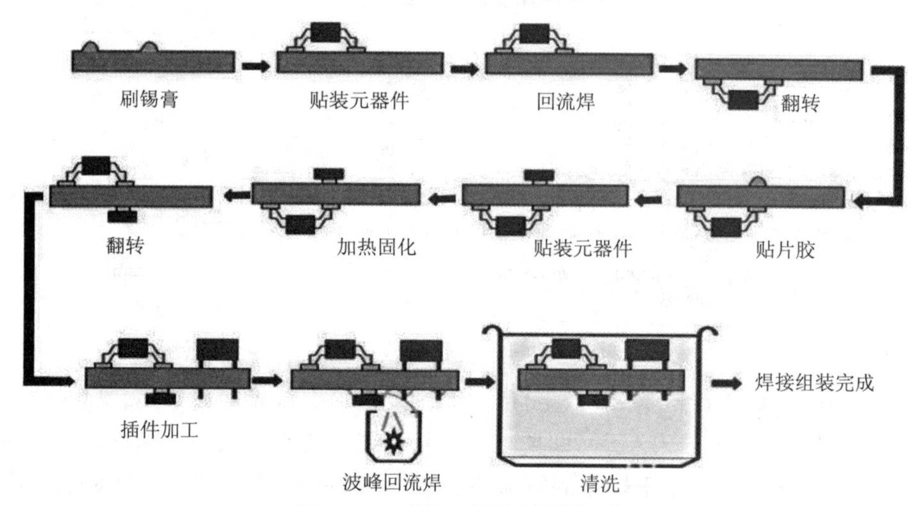

图 1–263 贴片元件回流焊技术

贴片元件的手工焊接一般有以下步骤：

1）清洁和固定 PCB（印制电路板）

在焊接前应对要焊的 PCB 进行检查，确保其干净。对其上面的表面油性的手印以及氧化物之类的要进行清除，从而不影响上锡。手工焊接 PCB 时，如果条件允许，可以用焊台之类的固定好从而方便焊接。一般情况下用手固定就好，值得注意的是，应避免手指接触 PCB 上的焊盘影响上锡。

2）贴片元件的固定

贴片元件的固定是非常重要的。根据贴片元件的引脚多少，其固定方法大体上可以分为两种——单脚固定法和多脚固定法。对于引脚数目少（一般为 2~5 个）的贴片元件，如电阻、电容、二极管、三极管等，一般采用单脚固定法（见图 1–264），即先在板上对它的一个焊盘上锡，然后左手拿镊子夹持元件放到安装位置并轻抵住电路板，右手拿电烙铁靠近已镀锡焊盘，熔化焊锡，将该引脚焊好。焊好一个焊盘后元件已不会移动，此时镊子可以松开。而对于引脚多而且多面分布的贴片芯片，单脚是难以将芯片固定好的，这时就需要多脚固定（见图 1–265），一般可以采用对脚固定的方法，即焊接固定一个引脚后又对该引脚对面的引脚进行焊接固定，从而达到整个元片被固定好的目的。需要注意的是，引脚多且密集的贴片元件，引脚精准对齐焊盘尤其重要，应仔细检查核对，因为焊接的好坏都是由这个前提决定的。

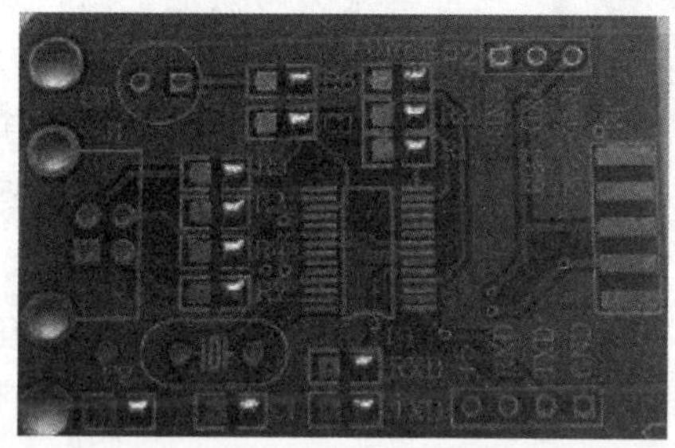

图 1–264 单脚固定

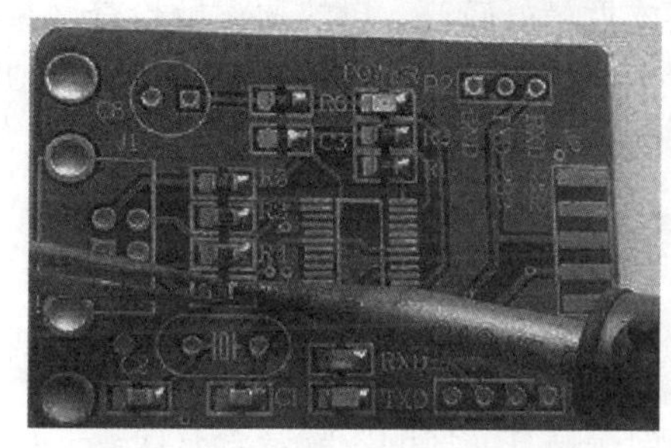

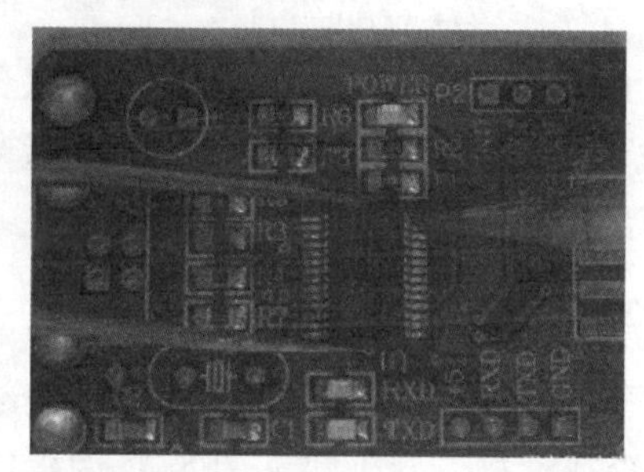

图 1–265 多脚固定

3）焊接剩下引脚

元件固定好之后，应对剩下的引脚进行焊接。对于引脚少的元件，可左手拿焊锡，右手拿电烙铁，依次点焊即可。对于引脚多而且密集的芯片，除了点焊外，还可以采取拖焊，如图 1–266 所示，即在一侧的引脚上足锡然后利用电烙铁将焊锡熔化往该侧剩余的引脚上抹去，熔化的焊锡可以流动，因此有时也可以将板子适当倾斜，从而将多余的焊锡弄掉。值得注意的是，不论点焊还是拖焊，都很容易造成相邻的引脚被锡短路。这点不用担心，后续步骤会解决这个问题，现阶段要注意的是所有的引脚都应与焊盘很好地连接在一起，没有虚焊。

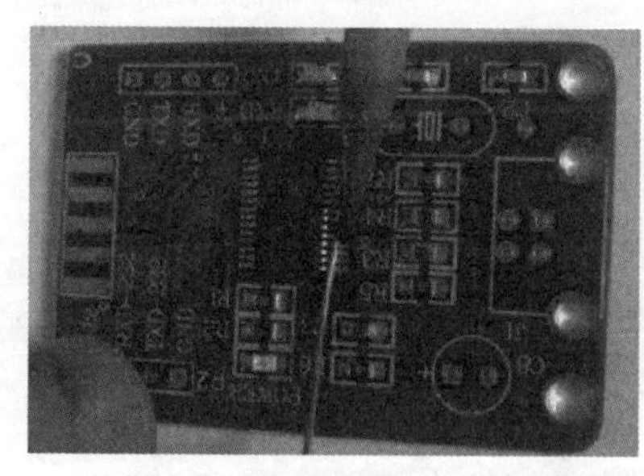

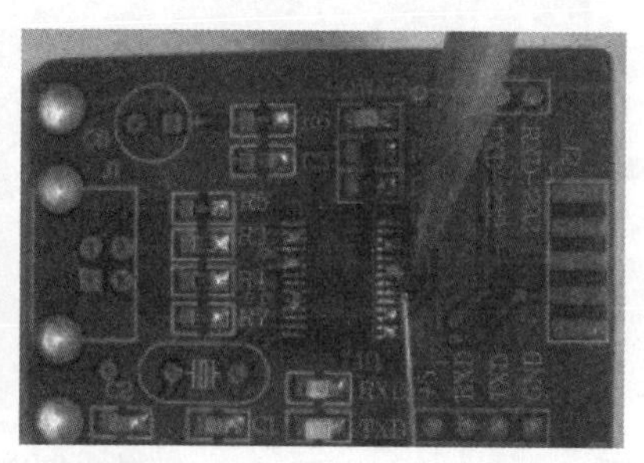

图 1–266 拖焊

4）清除多余焊锡

下面介绍处理掉引脚之间短路的焊锡的方法。一般而言，可以拿吸锡带将多余的焊锡吸掉。吸锡带的使用方法很简单，向吸锡带加入适量助焊剂（如松香）然后紧贴焊盘，用干净的烙铁头放在吸锡带上，待吸锡带被加热到要吸附焊盘上的焊锡熔化后，慢慢地从焊盘的一端向另一端轻压拖拉，焊锡即被吸入带中，如图 1–267 所示。应当注意的是，吸锡结束后，应将烙铁头与吸上了锡的吸锡带同时撤离焊盘，此时如果吸锡带粘在焊盘上，千万不要用力拉吸锡带，而是再向吸锡带上加助焊剂或重新用烙铁头加热后再轻拉吸锡带使其顺利脱离焊盘并且要防止烫坏周围元器件。

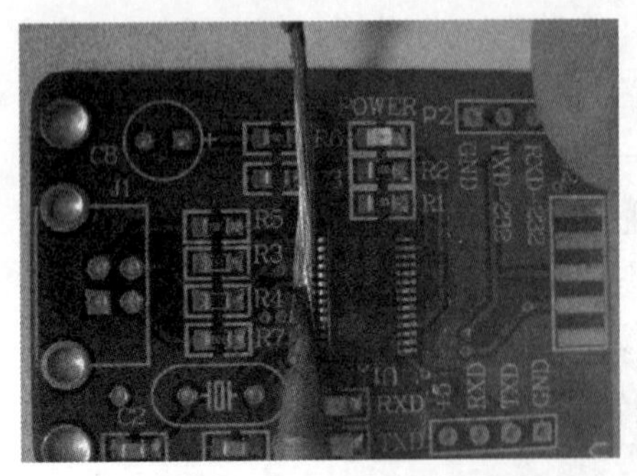

图 1–267　清除多余焊锡

5）清理焊接的地方

焊接和清除多余的焊锡之后，元件基本上就算焊接好了。但是由于使用松香助焊和吸锡带吸锡的缘故，板上元件引脚的周围残留了一些松香，虽然并不影响元件工作和正常使用，但不美观,有可能造成检查时不方便。常用的清理方法可以用酒精清洗,清洗工具可以用棉签。清洗擦除时首先应该注意的是酒精要适量，其浓度最好较高，以快速溶解松香之类的残留物。其次，擦除的力道要控制好，不能太大，以免擦伤阻焊层以及伤到芯片引脚等。此时，可以用电烙铁或者热风枪对酒精擦洗位置进行适当加热以让残余酒精快速挥发。至此，贴片元件的焊接就算结束了。

3．练习

(1) 请查找资料，说明常见贴片元件焊接不良的问题。

(2) 请查找资料，分析图 1–268 所示手工焊接贴片元件的步骤是否有误。

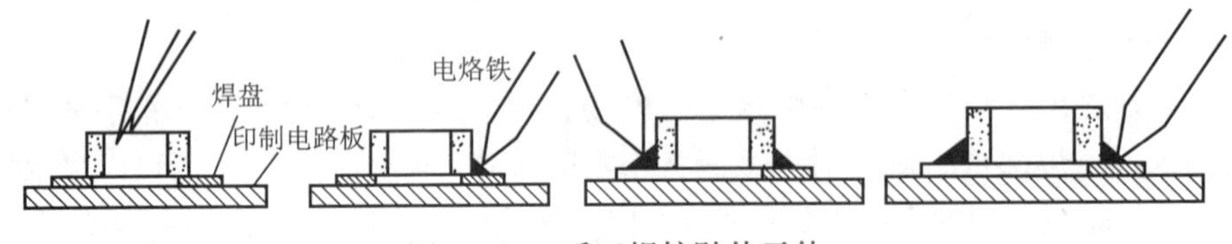

图 1–268　手工焊接贴片元件

(3) 请查找资料，分析图 1–269 所示手工焊接持握电烙铁的方式是否有误。

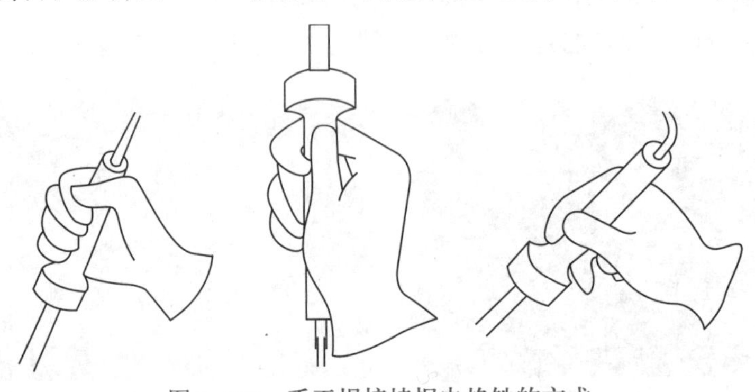

图 1–269　手工焊接持握电烙铁的方式

（4）请查找资料，分析电烙铁的撤离方向（见图 1–270）对焊点锡量的影响。

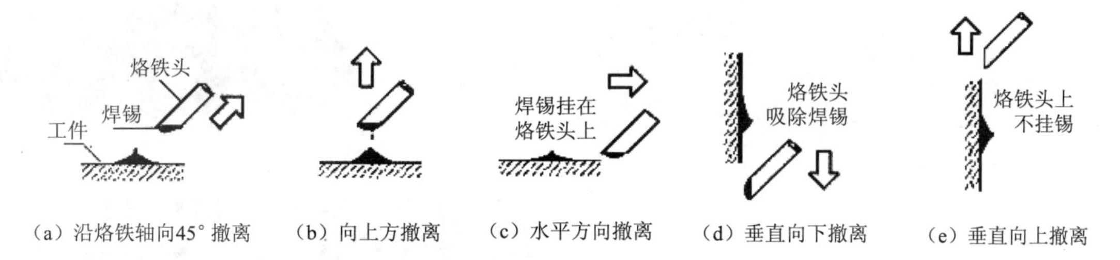

图 1–270　电烙铁撤离方向

第2章 物联网开发技术

传感器（sensor）是一种检测装置，能感受到被测量的信息，并能将感受到的信息按一定规律变换成为电信号或其他所需形式的信息输出，以满足信息的传输、处理、存储、显示、记录和控制等要求。

传感器的特点包括：微型化、数字化、智能化、多功能化、系统化、网络化。它是实现自动检测和自动控制的首要环节。传感器的存在和发展，让物体有了触觉、味觉和嗅觉等感官，让物体慢慢变得活了起来。通常根据其基本感知功能分为热敏元件、光敏元件、气敏元件、力敏元件、磁敏元件、湿敏元件、声敏元件、放射线敏感元件、色敏元件和味敏元件等十大类。

人们为了从外界获取信息，必须借助于感觉器官，而单靠人们自身的感觉器官，在研究自然现象和规律以及生产活动中，它们的功能就远远不够了。为适应这种情况，就需要传感器。因此，传感器可以说是人类五官的延长，又称电五官。

2.1 传感器硬件开发技术

传感器硬件主要由微控制器和数据获取器件（ADC）组成。

单片机（micro controllers，single chip computer）是采用超大规模集成电路技术把具有数据处理能力的中央处理器（CPU）、随机存储器（RAM）、只读存储器（ROM）、多种I/O口和中断系统、定时器/计数器等功能（可能还包括显示驱动电路、脉宽调制电路、模拟多路转换器、A/D转换器等电路）集成到一块硅片上构成的一个小而完善的微型计算机系统，在工业控制领域广泛应用。

单板机（single board computer）的名称出现较早，是指将一台计算机的主要部件都放在一块电路板上的专用计算机。单板机上设备部件星罗棋布。单片机一词出现在超大规模芯片制造之后，是指将一台计算机的主要部件都放到一块芯片之中的计算机。

1976年，美国Zilog公司推出的微处理器（microprocessor）Z840004、Z840006和Z840008因其卓越的性能、强大的输入/输出接口能力、快速的运算速度（Z840008时钟频率可达8 MHz，同时期的其他产品如Intel的8085、Motorola的M6802等时钟频率为2~5 MHz）、品种多样的外设支持而迅速被业内人士关注。Zilog公司的这类微处理器通常被称为Z80微处理器或 Z80 微机，基于 Z80 微处理器推出了 Z80 单板机（见图 2–1）。

Z80 单板机具有体积小、外设搭配灵活、运行可靠等特点，因此在以后的十几年时间里，Z80 单板机被广泛地应用于 PC 接口及扩展和各种工业、控制领域。

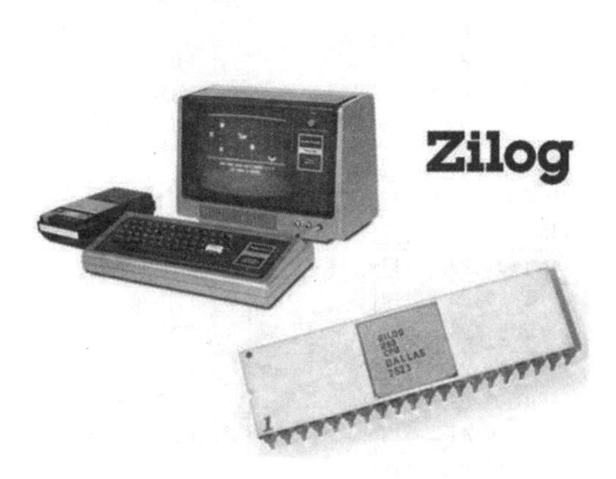

图 2–1　微处理器与单板机

我国自 20 世纪 80 年代末引入单板机，小到家用电器、红白游戏机，大到工业采集系统、自动控制装置、电动机及传动等都有大量应用。北京工业大学在国内最早开发了 TP801 单板机，各类大中专院校也开设了 Z80 微处理器的相关课程，如图 2–2 所示。

图 2–2　国产 TP80/ 单板机

1．51 单片机

51 单片机是对所有兼容 Intel 8031 指令系统的单片机的统称。这一系列的单片机的始祖是 Intel 的 8031 单片机，后来随着 Flash ROM 技术的发展，8031 单片机取得了长足的进展成为应用最广泛的 8 位单片机之一，现在流行是 Atmel 公司的 AT89 系列和 STC 公司的 STC89 系列，其引脚图如图 2–3 所示。

引脚功能	引脚	AT89C51	引脚	引脚功能
P1.0	1		40	V_{CC}
P1.1	2		39	P0.0（AD0）
P1.2	3		38	P0.1（AD1）
P1.3	4		37	P0.2（AD2）
P1.4	5		36	P0.3（AD3）
P1.5	6		35	P0.4（AD4）
P1.6	7		34	P0.5（AD5）
P1.7	8		33	P0.6（AD6）
RST	9		32	P0.7（AD7）
（RXD） P3.0	10		31	$\overline{EA}/V_{PP}$
（TXD） P3.1	11		30	ALE/$\overline{PROC}$
（$\overline{INT0}$） P3.2	12		29	$\overline{PSEN}$
（$\overline{INT1}$） P3.3	13		28	P2.7（A15）
（T0） P3.4	14		27	P2.6（A14）
（T1） P3.5	15		26	P2.5（A13）
（$\overline{WR}$） P3.6	16		25	P2.4（A12）
（$\overline{RD}$） P3.7	17		24	P2.3（A11）
XTAL2	18		23	P2.2（A10）
XTAL1	19		22	P2.1（A9）
GND	20		21	P2.0（A8）

引脚功能	引脚	STC89C52	引脚	引脚功能
P1.0	1		40	V_{CC}
P1.1	2		39	P0.0
P1.2	3		38	P0.1
P1.3	4		37	P0.2
P1.4	5		36	P0.3
P1.5	6		35	P0.4
P1.6	7		34	P0.5
P1.7	8		33	P0.6
RST	9		32	P0.7
（RXD） P3.0	10		31	$\overline{EA}$
（TXD） P3.1	11		30	ALE/$\overline{PROC}$
（$\overline{INT0}$） P3.2	12		29	$\overline{PSEN}$
（$\overline{INT1}$） P3.3	13		28	P2.7
（T0） P3.4	14		27	P2.6
（T1） P3.5	15		26	P2.5
（$\overline{WR}$） P3.6	16		25	P2.4
（$\overline{RD}$） P3.7	17		24	P2.3
XTAL2	18		23	P2.2
XTAL1	19		22	P2.1
V_{SS}	20		21	P2.0

图 2–3 单片机引脚图

51 单片机一般是作为基础入门的一款单片机，同时也是应用最广泛的一种单片机。单片机下载调试仿真器（见图 2–4）是一个很重要的工具，具有良好的稳定性和较快的下载速度，方便实验。在实际工作中，仿真器也大有用处，可以大大提高效率。一般配合 Keil C 进行调试。

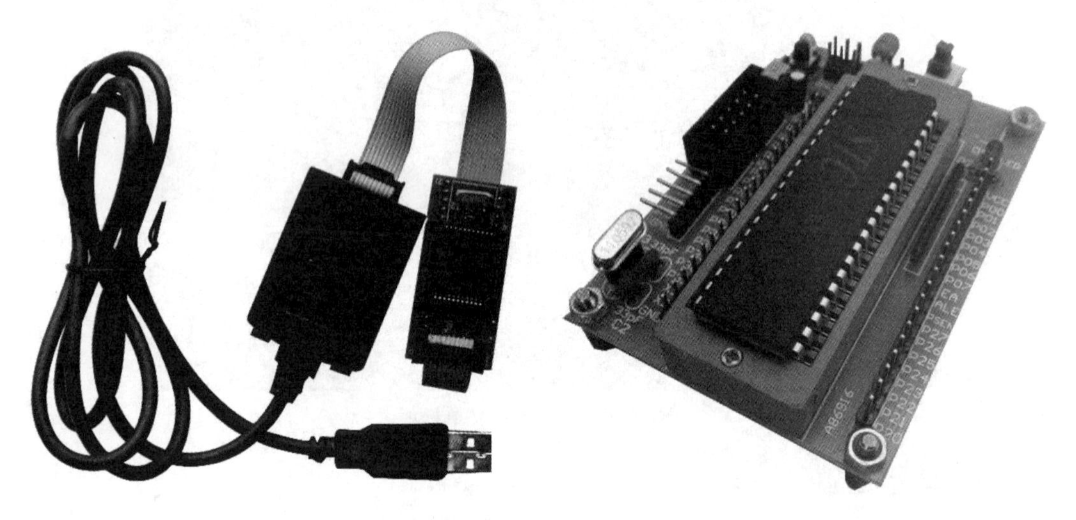

图 2–4 单片机下载调试仿真器

针对 51 单片机，最简单的就是单片机最小系统，如图 2–5 所示。

学习板（见图 2–6）以强大的接口为主，主要满足两方面的学习：一方面是单片机的原理及内部结构，另一方面是单片机的接口技术。

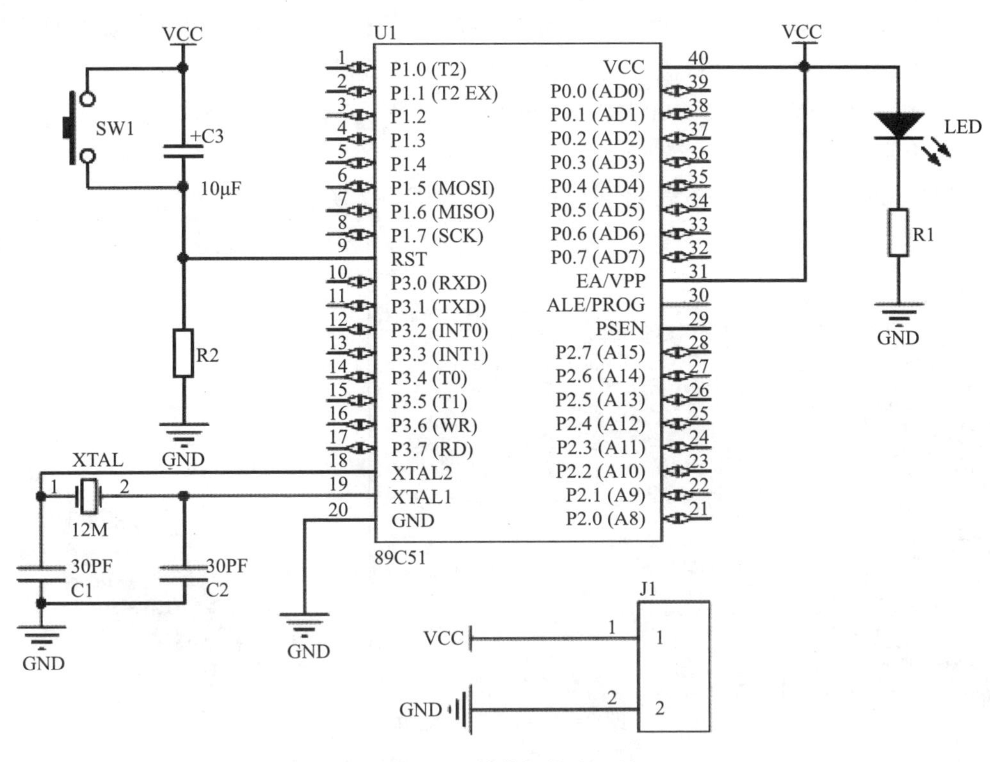

图 2–5　单片机最小系统

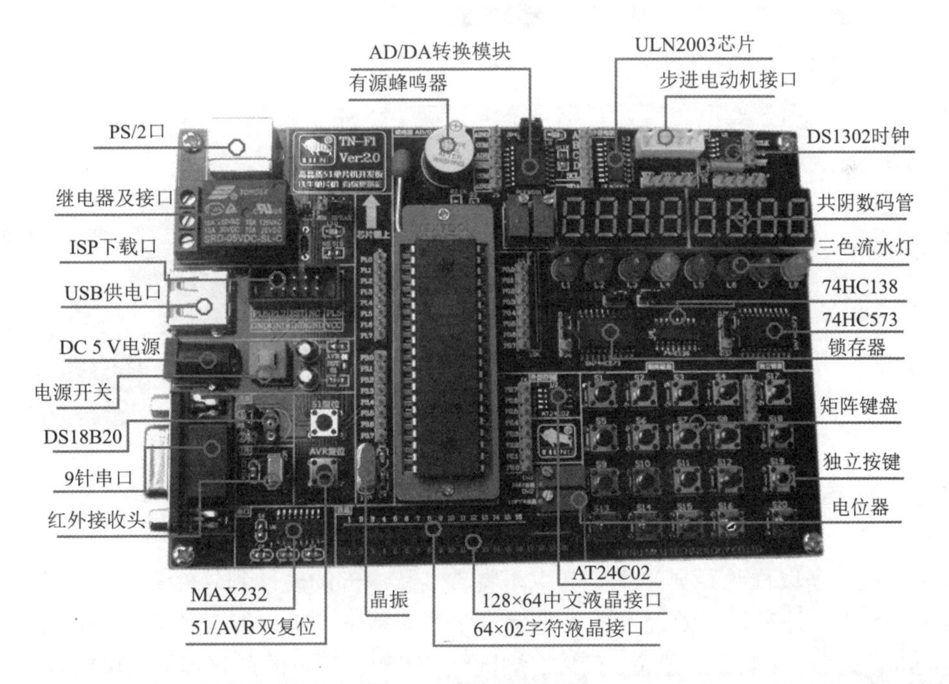

图 2–6　单片机学习板

程序设计完成后，可以通过烧录系统下载到单片机中运行，就是 ISP（ in system programming，在系统编程），也就是说，单片机可以直接安装在目标系统上，编程的时候不需要拔出来，也不需要专门的编程器，就可以直接在目标系统上编程。ISP 一般是通过单片机专用的串行编程接口对单片机内部的 Flash 存储器进行编程。

51 单片机主要分为两个：一个是 STC89C51/52，另一个是 AT89S51/52，因此程序的烧录方法也有两种。

第一种是 STC89S51/52，下载平台 STC-ICP，如图 2–7 所示。

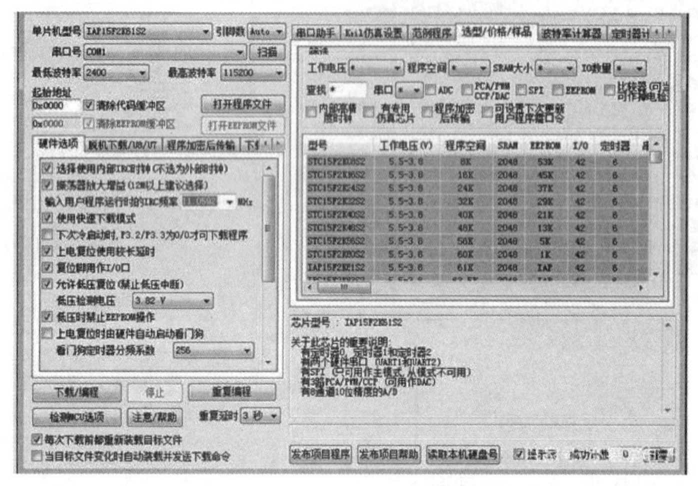

图 2–7　STC-ICP 烧录

第二种是 AT89S51/52，下载平台 AVR_fighter，如图 2–8 所示。

图 2–8　AVR_fighter 烧录

51 单片机之所以成为经典，主要有以下特点：从内部的硬件到软件都有一套完整的按位操作系统，称为位处理器，处理对象不是字或字节而是位。不但能对片内某些特殊功能寄存器的某位进行处理，如传送、置位、清零、测试等，还能进行位的逻辑运算，其功能十分完备，使用起来得心应手；同时，在片内 RAM 区间还特别开辟了一个双重功能的地址区间，使用极为灵活，这一功能无疑给使用者提供了极大的方便；乘法和除法指令，这给编程也带来了便利。

51 单片机的缺点：A/D、EEPROM 等功能需要靠扩展，增加了硬件和软件负担；虽然 I/O 引脚使用简单，但高电平时无输出能力，这也是 51 单片机的最大软肋；运行速度过慢，特别是双数据指针，如能改进，则会给编程带来很大的便利；51 单片机保护能力很差，很容易烧坏芯片。目前在教学场合和对性能要求不高的场合大量被采用。

51 单片机 LED 循环亮灭的电路原理图和源程序，如图 2–9 所示。

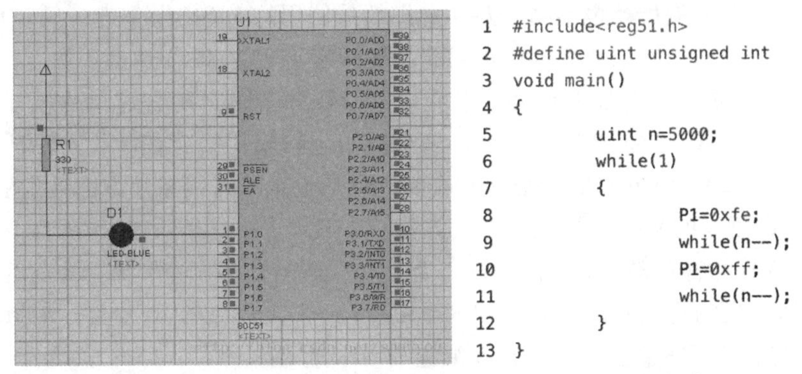

```
1  #include<reg51.h>
2  #define uint unsigned int
3  void main()
4  {
5          uint n=5000;
6          while(1)
7          {
8                  P1=0xfe;
9                  while(n--);
10                 P1=0xff;
11                 while(n--);
12         }
13 }
```

图 2–9　51 单片机 LED 循环亮灭的电路原理图和源程序

2．Arduino

Arduino 是一款便捷灵活、方便上手的开源电子原型平台，包括硬件（各种型号的 Arduino 板）和软件（Arduino IDE），是由一个欧洲开发团队于 2005 年开发完成，如图 2–10 所示。

图 2–10　Arduino 开发团队

它构建于开放源码，主要包含两个主要的部分：硬件部分是可以用来做电路连接的 Arduino 电路板；另外一个则是 Arduino IDE 程序开发环境。只要在 IDE 中编写程序代码，将程序上传到 Arduino 电路板后，程序便会告诉 Arduino 电路板要做些什么了。Arduino IDE 可以在 Windows、Mac OS X、Linux 三大主流操作系统上运行。Arduino 能通过各种各样的传感器来感知环境，通过控制灯光、电动机和其他的装置来反馈、影响环境。

现实中，国内外很多著名的产品都是用 Arduino 研发的，比如国内小米的 yeelight、大疆无人机、Pebble 智能手表和 Makerbot 3D 打印机等，这些都是使用 Arduino 作为基础平台所开发的产品。这些产品都是专业级的，在市场上也非常成功。

Arduino 核心板大部分使用的是 AVR 单片机作为核心。AVR 单片机一般使用汇编语言、C 语言开发，需要配置寄存器等。AVR 和 PIC 都是与 8051 单片机的结构不同的 8 位单片机，因为结构不同，所以汇编指令也不同，并且它们都是使用的 RISC 指令集，只有几十条指令，大部分的还都是单周期的指令，所以在相同的晶振频率下，比 8051 速度要快。

Arduino 是单片机二次开发的产物。以完成一个项目为例，与普通单片机开发，需要设计硬件和软件相比，Arduino 已是半成品，只要把相应的模块组合在一起，设计调试好程序就可以了。当然，Arduino 的好处就是开发简单，但是也意味着很多地方都受到限制。

Arduino 在 C 语言的基础上简化了开发方式，实现了一套较为简单的语言，开发的时候不需要纠结于 AVR 的寄存器等底层的内容，直接写代码就能控制兼容 Arduino 的外设。

目前，使用广泛的物联网芯片有 ESP 8266、STM32 单片机等，已经支持 Arduino 编程，包括 Intel 公司也推出了多款支持 Arduino 编程的 X86 控制板。

Arduino 与传统 51 单片机的主要区别：

（1）使用 Arduino 做项目，几乎不用考虑硬件部分的设计，可以按需求选用 Arduino 的控制板、扩展板等组成自己需要的硬件系统。而使用单片机开发必须设计硬件，制作 PCB。

（2）学习 Arduino 单片机可以完全不需要了解其内部硬件结构和寄存器设置，仅仅知道它的端口作用即可；可以不懂硬件知识，只要会简单的 C 语言，就可用 Arduino 单片机编写程序。使用 51 单片机则需要了解单片机内部硬件结构和寄存器的设置，使用汇编语言或者 C 语言编写底层硬件函数。

（3）学习 Arduino 软件语言仅仅需要掌握少数几个指令，而且指令的可读性也强，稍微懂一点 C 语言即可轻松上手，快速应用。

（4）Arduino 的理念就是开源，软硬件完全开放，技术上不做任何保留。针对周边 I/O 设备的 Arduino 编程，很多常用的 I/O 设备都已经带有库文件或者样例程序，在此基础上进行简单的修改，即可编写出比较复杂的程序，完成功能多样化的作品。而 51 单片机的软件开发，需要软件工程师编写底层到应用层的程序。没有那么多现成的库函数可以使用。

（5）Arduino 由于开源，也就意味着可从 Arduino 相关网站、博客、论坛里得到大量的共享资源，在共享资源的辅助下，通过资源整合，能够加快创作作品的速度及效率。

（6）相对其他开发板，Arduino 及周边产品相对质廉价优，学习或创作成本低。重要的一点是：烧录代码不需要烧录器，直接用 USB 线就可以完成下载。

Arduino Uno 开发板——以 ATmega328 MCU 控制器为基础——具备 14 路数字输入 / 输出引脚（其中 6 路可用于 PWM 输出）、6 路模拟输入、一个 16 MHz 陶瓷谐振器、一个 USB 接口、一个电源插座、一个 ICSP 接头和一个复位按钮。它采用 Atmega16U2 芯片进行 USB 到串行数据的转换。

可以利用 Arduino IDE 下载给 Arduino Uno 编程。通过 Tools → Board 菜单选择 Arduino Uno（根据电路板上的微控制器）。Arduino Uno 上的 ATmega328 预先烧录了启动加载器，从而无须使用外部硬件编程器即可将新代码上传给它。它利用原始的 STK500 协议进行通信。

用户还可以旁路启动加载器，利用 Arduino ISP 等通过 ICSP（在线串行编程）为微控制器编程。

因为版权法可以监管开源软件，却很难用在硬件上，为了保持设计的开放源码理念，Arduino 决定采用 Creative Commons 许可。 Creative Commons（CC）是为保护开放版权行为而出现的类似 GPL 的一种许可（license）。在 Creative Commons 许可下，任何人都被允许生产电路板的复制品，还能重新设计，甚至销售原设计的复制品。不需要付版税，甚至不用取得 Arduino 团队的许可。然而，如果用户重新发布了引用设计，用户必须说明原始 Arduino 团队的贡献。如果用户调整或改动了电路板，用户的最新设计必须使用相同或类似的 Creative Commons 许可，以保证新版本的 Arduino 电路板也会一样的自由和开放。唯一被保留的只有 Arduino 这个名字，它被注册成了商标。如果有人想用这个名字卖电路板，那他们必须付一点商标费给 Arduino 的核心开发团队成员。

现在国内常见的是 Arduino Uno 兼容板。USB 转串口芯片采用了 CH340，价格更加低廉。

Arduino 独有的几种优势表现在如下方面：

（1）开放性：Arduino 是起步比较早的开源硬件项目。各种开源项目目前已经得到广泛的认可和大范围的应用。它的硬件电路和软件开发环境都是完全公开的，在不从事商业用途的情况下，任何人都可以使用、修改和分发它。这样不但可以使用户更好地理解 Arduino 的电路原理，而且可以根据自己的需要进行修改，比如由于空间的限制，需要设计异形的电路板，或是将自己的扩展电路与主控制电路设计到一起。

（2）易用性：对于稍微有心的人，不论基础如何，只要他有兴趣，拿到 Arduino 之后的一段时间内，就可以成功运行第一个简单的程序。Arduino 与 PC 的连接采用了当下最主流的 USB 连接，用户可以像使用一部智能手机一样，把 Arduino 与 PC 直接连起来，而不需要再额外安装任何驱动程序。而且 Arduino 的开发环境软件也非常简单，一目了然的菜单仅提供了必要的工具栏，除去了一切可能会使初学者眼花缭乱的元素，初学者甚至可以不阅读手册便可实现例程的编译与下载。

（3）交流性：对于初学者来说，交流与展示是非常能激发学习热情的途径。但有些时候，你用 AVR 做了个循迹小车，我用 PIC 做了个小车循迹，对单片机理解还不是特别深刻的初学者，交流上恐怕就会有些困难。而 Arduino 已经划定了一个比较统一的框架，一些底层的初始化采用了统一的方法，对数字信号和模拟信号使用的端口也做了自己的标定，初学者在交流电路或程序时非常方便。

（4）丰富的第三方资源：Arduino 无论硬件还是软件，都是全部开源的，用户可以深入了解底层的全部机理，它也预留了非常友好的第三方库开发接口。秉承了开源社区一贯的开放性和分享性，很多爱好者在成功实现了自己的设计后，会把自己的硬件和软件拿出来与大家分享。对于后来者，可以在 Arduino 社区轻松找到自己想要使用的一些基本功能模块，比如舵机控制、PID 调速、A/D 转换等。一些功能模块供应商也越来越重视 Arduino 社区，会为自己的产品提供 Arduino 下的库和相关教程。这些都极大地方便了 Arduino 的开发，用户可以不必拘泥于基本功能的编写，而把更多的精力放在自己想要做的功能设计中去。

Arduino 不仅仅是全球最流行的开源硬件，也是一个优秀的硬件开发平台，更是硬件开发的趋势，如图 2–11 所示。Arduino 简单的开发方式使得开发者更关注创意与实现，更快地完成自己的项目开发，大大节约了学习的成本，缩短了开发的周期。

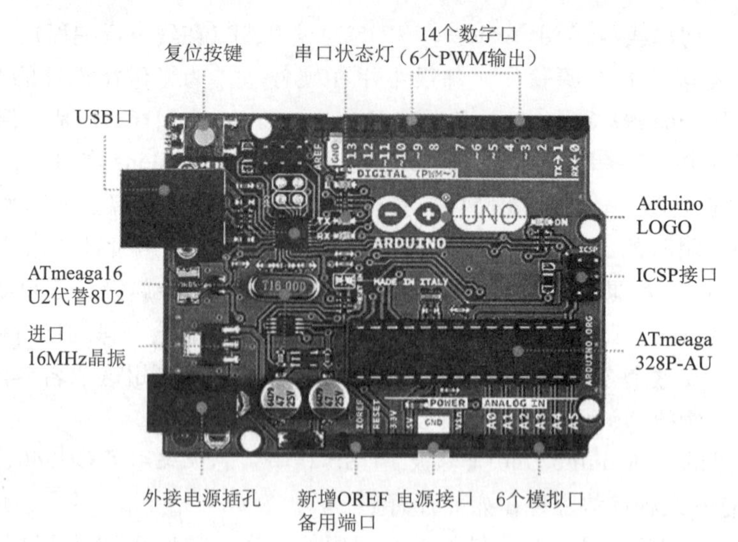

图 2–11　Arduino UNO 板

Arduino 最初确实是为嵌入式开发的学习而生，但发展到今天，它已经远远超出了嵌入式开发的技术领域。有些人将 Arduino 称为“科技艺术”，很多电子科技领域以外的爱好者，凭借丰富的想象力和创造力，也设计开发出了很多有趣的作品。在国内，Arduino 更多还是作为一种嵌入式学习工具和电子开发原型模块出现，但是它的魅力绝不仅仅如此，它完全可以作为一种新“玩具”，甚至新的艺术载体，来吸引更多领域的人们加入 Arduino 的神奇世界。

3．练习

（1）请查找资料，分析一下 Z80 为什么开始发展很好，而后却被 51 单片机超越?

（2）请尽量罗列出 Arduino 系列产品，并做简单介绍。

2.2 Arduino 开发基础

1992 年，Parallax 公司开发了 BASIC Stamp 1 (BS1)，也就是可以采用 BASIC 语言开发的微控制器。一旦用户在 Windows 下的集成开发环境 Stamp Editor 中，将程序编写完成，经过语法检查、编译后就可以通过 USB 控制器发送到芯片中，就可以运行了，如图 2–12 所示。

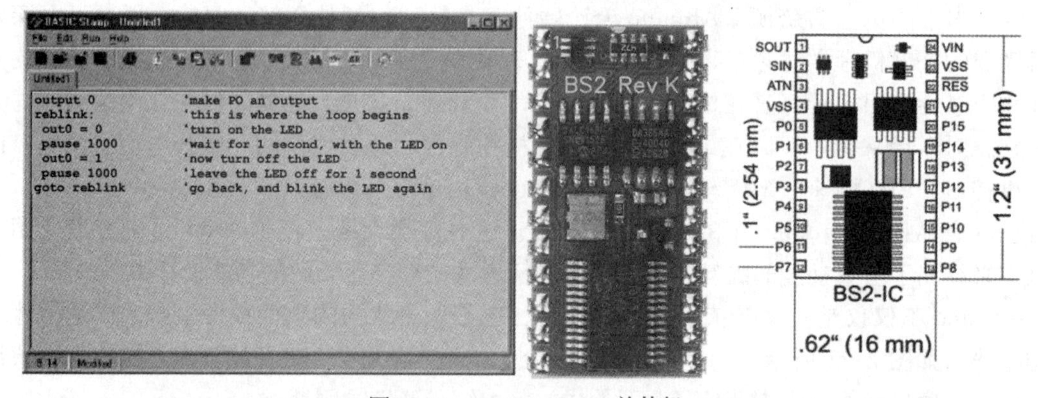

图 2–12　BASIC Stamp 单片机

BASIC Stamp 是一个简单的微控制器，它具有记忆体（EEPROM）可以储存使用者所开发的程序；具有输入 / 输出（I/O）装置，不用去了解微控制器的架构或电路设计，直接利用 PBASIC 的 70 多种指令，完成各种控制，如电动机控制、传感器反馈等，大大降低了使用者门槛。

2002 年，Arduino 公司的创始人 Massimo Banzi 来到意大利伊夫雷亚互动设计学院担任副教授，开展互动设计的新方法。其中用 BASIC Stamp 作为工具，不过价格有点贵，要 100 美元，而且计算能力比较弱，也不能在苹果计算机上运行。Banzi 有一个同事 Casey Reas，他在 MIT 的时候和 Ben Fry 开发了 Processing 图形设计语言平台。

2003 年，Massimo Banzi 和 Casey Reas 指导的硕士研究生 Hernando Barragán 完成了其毕业设计：一个称为 Wiring 的开发平台，为非专业工程师在电子设计中提供一个简单易用、性价比高的开发工具。这个平台包括基于微控制器 ATmega128 的电路原理图、完整的 PCB 电路图，以及一个基于 Processing 的集成开发环境，如图 2–13 所示。

2004 年，Massimo Banzi 找到了另外三个人一起启动了 Arduino 项目：当时在伊夫雷亚互动设计学院访学的西班牙半导体工程师 David Cuartielles、Massimo Banzi 的学生 David Mellis 和 Nicholas Zambetti。而 Arduino 也取名于他们经常聚会的酒吧名字。该项目于 2005 年完成并发布。

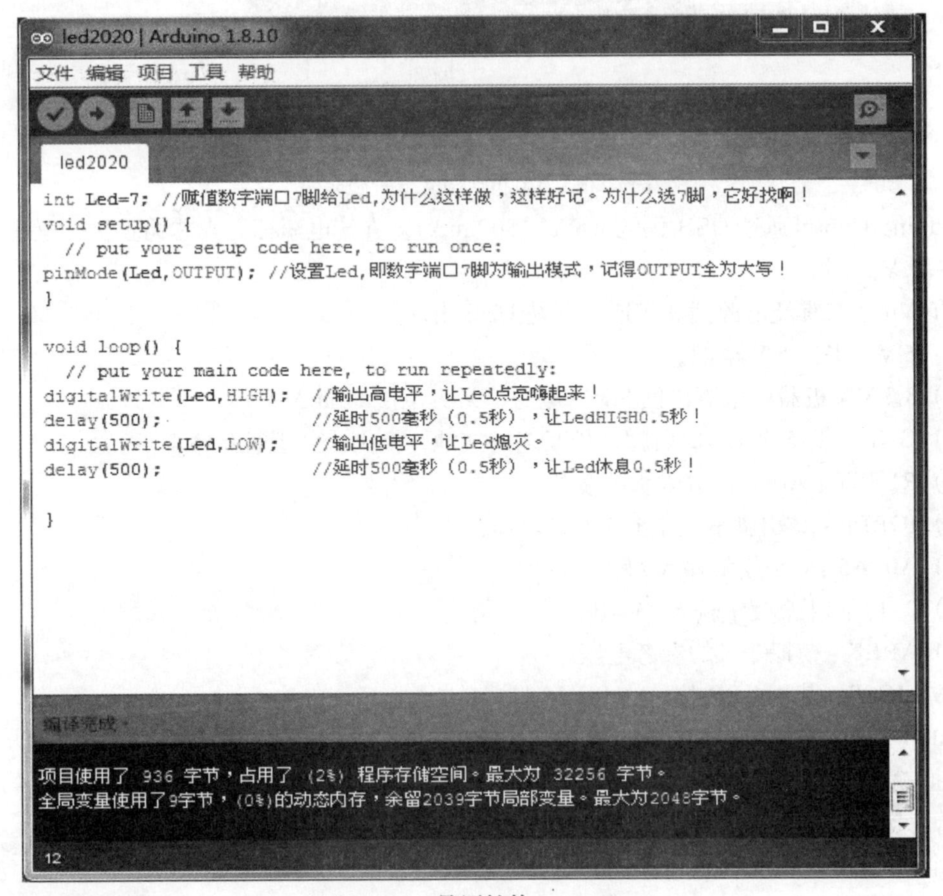

图 2–13 最原始的 Arduino

1. Arduino 开发环境

1）Arduino Uno 开发板

Arduino Uno 开发板是以 ATmega328 MCU 控制器为基础，具有 32 KB 闪存（其中 0.5 KB 被启动加载器占用），2KB SRAM 和 1KB EEPROM，具备 14 路数字输入 / 输出引脚（其中 6 路可用于 PWM 输出）、6 路模拟输入、1 个 16 MHz 陶瓷谐振器、1 个 USB 接口、1 个电源插座、1 个 ICSP 接头和 1 个复位按钮，如图 2–14 所示。

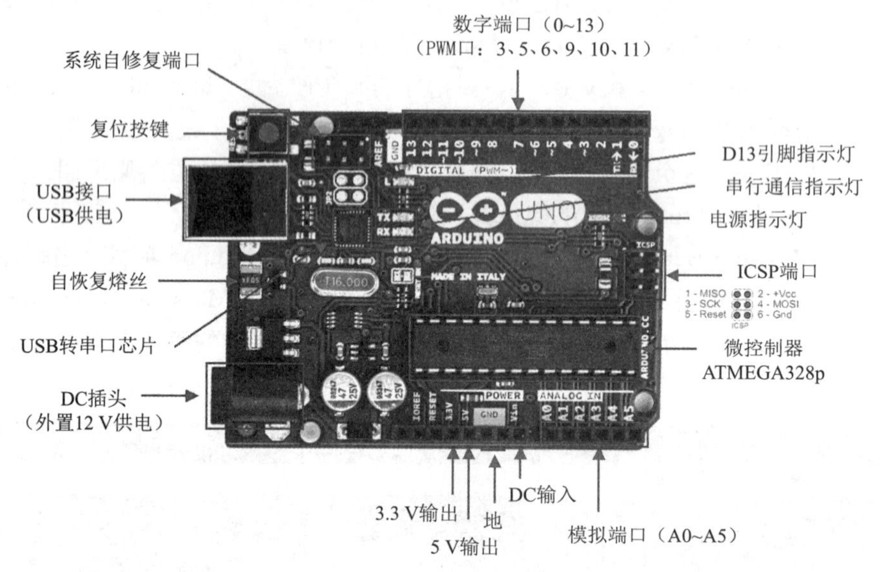

图 2–14 Arduino Uno 引脚功能图

Arduino Uno 可通过 USB 供电（5 V，500 mA）。直流电源插孔内芯为正极，电压范围建议为 7~12 V。

（1）Vin：与直流电源插孔相连，不是 USB 电压。

（2）5 V：提供 5 V 电源。

（3）3.3 V：板载稳压器提供 3.3 V 电源，最大电流 50 mA。

（4）GND：共 5 个 GND 引脚，相互连通接地，提供公共逻辑参考电平。

（5）RESET：Arduino 开发板的复位。

（6）IOREF：该引脚是数字 I/O 参考电压。

（7）A0~A5：6 个模拟输入 / 输出引脚。

（8）0~13：14 个数字输入 / 输出。

（9）AREF：模拟输入的参考电压。

（10）ICSP：基于 USB 接口的 ISP 下载端口。

Arduino Uno 有 6 个模拟输入 / 输出引脚（A0~A5），它们作为 ADC（模 / 数转换器）使用。这些模拟输入/输出引脚也可用作数字输入或数字输出。ADC 的功能是将模拟信号转换为数字信号，具有 10 位分辨率，这意味着它可以通过 1 024 个数字电平表示模拟电压。

一个常见的 ADC 例子是 IP 语音（VoIP）。每部智能手机都有一个传声器，可将声波（语音）转换为模拟电压。其中，模拟输入 / 输出引脚 A4（SDA，数据）、A5（SCL，时钟）还支持 IIC 通信。

IIC 通信：模拟输入/输出引脚 A4 和 A5。IIC 通信协议通常称为“IIC 总线”。IIC 协议旨在实现单个电路板上组件之间的通信。IIC 总线上的每个器件都有一个唯一的地址，同一条总线上最多连接 255 个器件。

Arduino Uno 有 14 个数字输入/输出引脚(0~13)，都有 1 个 20~50 kΩ 的内部上拉电阻(默认情况下断开)。其中，引脚 13 连接到板载的 LED 指示灯，高电平点亮。某些引脚还支持特殊功能：PWM、串口通信、外部中断、SPI 通信、IIC 通信等。数字输入/输出引脚还支持 Software Serial Library 进行软串行通信，这样主串行端口可用于与 PC 的 USB 连接，便于调试。

PWM 功能：引脚 3、引脚 5、引脚 6、引脚 9、引脚 10、引脚 11 具有 PWM（500 Hz 恒定，可以调整占空比）功能。

串行通信：引脚 0（RX）和引脚 1（TX）以及 USB 上支持硬件串行通信。

外部中断：引脚 2、引脚 3，可以配置成在外部电压低值、上升或下降沿或者数值变化时触发中断。

SPI 通信：引脚 10（SS）、引脚 11（MOSI）、引脚 12（MISO）、引脚 13（SCK）支持利用 SPI 库进行 SPI 通信。

需要注意的是：每个引脚可提供/接收最高 40 mA 的电流，推荐是 20 mA；所有引脚提供的绝对最大电流为 200 mA。

Arduino 串口转 USB 芯片有 ATmega16U2、ATmega8U2、FTDI 芯片 FT232RL 或者 CH340、CP2102 等。

2）软件下载安装

Arduino Uno 开发板的软件开发平台是 Arduino Desktop IDE，可以从 https://www.arduino.cc/en/Main/Software 网站中下载，如图 2–15 所示。

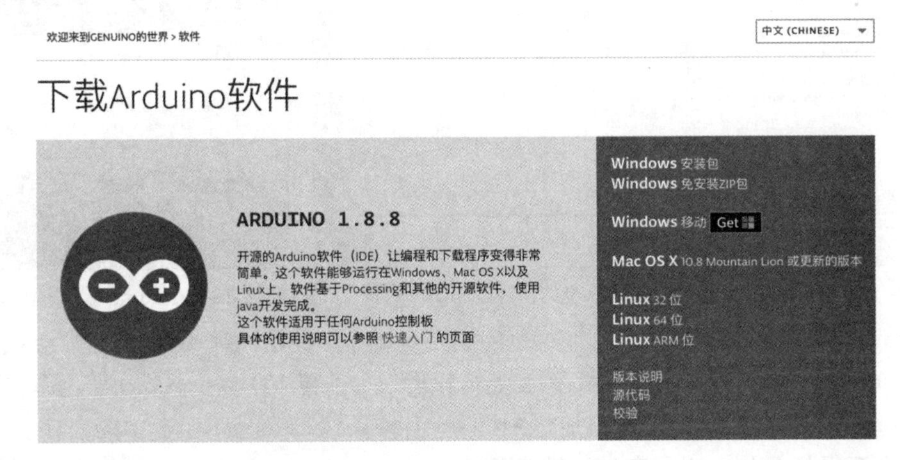

图 2–15 Arduino 软件的下载

可以根据计算机所使用的操作系统是 Windows、Mac OS X 或者 Linux 选择下载不同的安装包。

软件下载完成后，就可按照步骤进行安装，一般不会出现问题。

软件安装完成后，要安装相应的驱动程序，实际上就是串口转 USB 的芯片驱动程序。

将计算机与 Arduino Uno 通过线缆连接起来（见图 2–16）。如果 Windows 不能识别芯片，完成驱动程序的识别，就需要通过“控制面板”来手工安装，如图 2–17 所示。

图 2–16　Arduino Uno 与 USB 线缆

3）第一个程序

打开 Arduino 软件，界面很清新，窗口的标题是 sketch_feb18a|Arduino 1.8.8，其中 sketch_feb18a 是这个工程默认的文件名，里面有两个函数，一个是 setup()，另一个是 loop()，如图 2–18 所示。

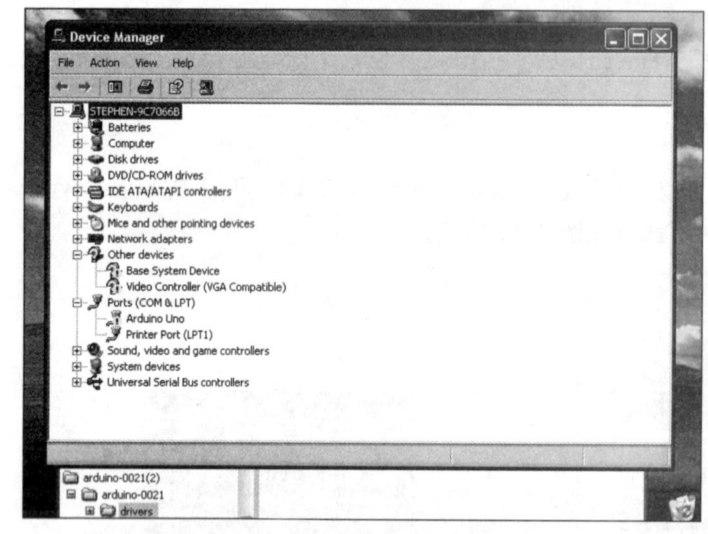

图 2–17　Windows 对 Arduino Uno 通信芯片驱动的识别

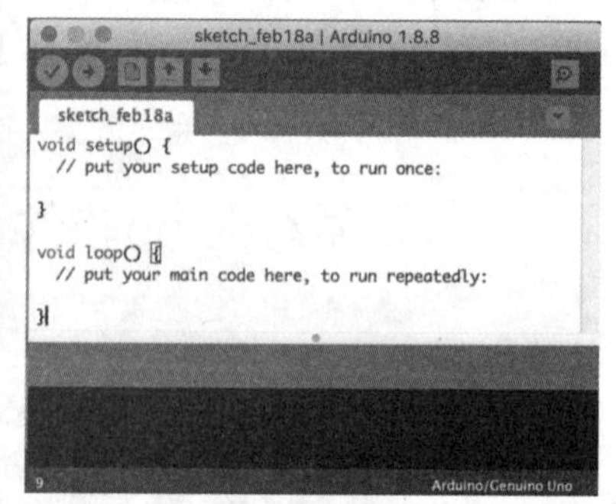

图 2–18　Arduino 默认提供两个函数

Arduino 控制器通电或复位后，即会开始执行 setup() 函数中的程序，该部分只会执行一次。通常会在 setup() 函数中完成 Arduino 的初始化设置，如配置 I/O 口状态、初始化串口等操作。

在 setup() 函数中的程序执行完后，Arduino 会接着执行 loop() 函数中的程序。而 loop() 函数是一个死循环，其中的程序会不断地重复运行。通常我们会在 loop() 函数中完成程序的主要功能，如驱动各种模块、采集数据等。

Arduino 提供了大量的实例源代码。现在的第一个程序是实现 Arduino Uno 板上的 LED 闪烁。具体就是选择 File → Examples → 01.Basics → Blink 命令，如图 2–19 所示。具体代码如图 2–20 所示。

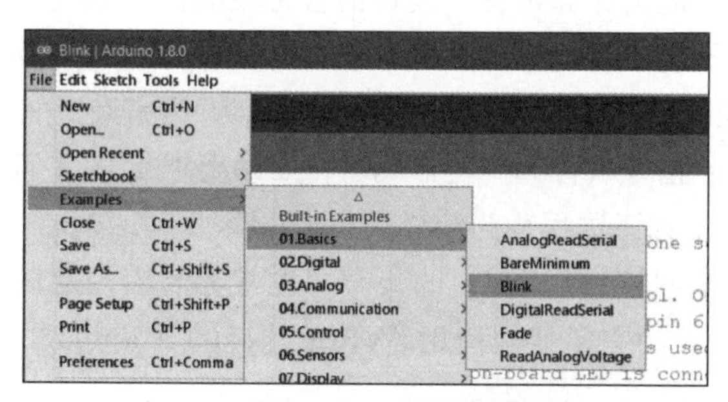

图 2–19 示例程序操作

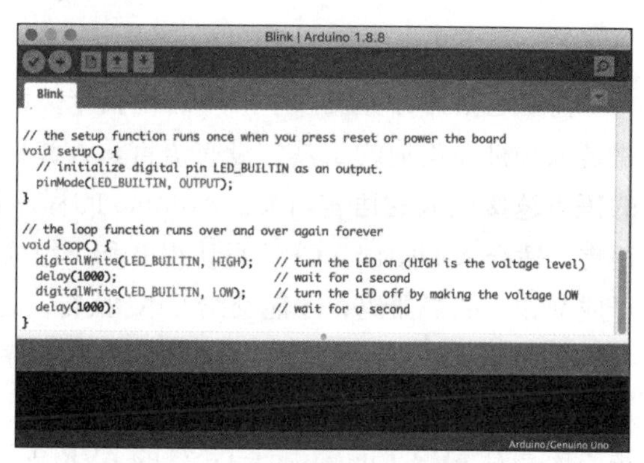

图 2–20 示例程序 Blink 源代码

选择好 Arduino Uno 板所连接的串口，也就是前面安装的驱动程序所在的串口（如 COM6），如图 2–21 所示。

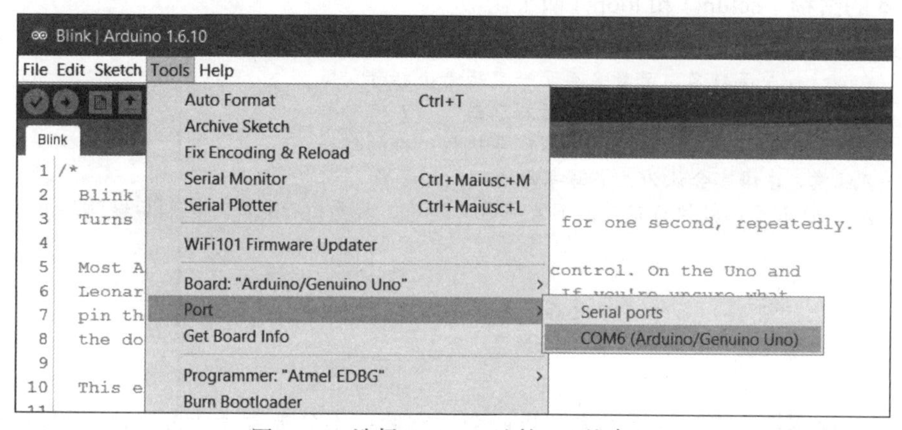

图 2–21 选择 Arduino 连接 PC 的串口

单击 Arduino IDE 软件工具栏上面的 Upload 按钮，如图 2–22 所示。

图 2–22 上传编译后的程序

最后，开始编译。编译完成后，自动开始上传代码，上传完成（见图 2–23），可以看到 Arduino Uno 板上的 LED 开始闪烁。

图 2–23 上传成功提示

2．Arduino 语言

程序是指挥计算机做事的一连串指令。程序是由计算机程序设计语言写成的。计算机语言是人和机器沟通的工具，没有语言，人和机器就没有沟通的桥梁。语言有很多种，越高级的语言越接近人的语言习惯。Arduino 的程序设计采用改良过的 C/C++ 语言。C 语言是高级语言，适合人们阅读。CPU 只认得 0 和 1 组成的指令（称为“机器码”），必须要把 C 语言翻译成 0 和 1 的机器码，才能交给 CPU 执行。这个翻译过程称为编译。

早期的 Arduino 核心库，也就是应用程序编程接口（API）的集合，也常称为库，是使用 C 与 C++ 混合编写而成的。对 Arduino Uno 板而言，就是使用 AVR 单片机的 Arduino 的核心库是对 AVR-Libc（基于 GCC 的 AVR 支持库）的二次封装。

代码都是有规则的，不可以随便乱写，作为初学者，要学会常用的字符代码和格式，每个语句结尾必须有分号。

最基本的结构：setup() 和 loop() 两个函数。

```
void setup(){
    //setup 是函数名，函数名后面一定跟着小括号
    // 大括号用于界定程序区块的起始范围
    // 这个区域（一对大括号）写只需要执行一次的代码
    // 注意，C 语言会认为大小写字母是不同的字符
    //void 表示函数执行完之后不需要返回结果，只要执行完即可，然后继续
}
void loop(){
    // 在执行完 setup() 函数之后，系统会循环执行 loop 里的代码
    // 每一条完整的语句都是以分号结尾
}
```

注释只是说明性文字，便于别人和自己今后阅读，不会被翻译成机器执行的指令和数据。增加或删除注释，对指令没有任何影响。在参数之间加任意多的空格，也没有任何影响。注释有两种形式：

（1）/*-----*/：其中的短横线代表需要注释的内容，可以多行。

/* 这种形式可以包含多行注释，直到遇到星号和斜杠的组合结束，常用在程序开头 */。

（2）// ：用于只有一行内容的文字注释。

// 这种形式用于在这一行双斜杠之后写注释。

在写代码时，要注意不要把代码全都顶格写，语句前的空白，称为缩进，一般可以按【Tab】键，而不是空格键来缩进。缩进可以让人明显地看出一个函数的控制范围，方便阅读。尽量一行只写一句代码（每个分号“;”就是一句）。这些都是程序员非常注重的习惯，会提高编程效率。

Arduino Uno 板和计算机之间可以通过串行口通信，首先打开串口，Serial.begin(9600);，然后 Serial.println(“hello,world”); 代表向计算机串口输出“hello,world”。

调试用的串口监视器如图 2–24 所示。

运行延时 delay() 功能：暂停程序的运行，参数为 ms，如 delay(1000); 代表延时 1s。

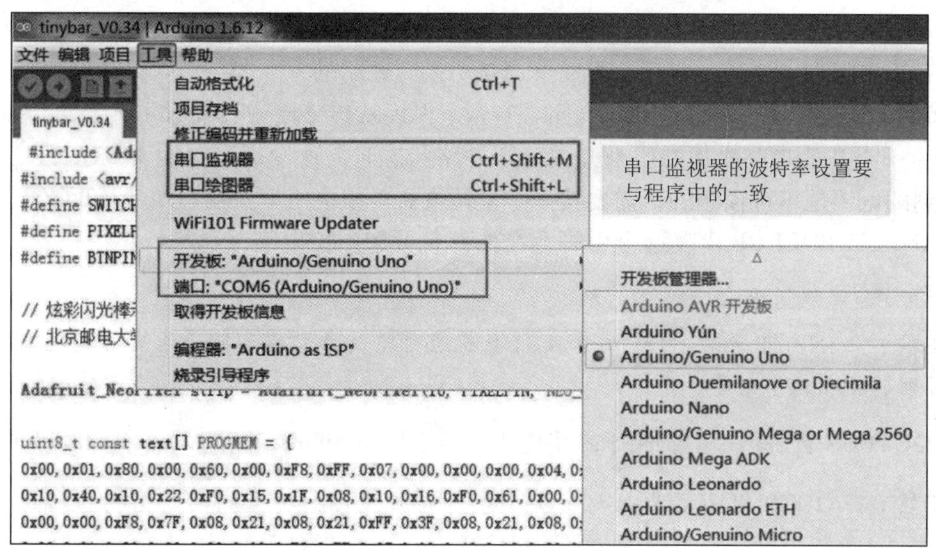

图 2–24　调试用的串口监视器

1）常量、变量、数组

常量是指不可改变的量，Arduino 语言内部定义好一些常量，程序员也可以自定义。常量可以让程序更加容易理解。

Arduino 定义了常量，主要有 true | false，HIGH | LOW，INPUT | INPUT_PULLUP | OUTPUT，LED_BUILTIN 等。

（1）逻辑常量：true 和 false，用这两个常量来代表“真”和“假”。false 代表假，其值为 0；true 代表真，其值为 1。一般非零整数也作为 true，如 -1，2，-100 等在代表逻辑值的时候，也是 true。

注意：这两个英文单词是用小写表示的。

（2）电平常量：HIGH 和 LOW，从引脚读取电平数值的时候，要么是 HIGH，要么是 LOW。

注意：这两个英文单词是用大写表示的。

① HIGH 在输入时所代表的含义。当一个引脚通过 pinMode() 配置为 INPUT 状态，digitalRead() 从该引脚获取电平时，确定为 HIGH 电平的情况：5 V 供电的时候，电压超过 3 V；3.3 V 供电的时候，电压超过 2 V。特殊情况，如引脚在 pinMode() 配置为 INPUT，随后使用 digitalWrite() 函数，内部 20 kΩ 上拉电阻有效，从而电平为 HIGH，除非外部电路将电平拉低为 LOW。这个也就是所谓的 INPUT_PULLUP。

② HIGH 在输出时所代表的含义。当一个引脚通过 pinMode() 配置为 OUTPUT 状态时，digitalWrite() 将该引脚设置为 HIGH 电平的情况：5V 供电的时候，电压为 5 V；3.3 V 供电的时候，电压为 3.3 V。

③ LOW 在输入时所代表的含义。当一个引脚通过 pinMode() 配置为 INPUT 状态，digitalRead() 从该引脚获取电平时，确定为 LOW 电平的情况：5 V 供电的时候，电压小于 3 V；3.3 V 供电的时候，电压小于 2 V。

④ LOW 在输出时所代表的含义。当一个引脚通过 pinMode() 配置为 OUTPUT 状态时，digitalWrite() 将该引脚设置为 LOW 电平的情况：不管是 5 V，还是 3.3 V 供电，电压都为 0 V。

(3) 引脚状态常量：INPUT、INPUT_PULLUP 和 OUTPUT，即把引脚配置为输入、输入上拉和输出状态。注意，这三个英文单词是用大写表示的。

① INPUT 代表这个引脚会处于高阻，有利于保证从传感器输入数据的有效性。如果这个引脚作为一个开关来获取状态，当开关处于开路状态时，这个引脚会处于“悬浮”，这时候输入得到的电平是不可预测的，需要接一个上拉或者下拉电阻，一般阻值为 10kΩ。

② INPUT_PULLUP 代表这个引脚会在内部有一个上拉电阻，这样就不用在外部电路接上拉电阻了。

注意：在 INPUT 或者 INPUT_PULLUP 状态时，这个引脚不能作为电源和地之间的开关，否则将损害这个引脚。

③ OUTPUT 代表这个引脚用于输出电平，可以输出 40 mA 电流。

注意：在 OUTPUT 状态时，这个引脚不能作为电源和地之间的开关，否则将损害这个引脚。

(4) LED 引脚常量：LED_BUILTIN，代表 Arduino Uno 的 GPIO 口的 13 号所接的 LED。

程序员可以自己定义一些常量，格式为：

```
const+ 数据类型 + 常量名 = 具体数值；  //const 是关键词
```

例如：

```
const float pi=3.14; //定义了一个常量 pi，其值只能固定为 3.14
```

变量来源于数学，是计算机语言中能够存储计算结果或者能够表示某些值的一种抽象的概念。通俗来说，可以认为变量是一种值命名。当定义一个变量时，必须指定变量的类型。程序员变量的声明方法为：

```
数据类型 + 变量名 = 初始化值；
```

变量名约定为首字母小写；如果是单词组合，则中间单词的首字母都应大写。例如 firstPin，ledsCount 等，一般把这种拼写方法称为小鹿拼写法或者称为骆驼拼写法。

变量的作用范围又称作用域。变量的作用范围与该变量在哪里声明有关，大致分为两种：全局变量，声明在 setup() 和 loop() 函数外面，一般在程序的开头，作用域为整个程序；局部变量，声明在函数里面的变量，作用域为函数内部。

数组是一组可以通过下标来访问的变量集合。声明数组的方法为：

```
数据类型 + 数组名 [] = 初始化值；
```

例如：

```
int myInts[6];// 声明一个整形数组，含 6 个元素，但没有初始化
int myPins[] = {2, 4, 8, 3, 6};// 声明一个整形数组，并初始化为 5 个元素
int mySensVals[6] = {2, 4, -8, 3, 2};// 声明一个整形数组，初始化 6 个元素
char message[6] = "hello";// 声明一个字符数组，初始化为 5 个字母
```

输入下面程序，上传后，单击右上角的“串口监视器”按钮，就可以看到通过串口传过来的数据，如图 2–25 所示。

```
#include <Arduino.h>    //用于导入库
int myPins[] = {2, 14, 8, 3, 6};
char message[6] = “hello”;
```

```
void setup() {
  // put your setup code here, to run once:
  Serial.begin(9600);                // 初始化串口，设置波特率为 9600
  Serial.println(message);           // 输出该字符串
  Serial.println(myPins[1],BIN);  // 按照二进制格式输出整形数组中下标为 1 的内容
  Serial.println(LED_BUILTIN);     // 输出 Arduino 定义的常量的数值，默认是十进制
}

void loop() {
  // put your main code here, to run repeatedly:

}
```

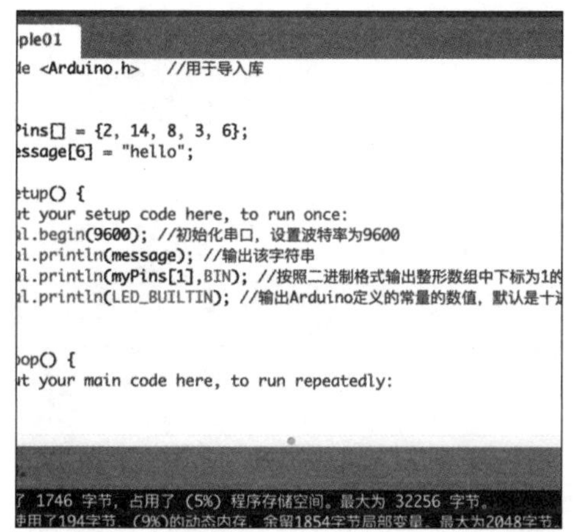

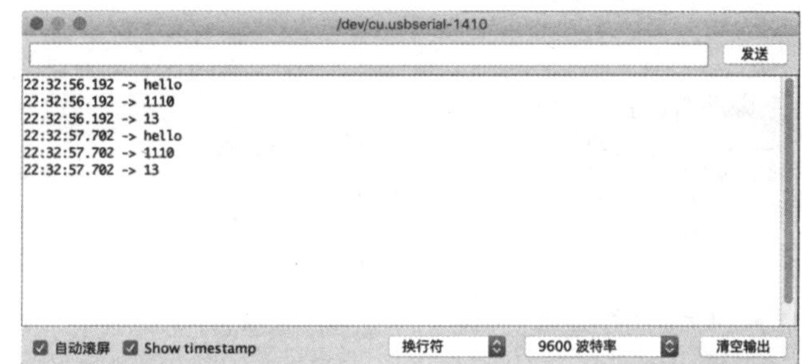

图 2–25　源程序与串行口输出信息

2）数字输入/输出口

数字信号：物理量的变化在时间和幅值上都是离散的（不连续），反映在电路上就是高电平和低电平两种状态（即只有 0 和 1 两个逻辑值）。比如：灯有亮和不亮两种状态，天气有晴天和雨天两种状态，门有打开和关闭两种状态。

数字输入/输出口主要有 3 个函数：pinMode(pin, mode)，digitalWrite(pin, value) 和 digitalRead(pin)。

（1）pinMode(pin, mode)：将指定 pin 引脚设置为特定 mode，从而用于输入或者输出。pin 可以为 0 ~ 13 和 A0~A5，其中 0 和 1 用于串口，一般不另作他用；mode 可以为 INPUT 或者 INPUT_PULLUP 或者 OUTPUT。

（2）digitalWrite(pin, value)：将设定为输出模式的指定 pin 引脚的电平设置为 value。pin 可以为 0 ~ 13 和 A0~A5，其中 0 和 1 用于串口，一般不另作他用；value 可以为 HIGH 或者 LOW。

（3）digitalRead(pin)：从设定为输入模式的指定 pin 引脚的电平读入。pin 可以为 0 ~ 13 和 A0~A5，其中 0 和 1 用于串口，一般不另作他用。

设计实例 1：请设计一个外接 LED 闪烁电路（见图 2–26），然后通过数字输出控制这个 LED 进行 5 Hz 闪烁。

图 2–26　LED 闪烁电路

具体程序如下：

```
//#include <Arduino.h>

void setup(){
  // 在此处添加初始代码，运行一次
  Serial.begin(9600);
  pinMode(A0,OUTPUT);
}

void loop(){
  // 在此处添加主函数代码，重复运行
  digitalWrite(A0,HIGH);
  delay(100);
  digitalWrite(A0,LOW);
  delay(100);
}
```

当修改延时时间，让 LED 闪烁频率为 50 Hz，此时观察 LED 情况。

```
digitalWrite(A0,HIGH);        //  A0 号端口输出高电平
delay(10);                    //  延时 10 ms
digitalWrite(A0,LOW);         //  A0 号端口输出低电平
delay(10);                    //  延时 10 ms
```

保持闪烁频率 5 Hz 不变，改变高、低电平时间，此时观察 LED 情况。

```
digitalWrite(A0,HIGH);        //  A0 号端口输出高电平
delay(1);                     //  延时 1 ms
digitalWrite(A0,LOW);         //  A0 号端口输出低电平
delay(199);                   //  延时 199 ms
```

设计实例 2：请利用一个电阻接 +5 V 或者 GND 来模拟一个开关（见图 2–27），设计电路，然后通过数字输入读取这个开关的状态。

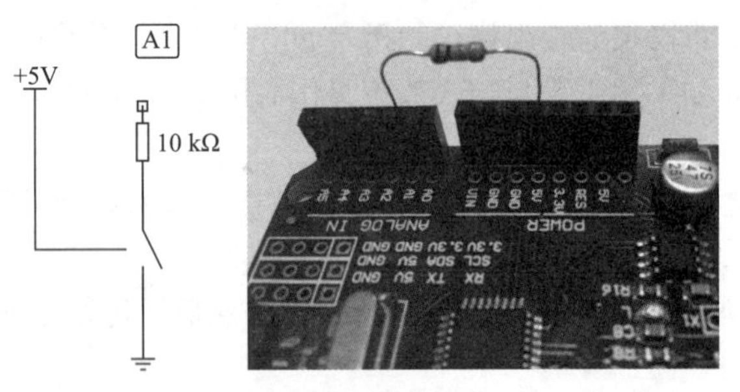

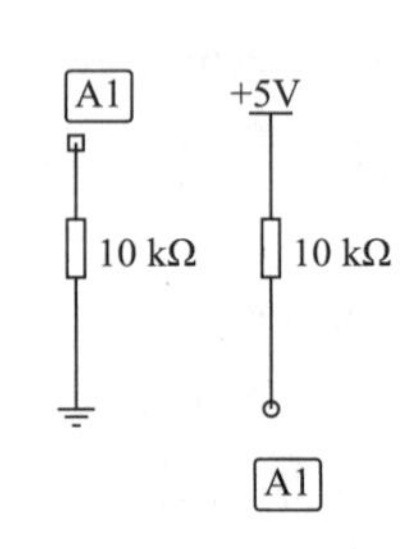

图 2–27　开关状态的读取

具体程序如下：

```
//#include <Arduino.h>

void setup(){
  // 在此处添加初始化代码，运行一次
  Serial.begin(9600);
  pinMode(A1,INPUT);
}

void loop(){
  // 在此处添加主函数代码，重复运行
  bool value = digitalRead(A1);     //从 A1 口读取当前电平高低状态
  Serial.println(value);            //输出到串口
}
```

设计实例 3：请实现当开关在高电平的时候，LED 闪烁频率为 5 Hz；在低电平的时候，LED 闪烁频率为 2.5 Hz。观察 LED 情况，是否有一些无法解释的情况出现？

具体程序如下：

```
//#include <Arduino.h>

void setup(){
  // 在此处添加初始化代码，运行一次
  Serial.begin(9600);
  pinMode(A0,OUTPUT);
  pinMode(A1,INPUT);
}

void loop(){
  // 在此处添加主函数代码，重复运行
  bool value = digitalRead(A1);
  Serial.println(value);
  if(value==HIGH){
    digitalWrite(A0,HIGH);
    delay(100);
    digitalWrite(A0,LOW);
    delay(100);
  }
  else{
    digitalWrite(A0,HIGH);
    delay(200);
    digitalWrite(A0,LOW);
    delay(200);
  }
}
```

3）模拟输入/输出口

数字输入/输出口能对数字信号进行有效的处理和识别，但是生活上很多东西，很多概念都不是一个数字量。比如温度值，它是一个连续变化的信号，不可能有 0 到 1 的突变。这也是模拟输入存在的必要性。

只要使用传感器（sensor），就需要有将模拟量能够有效识别的形式，例如转换成电压。一般温度传感器能够将温度值转换成 0~5 V 间的某个电压，比如 0.3 V、3.27 V、4.99 V 等。由于传感器表达的是模拟信号，它不会像数字信号那样只有简单的高电平和低电平，而有可能是在这两者之间的任何一个数值，至于到底有多少可能的值则取决于模/数转换的精度，精度越高能够得到的值就会越多。

模拟输入/输出口主要有三个函数：analogReference(type)，analogRead(pin)，analog Write(pin,value)。

（1）analogReference(type)：配置模拟输入端的参考电压值。type 有 5 种选项：

① DEFAULT: 5 V 供电，参考电压 5 V；3.3 V 供电，参考电压 3.3 V。

② INTERNAL: 内建参考电压，ATmega168/a328 为 1.1 V，ATmega8 为 2.56 V。

③ INTERNAL1V1: 内建参考电压为 1.1 V，Arduino Mega 有效。

④ INTERNAL2V56: 内建参考电压为 2.56 V，Arduino Mega 有效。

⑤ EXTERNAL: 外接 AREF 引脚上的电压（允许 0~5 V）为参考电压。

（2）analogRead(pin)：从特定的模拟引脚 pin 中读取。pin 可以为 A0~A5。Arduino Uno 板的 A/D 精度是 10 位，也就是说能将 0~5 V 转化为 0~1 023 的整数值，模拟电压精度为 5 V/1 024=0.004 9 V，也就是 4.9 mV。读取速度为 1 万次 /s。

（3）analogWrite(pin,value)：向特定的数字引脚 pin 中输出数值 value，也就是 PWM 波。pin 可以为 3、5、6、9、10、11。value 代表 PWM 的占空比，取值为 0~255。PWM 常用于调节 LED 亮度和电动机调速。该函数执行后，引脚会生成一个特定占空比的固定频率方波，如图 2–28 所示。可以不用设置 pinMode()。

设计实例 1：请使用模拟输出引脚实现对 LED 亮度的控制，设计电路，并编写程序实现。

```
void setup() {
  // 在此处添加初始化代码，运行一次
}

void loop(){
  // 在此处添加主函数代码，重复运行
  analogWrite(9,0);
  delay(2000);
  analogWrite(9,1);
  delay(2000);
  analogWrite(9,64);
  delay(2000);
  analogWrite(9,127);
  delay(2000);
  analogWrite(9,191);
  delay(2000);
  analogWrite(9,255);
  delay(2000);
}
```

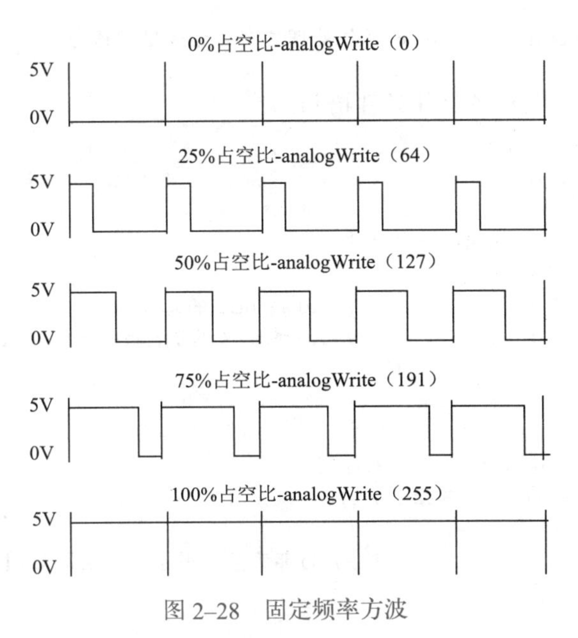

图 2–28　固定频率方波

设计实例 2：请使用模拟输入/输出引脚实现对 LED 亮度的控制，设计电路，编写程序实现，如图 2–29 所示。

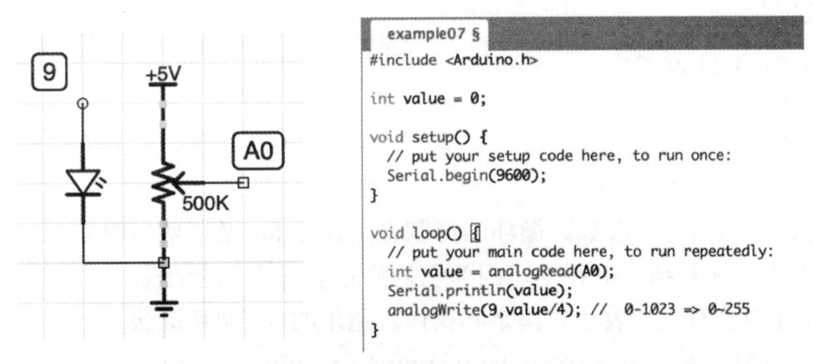

图 2–29　根据 A0 口的输入电压来调整 LED 亮度

4）控制结构

#include 语句用于把不在本文件中的库文件导入进来。这样系统提供的庞大的 C 语言库或者自定义开发的库就可以通过 #include 语句导入，可以避免程序员的大量重复劳动。

条件判断结构是编程中的最基本结构，可用 if() 语句实现条件判断。if() 语句让用户能够根据某个条件（Condition）的真（true）假（false）执行不同的代码。

if 语句的最简单形式如下：

```
if (Condition){
   // 当 Condition 为 true 的时候处理这个大括号里的语句
}
```

if 语句的常见形式如下：

```
if (Condition){
   // 当 Condition 为 true 的时候处理这个大括号里的语句
}
else {
```

```
    // 当 Condition 为 false 的时候处理这个大括号里的语句
}
```

还可以使用 if...else 嵌套多个 if 条件语句。

```
#include <Arduino.h>

void setup(){
  // 在此处添加初始化代码，运行一次
  Serial.begin(9600);
  pinMode(A0,OUTPUT);          //A0 接 LED 的正极
  pinMode(A1,INPUT);           //A1 通过电阻分别连接 +5 V 或者 GND，模拟开关
}

void loop(){
  // 在此处添加主函数代码，重复运行
  bool value = digitalRead(A1);
  Serial.println(value);
  int ms=0;                    //局部变量，用于保存间隔时间毫秒的整数值
  if(value==HIGH) {
    ms=100;
  }
  else{
    ms=200;
  }
  digitalWrite(A0,HIGH);
  delay(ms);
  digitalWrite(A0,LOW);
  delay(ms);
}
```

for 循环执行语句预定的次数。循环的控制表达式在 for 循环括号内完全初始化、测试和操作。它很容易调试循环结构的行为，因为它是独立于循环内的活动。

每个 for 循环最多有 3 个表达式决定其操作。通用的 for 循环语法：

```
for ( initialize; control; increment or decrement){
   // statement block
}
```

注意：在 for 循环参数括号中的 3 个表达式用分号分隔。

使用 for 循环对模拟输出驱动 LED 程序改写，形成呼吸灯效果。

```
int pwdValue[10]={0,1,64,127,191,255,191,127,64,1};

void setup(){
  // 在此处添加初始化代码，运行一次
}

void loop(){
  // 在此处添加主函数代码，重复运行
  for(int i=0;i<10;i++){
    analogWrite(9,pwdValue[i]);
    delay(50);
```

```
    }
}
```

while 循环将会连续、无限循环，直到括号 () 内的表达式变为 false。必须用一些语句改变被测试的变量，否则 while 循环永远不会退出。

```
while(expression){
   Block of statements;
}
```

使用 while 循环对模拟输出驱动 LED 程序改写，形成呼吸灯效果。

```
int pwdValue[10]={0,1,64,127,191,255,191,127,64,1};

void setup(){
  // 在此处添加初始化代码，运行一次
}

void loop(){
  // 在此处添加主函数代码，重复运行
  int i=0;
  while(i<10){
    analogWrite(9,pwdValue[i]);
    delay(50);
    i++;
  }
}
```

do...while 循环类似于 while 循环。在 while 循环中，循环连续条件在循环开始时测试，然后再执行循环体。do...while 语句在执行循环体之后测试循环连续条件。因此，循环体将被执行至少一次。

```
do {
  Block of statements;
} while (expression);
```

当 do...while 终止时，将使用 while 子句后的语句继续执行。如果在正文中只有一条语句，则没有必要在 do...while 语句中使用大括号。但是，大括号通常会包含在内以避免混淆 while 和 do ... while 语句。

使用 do...while 循环对模拟输出驱动 LED 程序改写，形成呼吸灯效果。

```
int pwdValue[10]={0,1,64,127,191,255,191,127,64,1};

void setup(){
  // 在此处添加初始化代码，运行一次
}

void loop(){
  // 在此处添加主函数代码，重复运行
  int i=0;
  do {
    analogWrite(9,pwdValue[i]);
    delay(50);
    i++;
  } while(i<10);
}
```

5）数学运算

（1）赋值运算符（单个等号）=：把等号右边的值存储到等号左边的变量中。单个等号称为赋值运算符。它与在代数课中的意义不同，后者象征等式或相等。赋值运算符告诉微控制器求值等号右边的变量或表达式，然后把结果存入等号左边的变量中。

（2）加、减、乘、除运算符:+、-、*、/ 这些运算符（分别）返回两个运算对象的和、差、积、商。这些操作受运算对象的数据类型的影响。所以，例如，9/4 结果是 2，如果 9 和 2 是整型数,这也意味着运算会溢出。如果运算对象是不同的类型,会用那个较大的类型进行计算。如果其中一个数字（运算符）是 float 类型或 double 类型，将采用浮点数进行计算。

（3）%（取模）：计算一个数除以另一个数的余数。这对于保持一个变量在一个特定的范围很有用（例如：数组的大小）。

（4）min(x, y)：返回两数之间较小者。 `val=min(10,20); // 返回 10。`

（5）max(x, y)：返回两数之间较大者。 `val=max(10,20); // 返回 20。`

（6）abs(x)：返回该数的绝对值，可以将负数转正数。`val = abs(-5); // 返回 5。`

（7）constrain(x, a, b)：判断 x 变量数值位于 a 与 b 之间的状态。若 x 小于 a，返回 a；介于 a 与 b 之间，返回 x 本身；大于 b，返回 b。

```
val=constrain(analogRead(0), 0, 255); // 忽略大于 255 的数。
```

（8）map(value, fromLow, fromHigh, toLow, toHigh)：将 value 变数依照 fromLow 与 fromHigh 范围，对等转换至 toLow 与 toHigh 范围。时常使用于读取类比信号，转换至程式所需要的范围值。

```
val=map(analogRead(A0),0,1023,100, 200);
// 将 A0 所读取到的数值对等转换至 100 ～ 200 之间的数值。
```

（9）double pow(base, exponent)：返回一个数 (base) 的指数 (exponent) 值。

```
double x=pow(y, 32); // 设定 x 为 y 的 32 次方。
```

（10）double sqrt(x)：double 型态的取平方根值。

```
double a=sqrt(1138); // 回传 1138 平方根的近似值 33.73425674438。
```

（11）double sin(rad)：返回弧度数值（radians）的三角函数 sine 值。

```
double sine=sin(2); // 近似值 0.90929737091
```

（12）double cos(rad)：返回弧度数值（radians）的三角函数 cosine 值。

```
double cosine=cos(2); //近似值 -0.41614685058
```

（13）double tan(rad)：返回弧度数值（radians）的三角函数 tangent 值。

```
double tangent=tan(2); //近似值 -2.18503975868
```

（14）随机数种子生成 randomSeed(seed)：事实上在 Arduino 里的随机数是可以被预知的。所以，如果需要一个真正的随机数，可以调用本函数。这样把一个随机数作为随机数的种子，以确保数字以随机的方式出现。

```
randomSeed(analogRead(5)); // 使用模拟输入值当作随机数种子
```

（15）long random(max) 或者 long random(min, max)：返回指定区间的随机数，数据类型为 long。如果没有指定最小值，预设为 0。

```
long random=random(0, 100); // 返回 0~99 之间的数字
long random=random(11); // 返回 0~10 之间的数字
```

6）逻辑运算、位运算

(1) && (逻辑与运算)：对两个表达式的布尔值进行按位与运算，例如：(x>y) && (y>z)，若 x 变量的值大于 y 变量的值，且 y 变量的值大于 z 变量的值，则其结果为 1，否则为 0。

(2) || (逻辑或运算)：对两个表达式的布尔值进行按位或运算，例如：(x>y)|| (y>z)，若 x 变量的值大于 y 变量的值，或 y 变量的值大于 z 变量的值，则其结果为 1，否则为 0。

(3) ! (逻辑非运算)：对某个布尔值进行非运算，例如：! (x>y)，若 x 变量的值大于 y 变量的值，则其结果为 0，否则为 1。

(4) 按位与 (&)：如果两个输入位都是 1，结果输出 1，否则输出 0。

(5) 按位或 (|)：两个输入位其中一个或都是 1 按位或将得到 1，否则为 0。

(6) 按位取反 (~)：按位取反操作会翻转其每一位。0 变为 1，1 变为 0。不像“&”和“|”。按位取反运算符应用于其右侧的单个操作数。

(7) 按位异或 (^)：该运算符与按位或运算符“|”非常相似，唯一不同的是当输入位都为 1 时，它返回 0。

(8) 左移运算 (<<)，右移运算 (>>)：这些运算符将使左边操作数的每一位左移或右移其右边指定的位数。当把 x 左移 y 位 (x << y)，x 中最左边的 y 位将会丢失；当把 x 右移 y 位，x 的最高位为 1，该行为依赖于 x 的确切的数据类型。如果 x 的类型是 int，最高位为符号位，决定 x 是不是负数。

3. 练习

(1) 请判断下面代码中，哪些是注释，哪些是代码？

```
/* 模拟读取串口
 * 读取模拟输入引脚 0，串口监视器打印结果
 * 使用串口绘图进行图形显示
 * 将电位计的中间指针与引脚 A0、+5V 引脚和地相连
 */

// 复位后初始化程序运行一次
void setup() {
  // 初始化串口波特率为 9600
  Serial.begin(9600);
}

// 循环程序一直重复运行
void loop() {
  // 读取模拟输入引脚 0
  int sensorValue = analogRead(A0);
  // 打印输出读取的数值
  Serial.println(sensorValue);
  delay(100); // 为了稳定两次读取之间的延时
}
```

（2）请编写程序，自己定义一个常量，然后通过串口输出这个常量和系统定义的常量HIGH的数值。

（3）请设计电路，编写程序，实现LED灯光由暗变亮，由亮变暗，即“呼吸灯”的效果。

2.3 ESP8266 的 Arduino 开发

ESP8266芯片是一款内置Wi-Fi通信模块的32位高性能MCU,主要用于物联网应用（见图2–30）。ESP8266芯片内置超低功耗Tensilica L106 32位RISC处理器，CPU时钟速度最高可达160 MHz，支持实时操作系统(RTOS)和Wi-Fi协议栈，可将高达80%的处理能力留给应用编程和开发。

图2–30　ESP8266芯片和模块

ESP8266芯片专为移动设备、可穿戴电子产品和物联网应用而设计，通过多项专有技术实现了超低功耗。其所具有的省电模式适用于各种低功耗应用场景。

现在市场上的智能家居产品，如Wi-Fi开关、彩色灯具、Wi-Fi定位、智能电饭锅、空气净化器等消费类小家电与大家电，基本都采用了ESP8266，或者其升级版ESP32。

ESP8266大致可以扮演3种应用角色：

（1）扮演Arduino的功能扩充，成为Arduino的受控者：Arduino本身没有Wi-Fi功能，但ESP8266有Wi-Fi功能。简单来说，就是把ESP8266当成Arduino的Wi-Fi来用，只是ESP8266更便宜。

（2）扮演独立运作的Web Client角色：ESP8266可以通过Wi-Fi网络，自动向服务器汇总数据，接受控制命令等。

（3）扮演独立运作的Web Server角色：为在同一个局域网中的终端提供服务，这样方便终端响应的及时性和安全性。

ESP8266硬件电路极为简单，最小系统仅需7个元器件。超宽工作温度范围：–40 ℃ ~ +125 ℃，内置8 Mbit Flash。

1.ESP 的 Arduino 开发环境

ESP8266可以通过Arduino集成开发环境来进行开发。在Arduino IDE的基础上，只需要安装ESP8266控制板，从而就支持对ESP8266程序的设计、编译、烧写等，具体的过程和 Arduino Uno 开发一致。

打开 Arduino，选择“文件”→“首选项”命令开始设置，如图 2–31 所示。

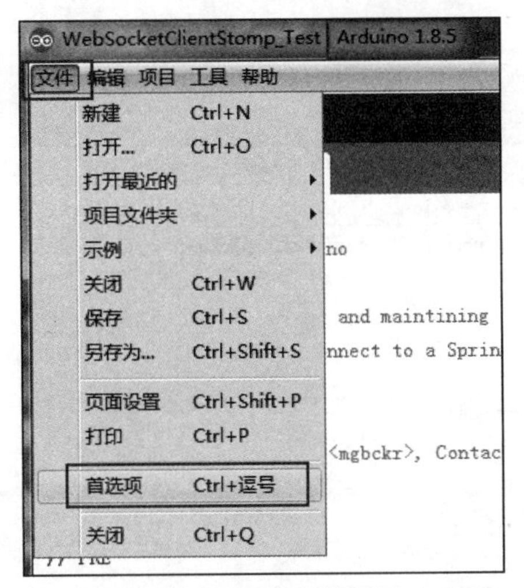

图 2–31　首选项的设置

进行附加开发板管理器网址的设置，如图 2–32 所示。

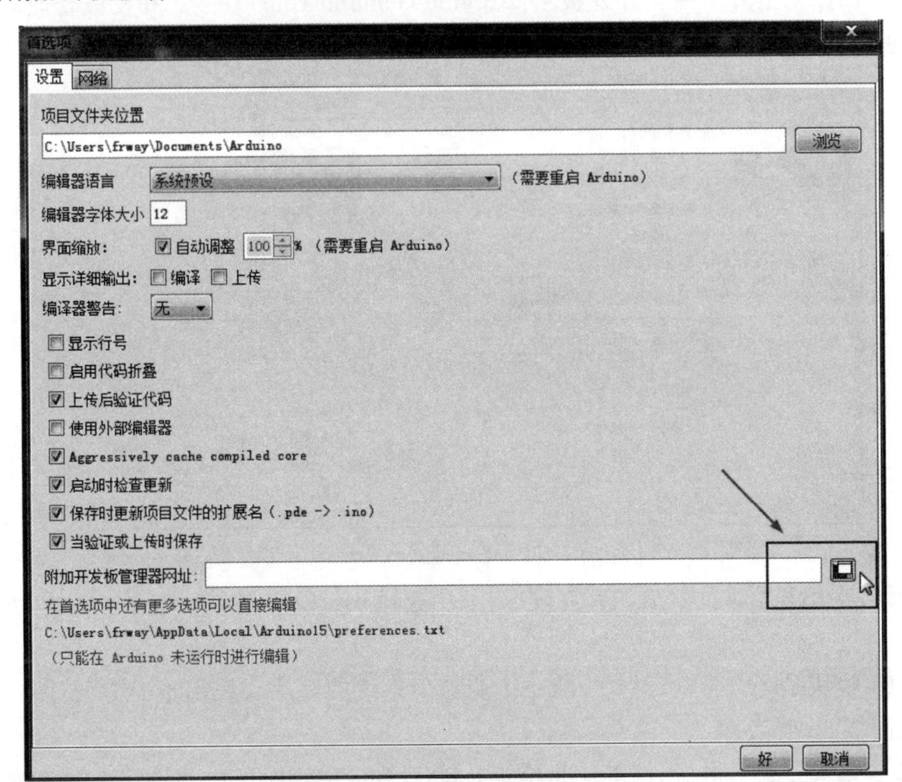

图 2–32　附加开发板管理器网址的设置

输入 ESP8266 开发板 Arduino 系统的网址：http://arduino.esp8266.com/stable/package_esp8266com_index.json，如图 2–33 所示。

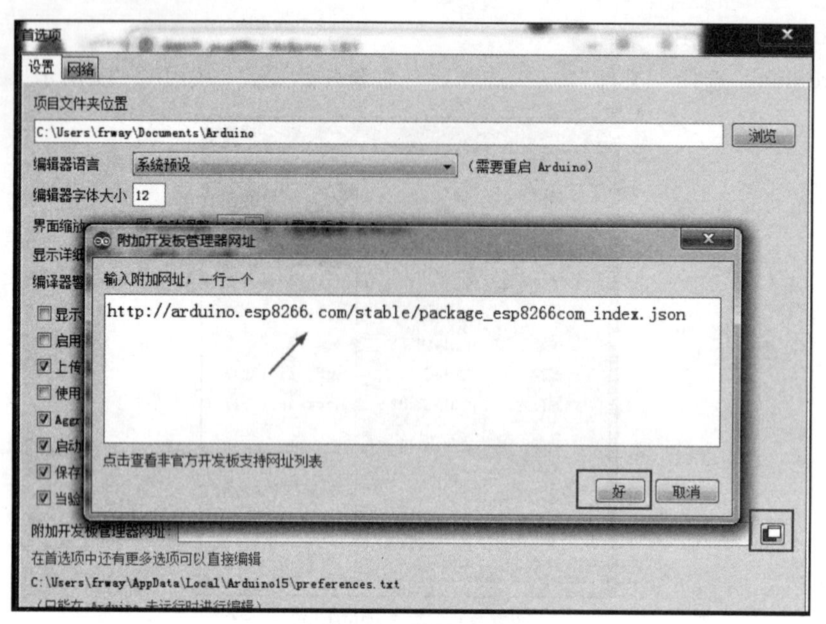

图 2–33　输入网址

然后，选择“工具”→“开发板：‘Arduino/Genuino Uno’”→“开发板管理器”命令，如图 2–34 所示。

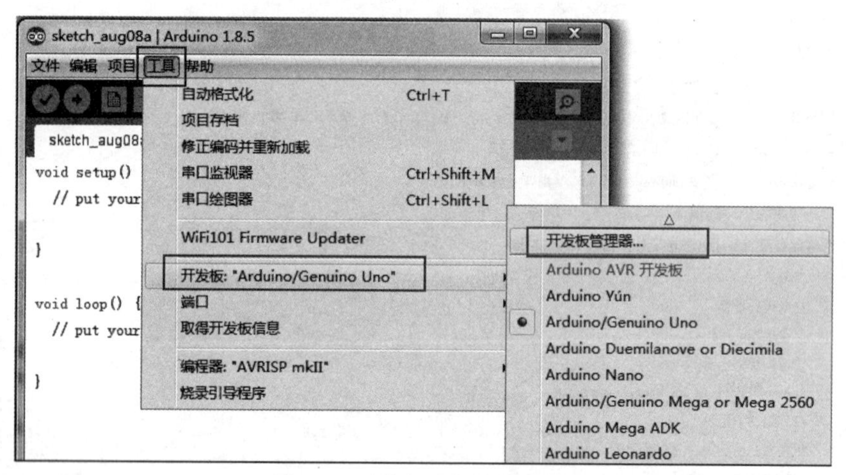

图 2–34　进入开发板管理器

这时候，会出现众多的开发板和开发库，从中选择 esp8266，建议安装最新版本，如图 2–35 所示。

ESP-01 模块是一个 ESP8266 的最小工业应用系统的模块，使用十分方便。主要有 8 个引脚，如图 2–36 所示。

VCC 一般接 3.3 V 电源，GND 为接地，RXD 和 TXD 用于串行通信，输入/输出口为 GPIO0 和 GPIO2。其余引脚根据是烧写模式或者运行模式不同进行接线。

ESP-01 模块运行模型接线非常简单，VCC 和 CH_PD 接 +3.3 V，GND 接地，就可以正常工作，如图 2–37 所示。

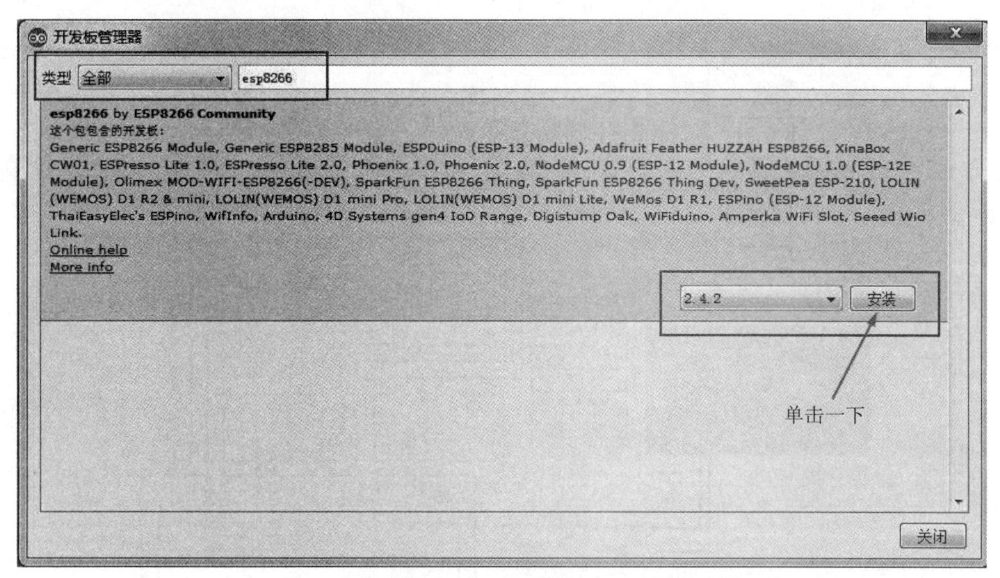

图 2–35　安装 ESP8266 的 Arduino 支持库

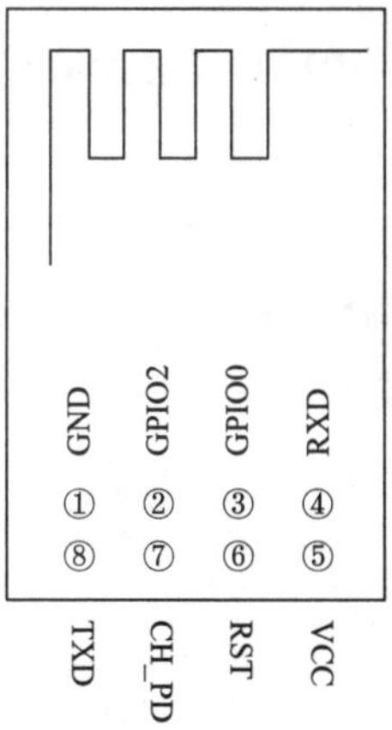

序号	引脚名称	功能说明
1	GND	GND
2	GPIO2	通用I/O，内部已上拉
3	GPIO0	工作模式选择： 悬空：Flash Boot，工作模式 下拉：UART Download，下载模式
4	RXD	串口0数据接收端RXD
5	VCC	3.3 V，模块供电
6	RST	（1）外部复位引脚，低电平复位 （2）可以悬空或者接外部MCU
7	CH_PD	芯片使能，高电平使能，低电平失能
8	TXD	串口0 数据发送端TXD

GND GPIO2 GPIO0 RXD
① ② ③ ④
⑧ ⑦ ⑥ ⑤
TXD CH_PD RST VCC

图 2–36　ESP-01 模块

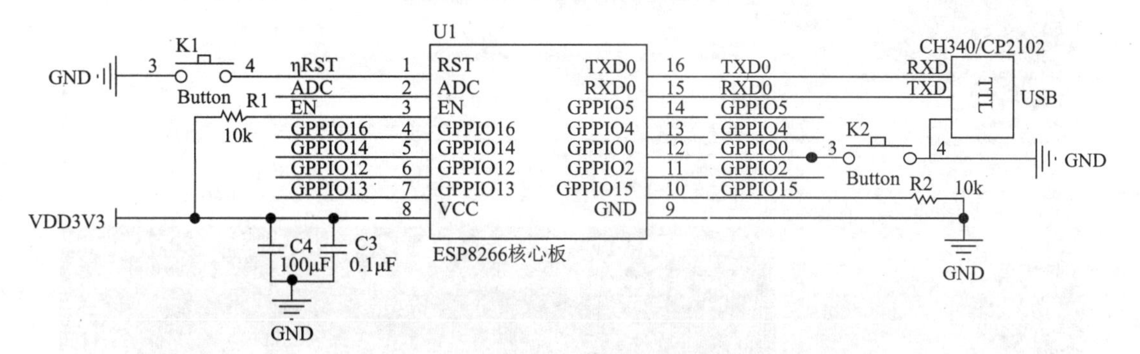

图 2–37　ESP-01 模块运行模型接线

ESP-01 模块输入/输出口较少，如果需要，可以通过扩展 PCF8574 等来增加端口，如图 2–38 所示。

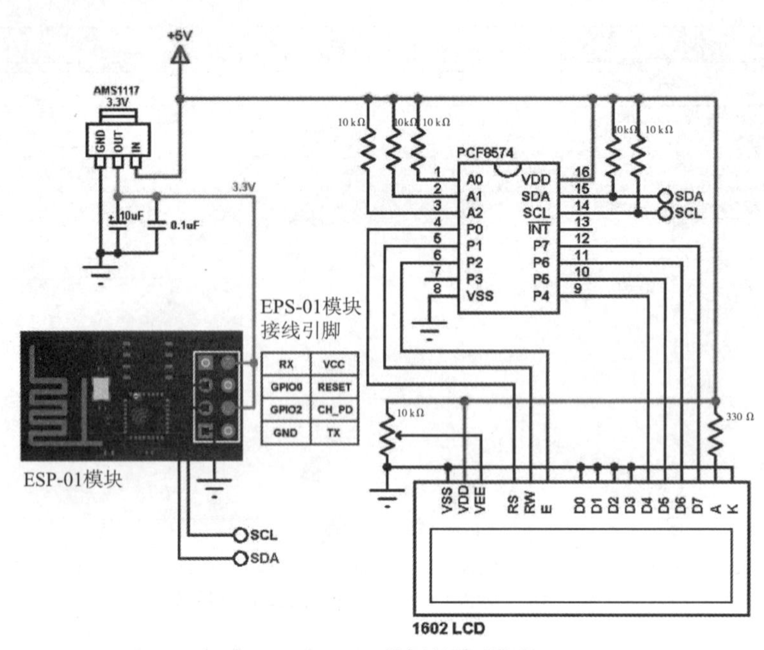

图 2–38　ESP-01 扩展输入/输出口

ESP-01 模块的烧写器（见图 2–39），用于把程序通过 Arduino IDE 写入 ESP-01 模块中。

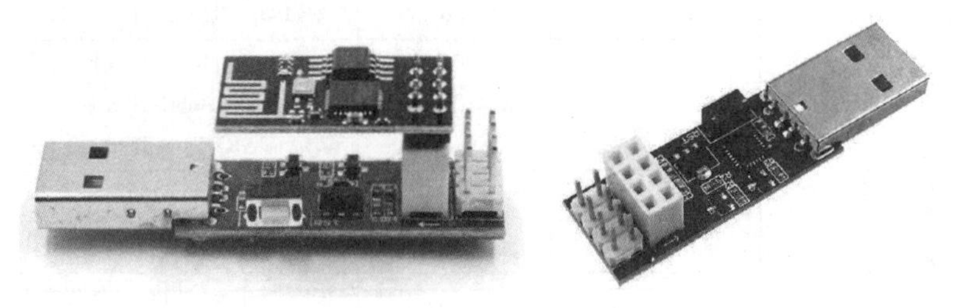

图 2–39　ESP-01 模块的烧写器

ESP-01 模块引脚 LED 闪烁如图 2–40 所示。

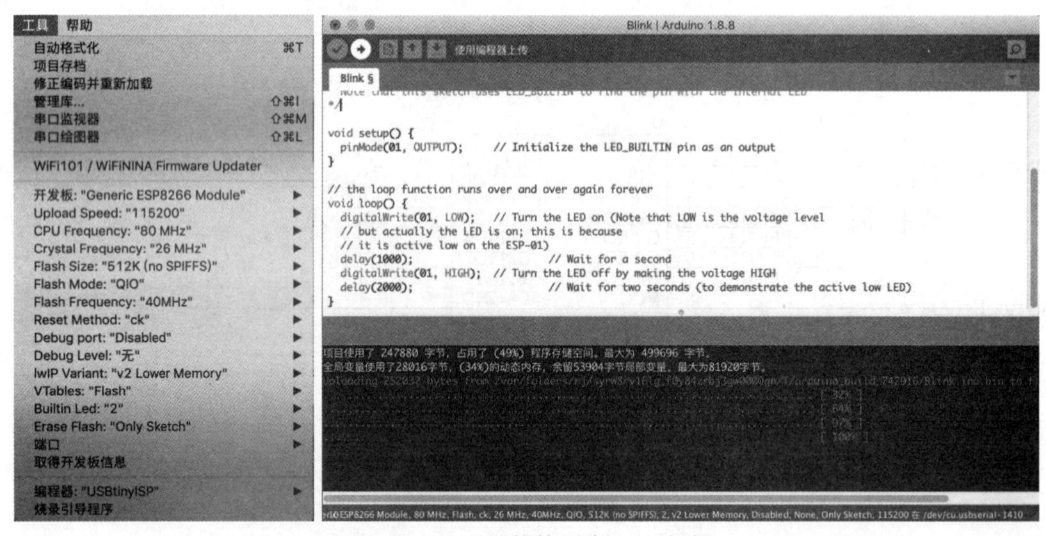

图 2–40　ESP-01 模块引脚 LED 闪烁

2．ESP8266 开发板

ESP8266 的生产商提供了开发板 ESP8266-DevKitC，设计紧凑，板上模组所有可用引脚均已接至开发板两侧的排母，允许用户连接丰富的外设，满足多种开发场景，类似于 Arduino Uno 产品，如图 2–41 所示。

国际著名的创客公司 Adafruit 也设计了 Adafruit Feather HUZZAH ESP8266 开发板，如图 2–42 所示，除了轻便、小巧之外，开发板本身就是一个“一揽子”解决方案：提供 Wi-Fi 连接功能、USB 连接及锂电池供电、充电功能，可以直接集成到已有的产品中，为开发节省不少时间开销。开发板内含 ESP8266 模块，最高工作频率为 80 MHz，3.3 V 供电，4 MB Flash 存储，3.3 V 电压调节器，最高支持峰值 500 mA 电流输出；板载 CP2104 串口转换器，最高支持 921 600 波特率；固件下载后支持自动复位，9 个 GPIO 口，可复用作 IIC、SPI 等接口；1 个模拟输入，最高支持 1.0 V；内置锂电池充电接口，提供约 100 mA 充电电流；3 个 LED 指示灯，可用作一般演示用，也可以用来指示特定的操作模式，如 bootloader 模式。

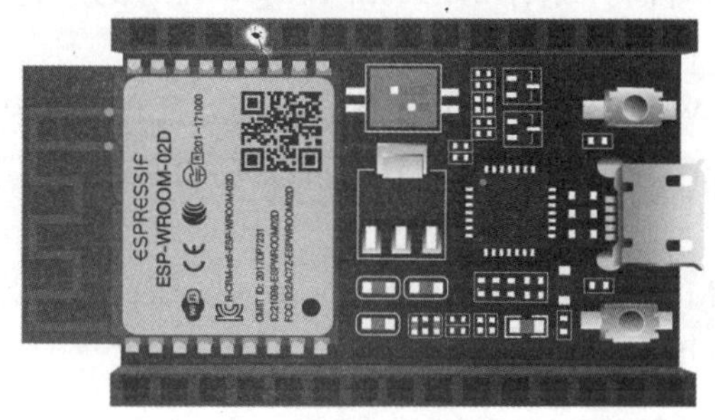

图 2–41　支持 Arduino 的 ESP8266 开发板

图 2–42　HUZZAH ESP8266 开发板

国内比较著名的是 NodeMCU。NodeMCU 是一个开源的物联网平台，它使用 Lua 脚本语言编程。该平台基于 eLua 开源项目，底层使用 ESP8266 sdk 0.9.5 版本。NodeMCU 包含了可以运行在 ESP8266 Wi-Fi SoC 芯片之上的固件，以及基于 ESP-12 模组的硬件，如图 2–43 所示。

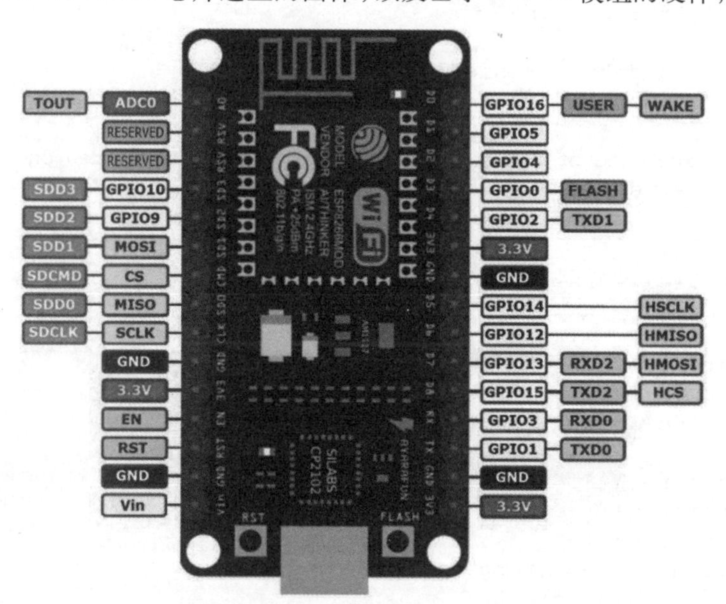

图 2–43　ESP-12 模组的引脚示意图

模拟输入（analog input）：ESP8266 只有 1 个 ADC 通道提供给用户。它可以用于读取 ADC 引脚电压，也可用于读取模块电源电压（VCC）。读取 ADC 引脚电压，使用 analogRead(A0)。输入电压范围为 0~1.0 V；读取模块电源电压，使用 ESP.getVcc() 且 ADC 引脚不能连接。

另外，下面的代码必须添加至程序中：

```
ADC_MODE(ADC_VCC);
```

这条代码不能包含在任何函数中，放在程序中 #include 之后即可。

模拟输出（analog output）：analogWrite(pin, value) 在已有的引脚上使能软件 PWM 功能。PWM 可以用在引脚 0~16。调用 analogWrite(pin, 0) 可以关闭引脚 PWM。取值范围：0~PWMRANGE, 默认为 1023。PWM 范围可以使用 analogWriteRange(new_range) 语句来更改。PWM 默认频率为 1 kHz。使用 analogWriteFreq(new_frequency) 可以更改频率。

时间与延时（timing and delays）：millis() 和 micros() 分别返回单位为 ms 和 μs 的值，复位后值重置。delay(ms) 暂时程序给定毫秒时间并允许 Wi-Fi 和 TCP/IP 任务的运行。delayMicroseconds(us) 暂时程序给定微秒时间。

每次 loop() 函数完成时或当 delay 被调用时，Wi-Fi 和 TCP/IP 库都有机会处理任何等待事件。如果程序中某处有循环，消耗时间大于 50 ms 且没有调用 delay，可以考虑添加一个调用延时函数以保持 Wi-Fi 堆栈的平稳运行。

有个 yield() 函数和 delay(0) 功能相同。delayMicroseconds() 函数，在另一方面，不会为其他任务让步，所以当延时超过 20 ms 时不推荐使用它。

```
/*
    ESP8266 HTTP 控制 LED 的服务器程序
      http://server_ip/gpio/0
      http://server_ip/gpio/1
*/

#include <ESP8266WiFi.h>

const char* ssid="your-ssid";
const char* password="your-password";

// Create an instance of the server  specify the port to listen on as an argument
WiFiServer server(80);

void setup() {
  Serial.begin(115200);
  delay(10);

  // prepare GPIO2
  pinMode(2, OUTPUT);
  digitalWrite(2, 0);

  // Connect to WiFi network
  Serial.println();
  Serial.println();
  Serial.print("Connecting to ");
  Serial.println(ssid);
```

```
  WiFi.mode(WIFI_STA);
  WiFi.begin(ssid, password);

  while (WiFi.status()!= WL_CONNECTED) {
    delay(500);
    Serial.print(".");
  }
  Serial.println("");
  Serial.println("WiFi connected");

  // Start the server
  server.begin();
  Serial.println("Server started");

  // Print the IP address
  Serial.println(WiFi.localIP());
}

void loop() {
  // Check if a client has connected
  WiFiClient client = server.available();
  if (!client) {
    return;
  }

  // Wait until the client sends some data
  Serial.println("new client");
  while (!client.available()) {
    delay(1);
  }

  // Read the first line of the request
  String req=client.readStringUntil('\r');
  Serial.println(req);
  client.flush();

  // Match the request
  int val;
  if (req.indexOf("/gpio/0")!=-1) {
    val=0;
  } else if (req.indexOf("/gpio/1")!=-1) {
    val=1;
  } else {
    Serial.println("invalid request");
    client.stop();
    return;
  }

  // Set GPIO2 according to the request
  digitalWrite(2, val);

  client.flush();

  // Prepare the response
```

```
    String s="HTTP/1.1 200 OK\r\nContent-Type:text/html\r\n\r\n<!DOCTYPE
HTML>\r\n<html>\r\nGPIO is now ";
    s +=(val) ? "high" : "low";
    s += "</html>\n";

    // Send the response to the client
    client.print(s);
    delay(1);
    Serial.println("Client disonnected");

    // The client will actually be disconnected
    // when the function returns and 'client' object is destroyed
  }
```

3. 练习

（1）请查找资料，举例说明 ESP8266 开发板的技术参数。

（2）请查找资料，分析 ESP8266 的烧写和运行模式。

2.4 开关型传感器

1. 人体感应开关

人体感应开关又称热释人体感应开关或红外智能开关，如图 2–44 所示。它是基于红外线技术的自动控制产品。当人进入感应范围时，专用传感器探测到人体红外光谱的变化，自动接通负载，人不离开感应范围，将持续接通；人离开后，延时自动关闭负载。

人体感应开关的主要器件为人体热释电红外传感器。人体都有恒定的体温，一般在 36℃左右，所以会发出特定波长的红外线，被动式红外探头就是探测人体发射的红外线而进行工作的。人体发射的 9.5 μm 红外线通过菲涅尔镜片增强聚集到红外感应源上，红外感应源通常采用热释电元件，这种元件在接收到人体红外辐射温度发生变化时就会失去电荷平衡，向外释放电荷，后续电路经检测处理后就能触发开关动作。

图 2–44　人体感应开关

HC-SR501 是一款基于热释电效应的人体热释运动传感器，能检测到人体或者动物身上发出的红外线。这个传感器模块可以通过调节两个旋钮来检测 3 ~ 7 m 的范围，延迟时间为 5 s~5 min，还可以通过跳线来选择单次触发以及重复触发模式。

时间延迟调节：将菲涅尔透镜朝上，左边旋钮调节时间延迟，顺时针方向增加延迟时间，逆时针方向减少延迟时间。

距离调节：将菲涅尔透镜朝上，右边旋钮调节感应距离长短，顺时针方向减少距离，逆时针方向增加距离。

单次检测模式：传感器检测到移动，输出高电平后，延迟时间结束，输出自动从高电平变成低电平。

连续检测模式：传感器检测到移动，输出高电平后，如果人体继续在检测范围内移动，传感器一直保持高电平，直到人离开后才延迟将高电平变为低电平。

两种检测模式的区别就在于：检测移动触发后，若人体继续移动，是否持续输出高电平。

Arduino 和人体红外感应开关的连线方式如图 2–45 所示。

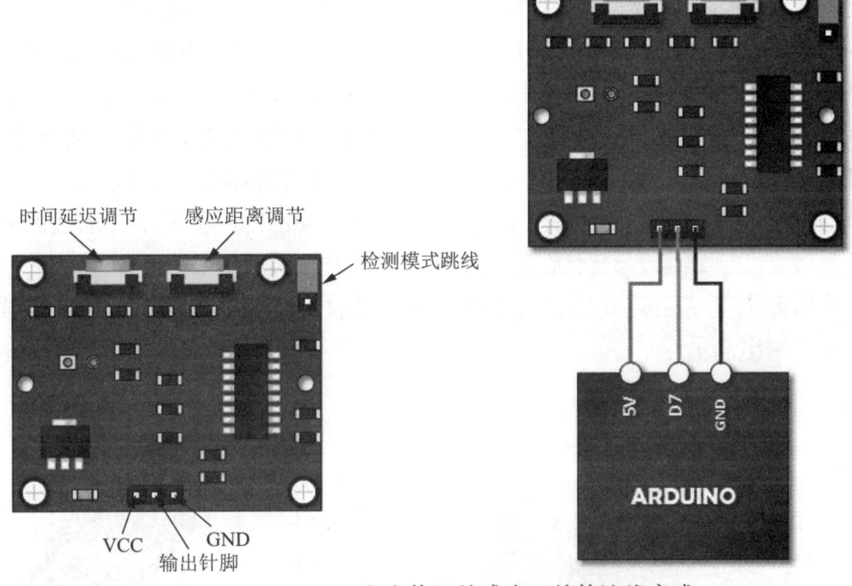

图 2–45　Arduino 和人体红外感应开关的连线方式

Arduino Uno 或者 ESP8266 控制人体感应开关的程序比较简单，就是一个高、低电平的检测问题。

```
int ledPin=13;
int pirPin=7;

int pirValue;
int sec=0;

void setup() {
    pinMode(ledPin, OUTPUT);
    pinMode(pirPin, INPUT);
    digitalWrite(ledPin, LOW);
    Serial.begin(9600);
}

void loop() {
    pirValue=digitalRead(pirPin);
    digitalWrite(ledPin, pirValue);
    // 以下注释可以观察传感器输出状态
    // sec+=1;
```

```
    // Serial.print("Second:");
    // Serial.print(sec);
    // Serial.print("PIR value:");
    // Serial.print(pirValue);
    // Serial.print('\n');
    // delay(1000);
}
```

2. 红外避障传感器

红外避障传感器（见图 2–46）是专为轮式机器人设计的一款距离可调式避障传感器。其具有一对红外线发射与接收管，发射管发射出一定频率的红外线，当检测方向遇到障碍物（反射面）时，红外线反射回来被接收管接收，此时指示灯亮起，经过电路处理后，信号输出接口输出数字信号，可通过电位器旋钮调节检测距离，有效距离为 2 ～ 40 cm，工作电压为 3.3~5 V，由于工作电压范围宽泛，在电源电压波动比较大的情况下仍能稳定工作，适合多种单片机、Arduino 控制器、树莓派使用，安装到机器人上即可感测周围环境的变化。

与此传感器类似的还有一个红外循迹传感器模块，如图 2–47 所示。黑线的检测原理是红外发射管发射光线到路面，红外光遇到白底则被反射，接收管接收到反射光，经施密特触发器整形后输出低电平；当红外光遇到黑线时则被吸收，接收管没有接收到反射光，经施密特触发器整形后输出高电平。

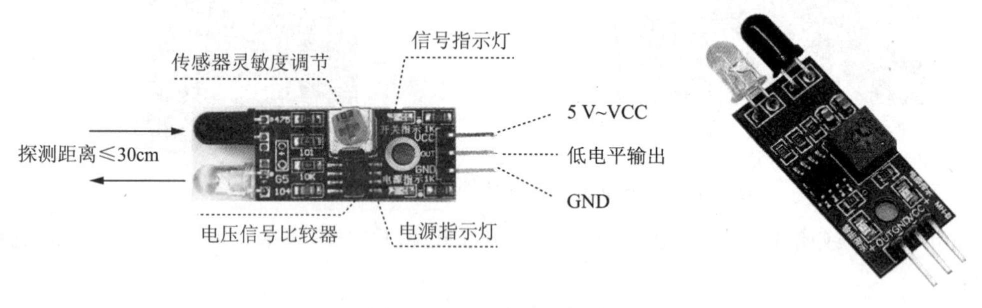

图 2–46　红外避障传感器

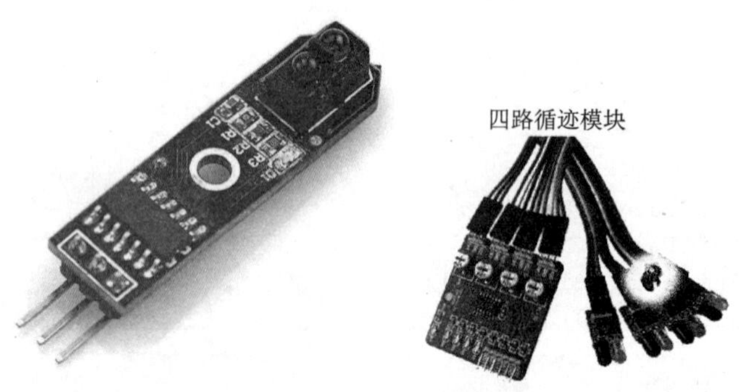

图 2–47　红外循迹传感器

工业上主要应用红外漫射式光电接近开关。红外漫射式光电接近开关是利用光照射到被测工件上后反射回来的光线而工作的。由于工件反射的光线为漫射光，故称为漫射式光电开关。它由光源（发射光）和光敏元件（接收光）两个部分构成，光发射器与光接收器同处于一侧，如图 2–48 所示。

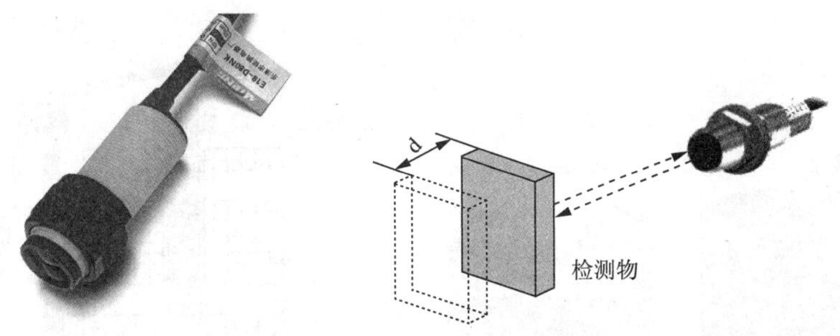

图 2–48　红外漫射式光电接近开关

红外对射全称“主动红外入侵探测器”(active infrared intrusion detector)，其基本的构造包括发射端、接收端、光束强度指示灯、光学透镜等。其侦测原理是利用红外发光二极管发射的红外射线，再经过光学透镜做聚焦处理，使光线传至很远的距离，最后光线由接收端的光敏晶体管接收。当有物体挡住发射端发射的红外射线时，由于接收端无法接收到红外线，所以会发出警报。红外线是一种不可见光，而且会扩散，投射出去之后，在起始路径阶段会形成圆锥体光束，随着发射距离的增加，其理想强度与发射距离的平方呈反比衰减。当物体越过其探测区域时，遮断红外射束而引发警报。

传统型主动红外入侵探测器，由于只有两光束、三光束、四光束类型，常用于室外围墙报警，如图 2–49 所示。

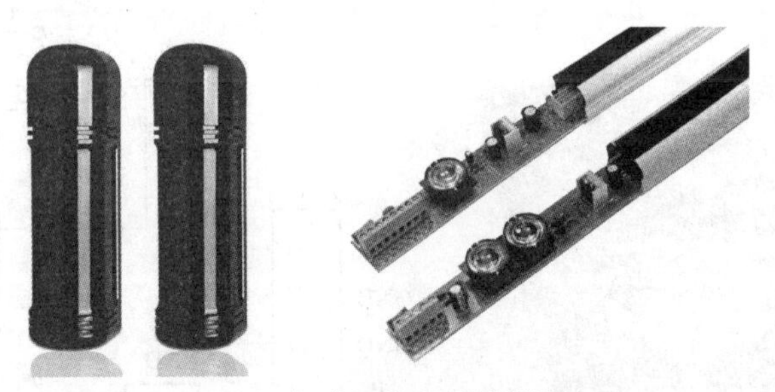

图 2–49　主动红外入侵探测器

3．继电器

继电器（relay）是一种电控制器件，是当输入量（激励量）的变化达到规定要求时，在电气输出电路中使被控量发生预定的阶跃变化的一种电器。它具有控制系统（又称输入回路）和被控制系统（又称输出回路）之间的互动关系，如图 2–50 所示。通常应用于自动化的控制电路中，它实际上是用小电流去控制大电流的一种“自动开关”。故在电路中起着自动调节、安全保护、转换电路等作用。

固态继电器 (SOLID STATE RELAY SSR) 是一种全部由固态电子元件组成的新型无触点开关器件，它利用电子元件 (如开关三极管、双向晶闸管等半导体器件) 的开关特性，可达到无触点、无火花地接通和断开电路的目的，因此又称“无触点开关”，如图 2–51 所示。固态继电器是一种四端有源器件，其中两个端子为输入控制端，另外两个端子为输出受控端。它既有放大驱动作用，又有隔离作用，很适合驱动大功率开关式执行机构，较之电磁继电器可靠性更高，且无触点、寿命长、速度快，对外界的干扰也小，已得到广泛应用。

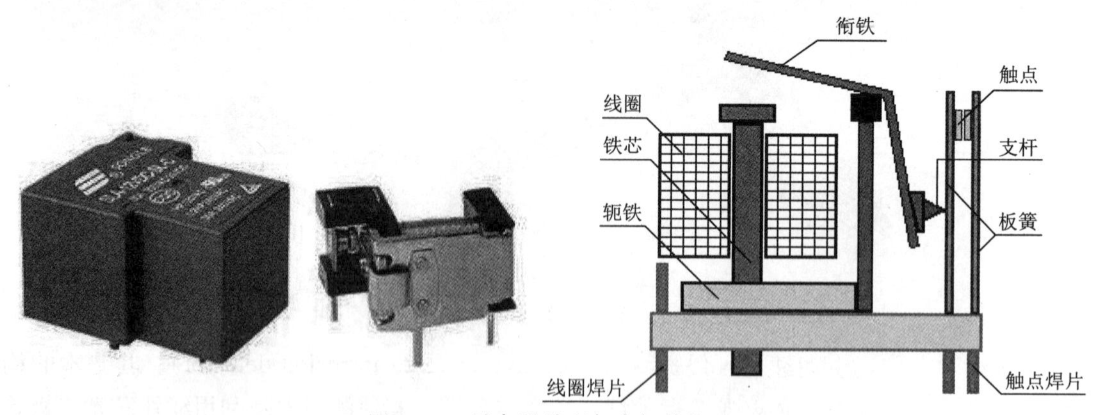

图 2–50　继电器外观与内部结构图

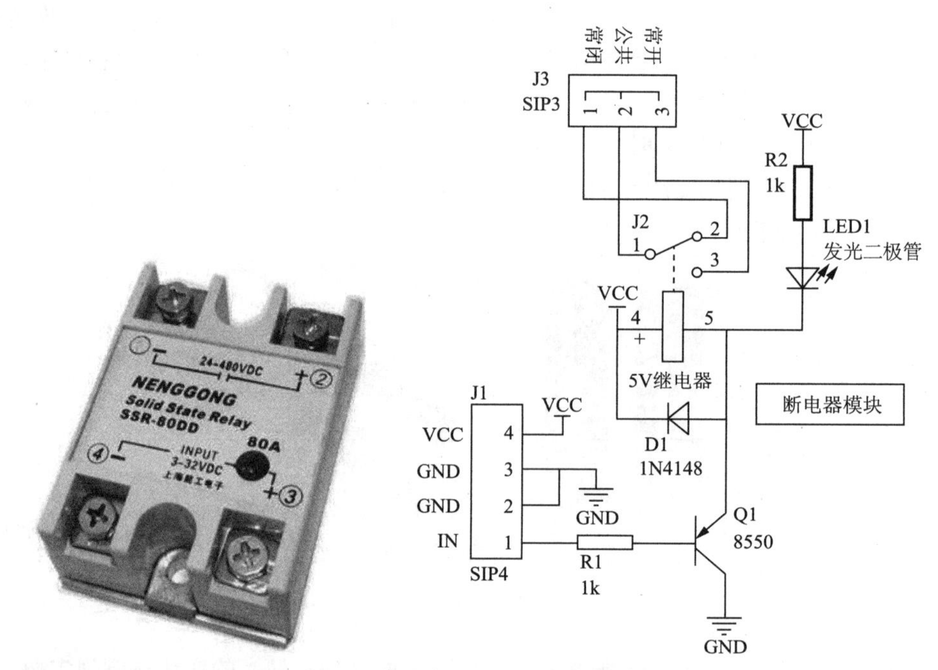

图 2–51　固态继电器外观与电路原理图

继电器的触点有 3 种基本形式：

（1）动合型（常开）（H 型）：线圈不通电时两触点是断开的，通电后，两个触点就闭合。以“合”字的拼音字头“H”表示。

（2）动断型（常闭）（D 型）：线圈不通电时两触点是闭合的，通电后，两个触点就断开。用“断”字的拼音字头“D”表示。

（3）转换型（Z 型）：这是触点组型。这种触点组共有 3 个触点，即中间是动触点，上下各一个静触点。线圈不通电时，动触点和其中一个静触点断开和另一个闭合；线圈通电后，动触点就移动，使原来断开的触点闭合，原来闭合的触点断开，达到转换的目的。这样的触点组称为转换触点。用“转”字的拼音字头“Z”表示。

继电器的工作电压是继电器动作所需要的电压，是加在继电器线圈上的电压，一般比较低，有 3.3 V、5 V、12 V、24 V 等几种；而控制电压是继电器触点允许承受的电压，可以很高，比如 5 V 直流工作的继电器就可以控制 220 V 交流电压，这里 5 V 是继电器电源电压，220 V 是控制电压。图 2–52 为常见继电器外观。

图 2–52 常见继电器外观

Arduino UNO 使用继电器作为电子控制器件，通常应用于自动控制电路中，实际上是用较小的电流去控制较大电流的一种“自动开关”，在电路中起着自动调节、安全保护、转换电路等作用，如图 2–53 所示。

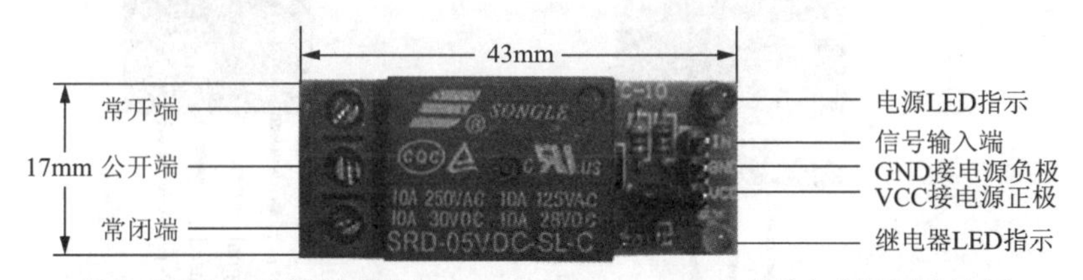

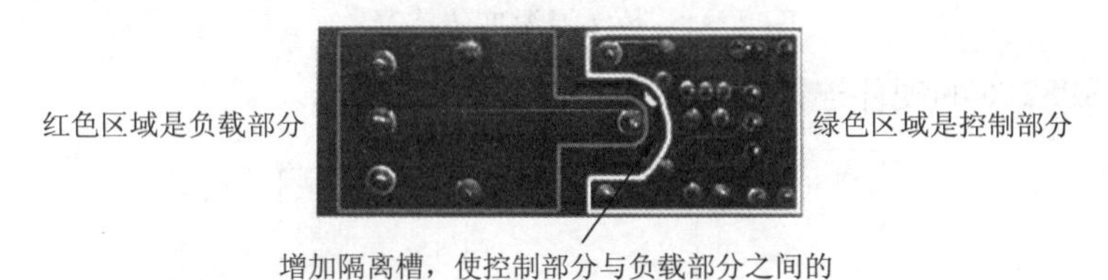

图 2–53 Arduino UNO 使用的继电器

4．练习

（1）请分析四路继电器的接线和程序控制。

（2）请分析红外对射的接线和控制程序。

2.5 温湿度传感器

温湿度传感器是传感器中的一种，只是把空气中的温湿度通过一定检测装置，测量到温湿度后，按一定的规律变换成电信号或其他所需形式的信息输出，用以满足用户需求。

由于温度与湿度不管是从物理量本身还是在实际人们的生活中都有着密切的关系，所以温湿度一体的传感器就会相应产生。温湿度传感器是指能将温度量和湿度量转换成容易被测量处理的电信号的设备或装置。市场上的温湿度传感器一般是测量温度量和相对湿度量。

DHT11 数字温湿度传感器是一款含有已校准数字信号输出的温湿度复合传感器。它应用专用的数字模块采集技术和温湿度传感技术，确保产品具有极高的可靠性与卓越的长期稳定性。

该传感器包括一个电阻式感湿元件和一个 NTC 测温元件，并与一个高性能 8 位单片机相连接。因此该产品具有品质卓越、超快响应、抗干扰能力强、性价比极高等优点。每个 DHT11 传感器都在极为精确的湿度校验室中进行校准。校准系数以程序的形式存储在 OTP 内存中，传感器内部在检测信号的处理过程中要调用这些校准系数。传感器采用单总线串行接口，系统集成简易快捷，超小的体积、极低的功耗，信号传输距离可达 20m 以上。

该传感器产品为 3 针和 4 针单排引脚封装，如图 2–54 所示。

图 2–54　数字温湿度传感器

DHT11 与 ESP8266 的硬件连接非常简单，如图 2–55 所示。

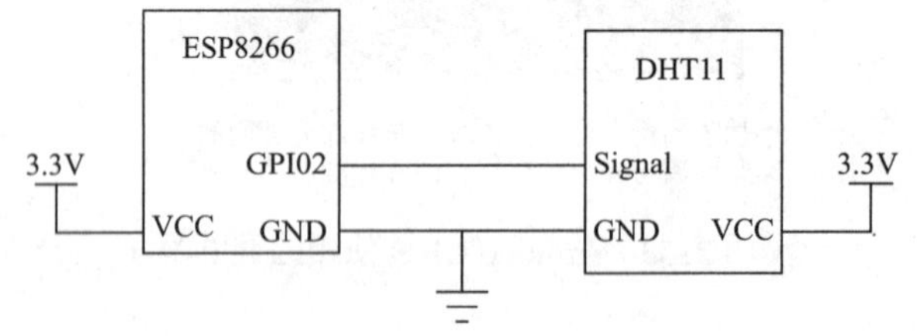

图 2–55　DHT11 与 ESP8266 的硬件连接

1. 单总线技术

DHT11 数字温湿度传感器采用单总线数据格式，即单个数据引脚端口完成输入/输出双向传输。

DHT11 的温度分辨率为 1 ℃，相对湿度为 1%。它的温度范围为 0~50 ℃，湿度的测量范围取决于温度。

其数据包由 5 B（40 bit）组成。数据分小数部分和整数部分，一次完整的数据传输为 40 bit，高位先出，具体格式如下：

（1）数据格式：8 bit 湿度整数数据 +8 bit 湿度小数数据 +8 bit 温度整数数据 +8 bit 温度小数数据 +8 bit 校验和。

（2）校验和数据为前 4 字节相加。

（3）传感器数据输出的是未编码的二进制数据。数据 (湿度、温度、整数、小数) 之间应该分开处理。如果某次从传感器中读取如下 5 B 数据：

byte4 byte3 byte2 byte1 byte0

00101101 00000000 00011100 00000000 01001001

整数 小数 整数 小数 校验和

（4）湿度温度校验和由以上数据就可得到湿度和温度的值，计算方法：

Humi (湿度)= byte4 • byte3=45.0 % RH

Temp (温度)= byte2 • byte1=28.0 ℃

check（校验）= byte4 + byte3+ byte2 + byte1 =73(=Humi+Temp)(校验正确)

注意：DHT11 一次通信时间最长为 3 ms，主机连续采样间隔建议不小于 100 ms。

Arduino UNO 与 DHT11 进行数据传输的波形图，如图 2–56 所示。首先，数据获取由 Arduino UNO 发起，然后由 DHT11 响应。

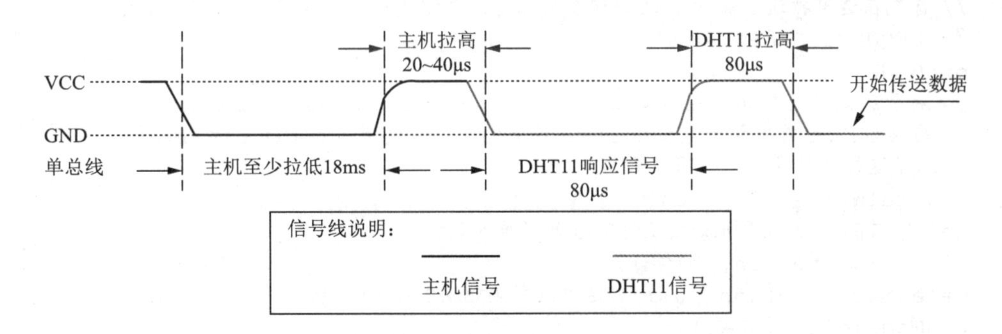

图 2–56 单总线波形图

数字 0 的波形，如图 2–57 所示。

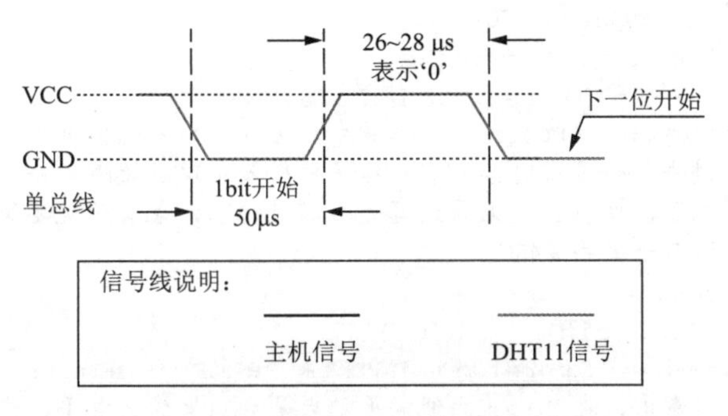

图 2–57 数字 0 的波形

数字 1 的波形，如图 2–58 所示。

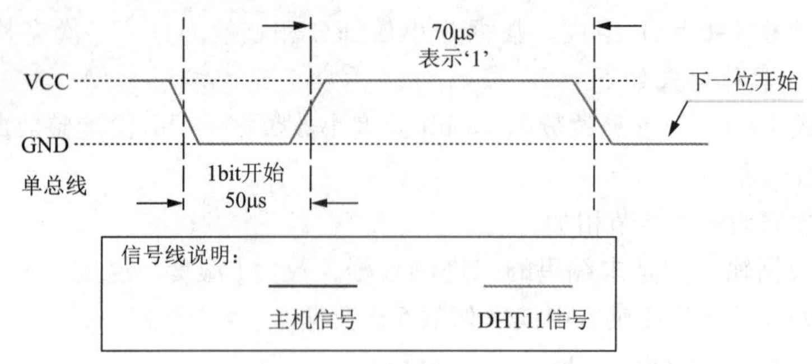

图 2-58　数字 1 的波形

读取 DHT11 采集的温湿度程序如下：

```
int dht11_read(int pin)
{
  // BUFFER TO RECEIVE
  uint8_t bits[5];   //这里定义了 5 个 8 位的数组，也就是 40 位数据，用来存储数据
                     //采集的结果
  uint8_t cnt = 7;   //这个是用来给每一个数据的每一位输入值时计数用的
  uint8_t idx = 0;//这个是给 5 个数组计数用的

  // EMPTY BUFFER
  for (int i=0; i< 5; i++) bits[i] = 0;
  //首先在这里把这 5 个 8 位的数组全部填 0，也就是初始值为 0
  // REQUEST SAMPLE
  pinMode(pin, OUTPUT);
  //将引脚定义为输出，也就是由 Arduino 给 DHT11 写数据。从上面的时序图可以看出，要
  //启动 DHT11 首先要给它发送 18ms 的低电平，再发送 20~40μs 的高电平，DHT11 只有看
  //到了这样的信号，才会采集数据
  digitalWrite(pin, LOW);
  delay(18);//这里就是发送 18ms 的低电平
  digitalWrite(pin, HIGH);
  delayMicroseconds(40);//这里就是发送 40μs 的高电平
  pinMode(pin, INPUT);
  //发送完之后，就等于把 DHT11 启动了，这时候就要从这个引脚上接收数据了，所以这时候
  //要将这个引脚定义为输入引脚
  // ACKNOWLEDGE or TIMEOUT
  unsigned int loopCnt = 10000;
  while(digitalRead(pin) == LOW)
    if (loopCnt-- == 0) return DHTLIB_ERROR_TIMEOUT;
  //从时序图中可以看出，接收数据一开始首先要读取 80μs 的低电平，这里是一个等待，要把
  //把这 80μs 等过去，但是有时候也有可能是传感器出现了故障，一直发低电平，如果持续等
  //待就相当于死机了，所以在这里要设置一个超时时限，也就是说要等待，但时间长了，就认
  //为出问题了，返回一个异常信息
  loopCnt = 10000;
  while(digitalRead(pin) == HIGH)
    if (loopCnt-- == 0) return DHTLIB_ERROR_TIMEOUT;
  //从时序图中可以看出，在 80μs 的低电平之后是 80μs 的高电平，这里仍然要等待，超时的
  //原理与上面的低电平一样。
  // READ OUTPUT - 40 BITS => 5 BYTES or TIMEOUT
  //根据时序图，从下面开始就是 40 位的真正要读取的数据了，那么这里用了一个 for 循环来
```

```
// 一位一位读取这 40bit 的数据（注意是 bit）。
for (int i=0; i<40; i++)
{
  // 由时序图可以看出，对于每一个 bit 数据，都是由一个低电平或一个高电平组成，区分
  // 这一位数据是 1 还是 0 取决于高电平的时长，如果高电平的时长为 70 μs 则表示 1，如
  // 果高电平的时长为 26~28 μs 则表示 0，因此读取每一位数据时，都是先把 50 μs 的低电
  // 平等过去，然后判断高电平的时长，根据这个时长来判断这位的数据是 1 还是 0
  loopCnt = 10000;
  while(digitalRead(pin) == LOW)
    if (loopCnt-- == 0) return DHTLIB_ERROR_TIMEOUT;
  // 这一句就是要把低电平等过去
  unsigned long t = micros();
  // 这里使用函数 micros() 获取了一个当前的时间，就是为了比较高电平的时长用的。
  loopCnt=10000;
  while(digitalRead(pin) == HIGH)
    if (loopCnt--==0) return DHTLIB_ERROR_TIMEOUT;
  // 这里就把高电平读出来了
  if ((micros()-t)>40) bits[idx] |= (1 << cnt);
  // 然后再次使用 micros() 函数获取当前时间，减去读取高电平之前的时间点，也就是这
  // 个高电平的时长了，然后看这个时长是否大于 40 μs，如果大于就认为这位是 1，否则就
  // 认为这位是 0. bits[idx] 表示一个 8 位的数组，假设是 0000 0000，运算符“|=”
  // 表示按位进行或运算，然后再把运算的结果赋给运算符左边的变量。而 (1 << cnt) 表示
  // 把数字 1 的二进制表示法向左移动 cnt 位，移动后的空位用 0 来填充。因此，对于一个
  // 8 位的 1 可以表示为：0000 0001。由刚才的初始化过程中可知 cnt 的值为 7，所以，
  // 把这个 0000 0001 左移 7 位就变成了：1000 0000，然后将这个数与 0000 0000 进
  // 行 |= 运算，之后 bits[idx] 中的值就是 1000 0000。可见，这段代码实现的功能就
  // 是如果得到的这位数据是 1，就将它存储到 bits[idx] 相应的位上去。
  // 下面这段代码就是在循环的过程中修改 cnt 和 idx 的值，然后进行一位一位的读数。
  if (cnt==0)    // 判断 cnt 是否为 0
  //cnt 为 0 表示一个 8 位的数组已经装满了，要换到下一个 8 位的数组上去，于是就把 cnt
  // 重置为 7，idx++ 使 idx 移到下一个八位的数组上。
  {
    cnt=7;     // restart at MSB
    idx++;       // 移到下一个 8 位的数组上
  }
  else cnt--;
  // 如果 cnt 不为 0 就表示这个 8 位的数据还没有读完，这时只需要让 cnt-1，来填充下一
  // 位数据就可以了
  // 注意，在初始化的过程中把这 40 位的数据都初始化为 0 了，所以只有当有 1 出现时才需
  // 要进行改变
  }

// WRITE TO RIGHT VARS
// as bits[1] and bits[3] are always zero they are omitted in formulas
// 这 40 位数据第 1 个 8 位是湿度的整数部分，第 3 个 8 位是温度的整数部分，下面这两句代
// 码就是把数据分别放在这两个变量里
humidity=bits[0];
temperature=bits[2];

uint8_t sum=bits[0]+bits[1]+bits[2]+bits[3];
```

```
    if (bits[4]!=sum) return DHTLIB_ERROR_CHECKSUM;
    return DHTLIB_OK;
    //最后再用校验和验证一下数据是否正确
}
```

2. **数据读取**

Arduino 编程的优势是库，实质就是一批具有特定功能的类或者函数集合。“库”这个概念其实广泛存在于各种编程语言中，有的编程语言本身就是一个大“库”。采用类似 C 语言“函数”的方式，创造一些新的命令，然后人们只需要直接调用这些命令而不需要自己从头去搭建算法。这些函数基本上能够满足某一领域内相关应用的开发，然后把这些“函数”打包并称为“库”。所以“库”就是一堆函数的集合。图 2–59 为 Arduino 的库。

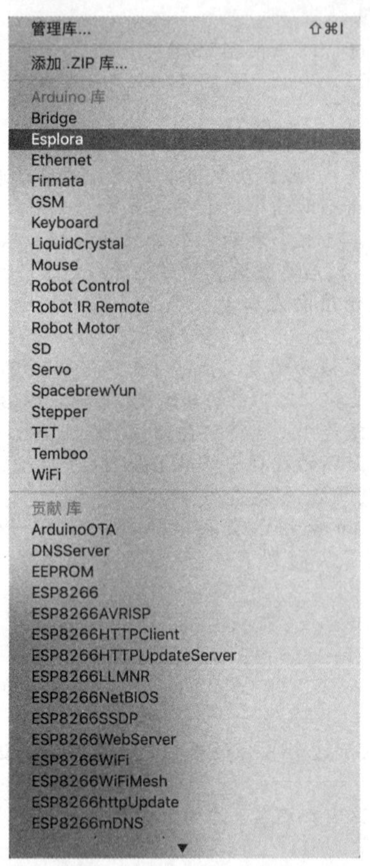

图 2–59　Arduino 的库

Arduino 包含两种库：标准库和第三方库，当然也可以自己写类库。标准库安装 Arduino IDE 后就已经导入，只需要直接调用即可；第三方库则需要导入，如果没有导入，编译器就会报错。第三方库最简单的是通过 Arduino 的库管理器进行安装，如图 2–60 所示。

库安装完成后，就可以通过 #include 来包含进来。DHT11 有很多库支持，用户根据需要直接安装，然后就可以在程序中使用了。每个库一般都有示例文件，供用户理解使用。

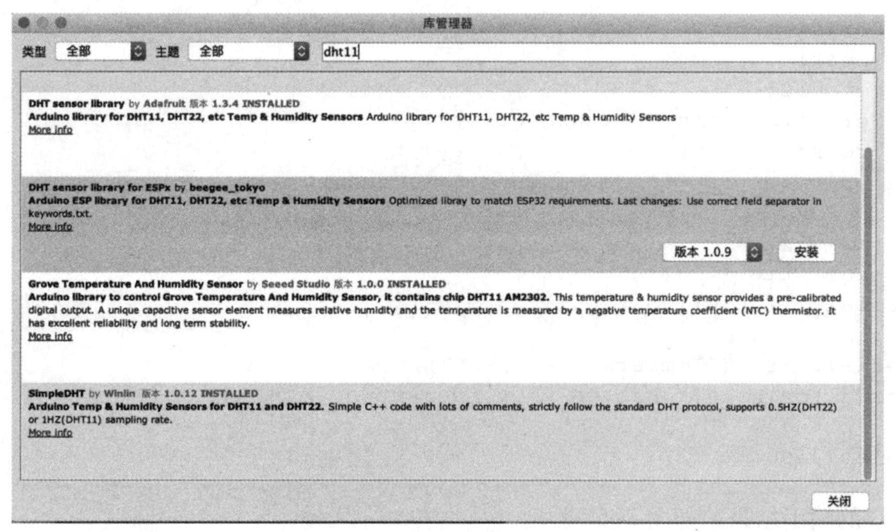

图 2–60　第三方库与库管理器

下面采用 DHT11 库来实现 DHT 温湿度传感器的数据采集。

```
// 引入 DHT 库文件
#include <dht11.h>

dht11 DHT11;

// 设置 DHT 引脚为 PIN8
#define DHT11PIN 8

void setup() {
  Serial.begin(9600);
  Serial.println("DHT11 TEST PROGRAM");
  Serial.print("LIBRARY");
  // 输出 DHT 库的版本号
  Serial.println(DHT11LIB_VERSION);
  Serial.println();
}

void loop() {
  Serial.println("\n");

  int chk = DHT11.read(DHT11PIN);

  // 测试 DHT 是否正确连接
  Serial.print("Read sensor: ");
  switch (chk)
  {
    case DHTLIB_OK:
    Serial.println("OK");
    break;
    case DHTLIB_ERROR_CHECKSUM:
    Serial.println("Checksum error");
    break;
    case DHTLIB_ERROR_TIMEOUT:
```

```
      Serial.println("Time out error");
      break;
      default:
      Serial.println("Unknown error");
      break;
    }

    // 获取测量数据
    Serial.print("Humidity (%): ");
    Serial.println((float)DHT11.humidity, 2);

    Serial.print("Temperature °C): ");
    Serial.println((float)DHT11.temperature, 2);

    delay(2000);
}
```

串行口的输出结果，如图 2–61 所示。

```
COM4 (Arduino/Genuino Uno)
t                                                          发送
Read sensor: OK
Humidity (%): 62.00
Temperature ° C): 28.00


Read sensor: OK
Humidity (%): 62.00
Temperature ° C): 28.00


Read sensor: OK
Humidity (%): 62.00
Temperature ° C): 28.00

☑自动滚屏                          没有结束符   9600 波特率
```

图 2–61　串行口的输出结果

3. 液晶显示

LCD1602 是一种工业字符型液晶，能够同时显示 16 × 02 即 32 个字符。LCD1602 液晶显示的原理是利用液晶的物理特性，通过电压对其显示区域进行控制，即可以显示出图形其外形及引脚说明，如图 2–62 所示。

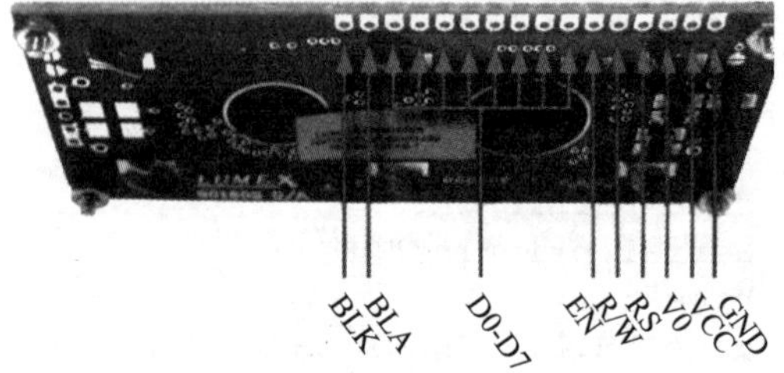

图 2–62　LCD1602 外形及引脚说明

引脚	符号	说　明
1	GND	接地
2	VCC	5 V 正极
3	V0	对比度调整，接正极时对比度最弱
4	RS	寄存器选择，为1 选择数据寄存器（DR），为 0 选择指令寄存器（IR）
5	R/W	读/写选择，为1表示读，为0表示写
6	EN	使能（enable）端，高电平读取信息，负跳变时执行指令
7~14	D0~D7	8 位双向数据
15	BLA	背光正极
16	BLK	背光负极

图 2–62　LCD1602 外形及引脚说明（续）

LCD1602 与 Arduino 的接线图及引脚说明，如图 2–63 所示。

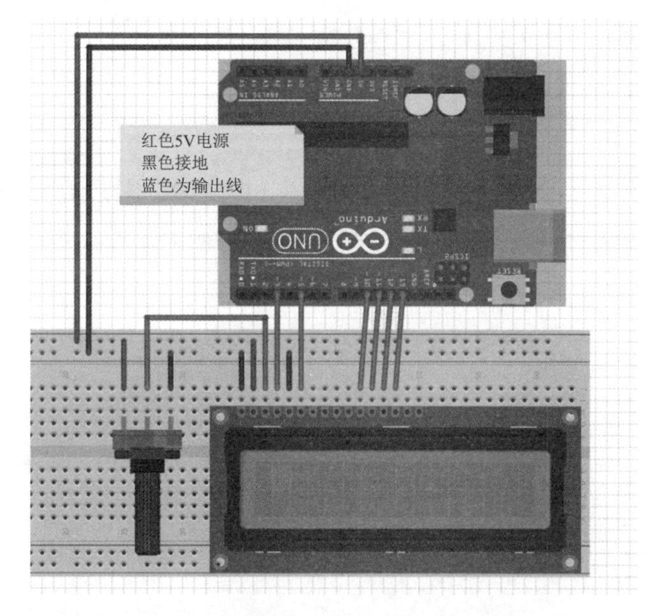

LCD1602	→	Arduino	说　明
GND	→	GND	接地
VCC	→	5V	5 V 电源
V0	→		连接 3 脚继电器中间，用于调节对比度
RS	→	3	随便接一个输出口，方便接线、画图
R/W	→	GND	接地，写模式
EN	→	5	随便接一个输出口，方便接线、画图
D0~D3	→		4 位工作模式，不使用
D4~D7	→	10~13	其他口也行，方便接线、画图
BLA	→		背光，电源正极，可选
BLK	→		背光，接地，可选

图 2–63　LCD1602 与 Arduino 的接线图及引脚说明

液晶 LCD1602 示例代码：hello word。

```
//包含头文件
#include <LiquidCrystal.h>

// 初始化引脚
const int rs=3,en =5,d4=10,d5=11,d6=12 d7=13;
LiquidCrystal lcd(rs, en, d4, d5, d6, d7);

void setup() {
    //设置 LCD 要显示的列数、行数，即 2 行 16 列
    lcd.begin(16, 2);

    //输出 Hello World
    lcd.print("hello, world!");
}

void loop() {
    //设置光标定位到第 0 列，第 1 行（从 0 开始）
    lcd.setCursor(0, 1);
    //打印从重置后的秒数
    lcd.print( millis() / 1000);
}
```

下面实现通过 DHT11 采集温湿度数据，然后在 LCD1602 上显示。接线和上面有所不同。DHT11 接引脚 8，LCD1602 的 D4~D7 接引脚 5~2，RS 接引脚 12，Enable 接引脚 11。

```
/*
 * LCD RS pin to digital pin 12
 * LCD Enable pin to digital pin 11
 * LCD D4 pin to digital pin 5
 * LCD D5 pin to digital pin 4
 * LCD D6 pin to digital pin 3
 * LCD D7 pin to digital pin 2
 * LCD R/W pin to ground
 * 10K resistor:
 * ends to +5V and ground
 * wiper to LCD VO pin (pin 3)
*/
#include <LiquidCrystal.h>
#include "dht11.h"
#define DHT11PIN 8
dht11 DHT11;
// initialize the library with the numbers of the interface pins
LiquidCrystal lcd(12, 11, 5, 4, 3, 2);

void setup() {
  pinMode(DHT11PIN,OUTPUT);
  // set up the LCD's number of columns and rows:
  lcd.begin(16, 2);
}

void loop() {
  int chk=DHT11.read(DHT11PIN);
```

```
    lcd.setCursor(0, 0);
    lcd.print("Tep: ");
    lcd.print((float)DHT11.temperature, 2);
    lcd.print("C");
    // set the cursor to column 0, line 1
    // (note: line 1 is the second row, since counting begins with 0):
    lcd.setCursor(0, 1);
    // print the number of seconds since reset:
    lcd.print("Hum: ");
    lcd.print((float)DHT11.humidity, 2);
    lcd.print("%");
    delay(200);
}
```

4. 物联网云平台

OneNET 是中移物联网有限公司基于开放、共赢的理念，面向公共服务自主研发的开放云平台，为各种跨平台物联网应用、行业解决方案提供简便的云端接入、海量存储、计算和大数据可视化服务，从而降低物联网企业和个人（创客）的研发、运营和运维成本，使物联网企业和个人（创客）更加专注于应用，共建以 OneNET 设备云为中心的物联网生态环境。

OneNET 平台提供设备全生命周期管理相关工具，帮助个人、企业快速实现大规模设备的云端管理；也开放第三方接口和加速个性化应用系统构建；同时，可定制化的“和物”APP，为用户提供云、管、端整体解决方案。

访问网址 https://open.iot.10086.cn/，进入 OneNET 网站，注册账号，登录到开发者中心，如图 2–64 所示。

图 2–64　OneNET 物联网开放平台

注册成功后，进入开发者中心界面，选择“产品开发”命令→“添加产品”命令。根据实际情况填写相关的产品信息，采用 HTTP 协议上传，如图 2–65 所示。

添加产品成功后，就可以直接添加设备了，如图 2–66 所示。

设备添加完成后，就可以看到当前传感器的状态等情况了，如图 2–67 所示。

记下设备 ID，之后会用到。在数据流模板中创建一个数据流名称为 led，用来存放需要控制 LED 等的数据，如图 2–68 所示。

图 2–65　添加产品信息

图 2–66　添加设备

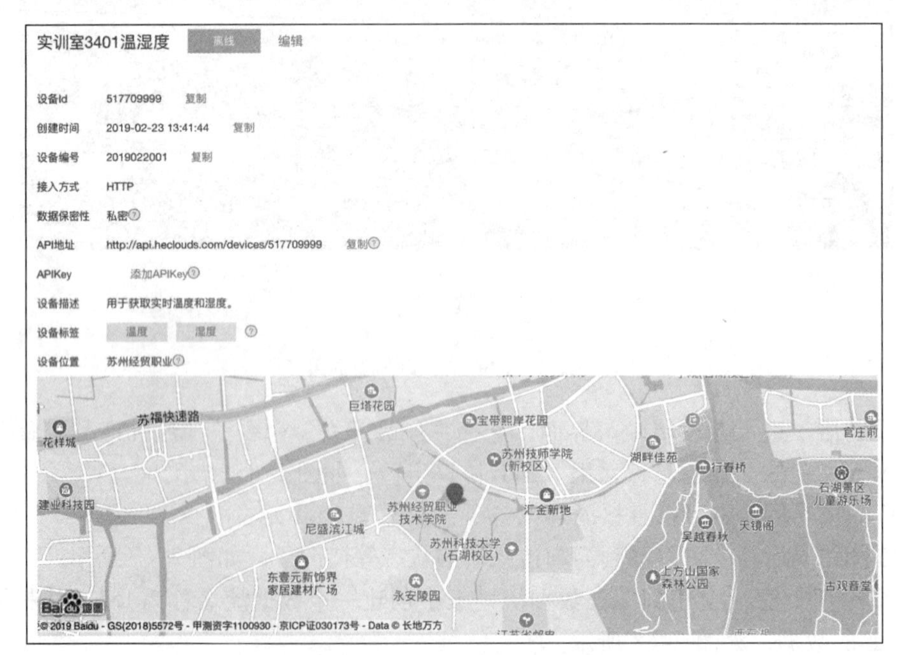

图 2–67　查看温湿度和地图位置

图 2–68　添加数据流 led

网络访问需要了解一些简单的基础知识。设备通过 HTTP 与服务器通信，需要向服务器发送请求，服务器才能响应该请求，所以只需要用设备以 HTTP 方式对应的格式向 Onenet 服务器发送指令，发送后再解析收到的数据就可以了。

对于上传和创建新的数据一般采用 POST 方式，对于读取数据流可以采用 GET 方式。

上传温度和湿度数据，对于 POST 创建数据流并上传数据的格式如下：

```
POST /devices/设备ID/datapoints?type=3 HTTP/1.1\r\n
api-key:APIKEY\r\n
Host:api.heclouds.com\r\n
Content-Length: 发送的数据长度\r\n
Connection: close\r\n\r\n
{"JASON"}
```

其中，需要填写的信息有设备 ID、APIKEY、发送的数据长度和 JASON 数据。其中，要创建的包含温度和湿度的数据流以及数值就是以 JASON 数据格式保存的。{“TEMP”:19,“HUMI”:49}

至此，就可以向服务器发送温度和湿度数据了，Onenet 会自动创建两个名为 TEMP 和 HUMI 的数据流，并显示该数据流的具体数值。

读取服务器数据：采用了 HTTP 模式，需要服务器向设备发送的指令只能通过设备不断向服务器发送读取请求，然后才能不断地接收到服务器发来的数据流信息。对于 GET 请求，读取数据流信息需要上传的格式如下：

```
GET /devices/设备ID/datapoints?datastream_id=led HTTP/1.1\r\n
api-key:APIKEY\r\n
Host:api.heclouds.com\r\n
Connection: close\r\n\r\n
```

其中，需要填写的信息有设备 ID，APIKEY。注意这里已经填好了需要读取的数据流为 led。

向服务器发送信息后，服务器会以 JASON 数据回复一段信息，用户只需要读取出里面需要的数据即可。下面是一个服务器发送回来信息的示例：

```
{"erron":0,"data":{"count":1,"datastreams":[{"datapoints":[{"at":"2019-02-21 19:34:58.000","value":1023}],"id":"led"}]},"error","succ"}
```

为了方便使用 ESP8266 和直接获取 JASON 数据中我们需要信息，需要向代码中添加 ESP8266WiFi.h 和 ArduinoJson.h 两个库。为了方便使用 DHT11 传感器，需要向代码中添加 DHT.h 的库。

可以选择左边的应用管理，创建一个 UI 界面（见图 2–69）来显示和控制相应的数据流信息。最终在服务器上就可以通过 UI 界面来显示温度和湿度并且控制 LED 了。

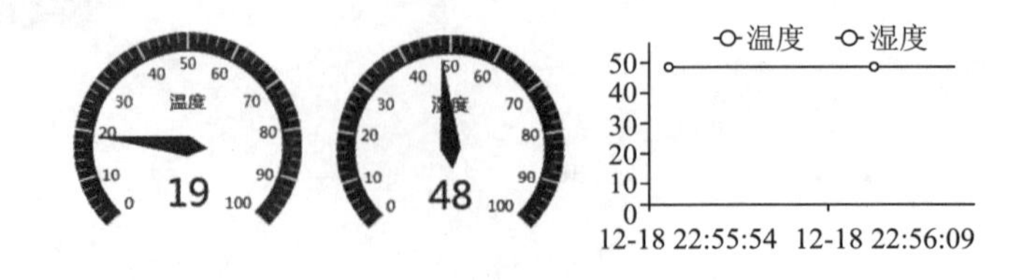

图 2–69　温湿度的 UI 界面

5．练习

（1）请根据 DHT11 的温度/湿度数值，画出波形。

（2）请查找资料，掌握第三方库的导入方法，如图 2–70 所示。

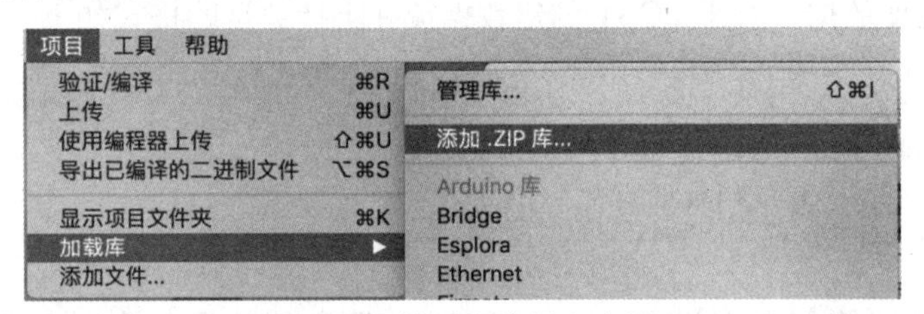

图 2–70　第三方库导入方法

导入成功后就可以在 IDE 上直接查看到与库相关的例子，如图 2–71 所示。

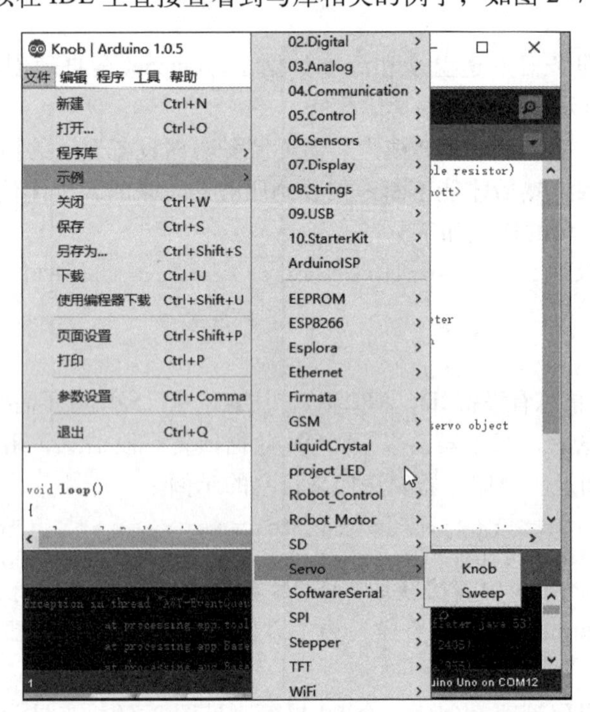

图 2–71　查看与库相关的例子

物联网集成实训

3.1 制作声音控制的 LED

1．实训准备

本实训要求学生认识常见的电子元器件，掌握焊接的基本方法，理解电路图和印制电路板之间的对应关系，掌握数字集成电路的基本使用方法，锻炼学生的焊接、电路识图、焊接实作、数字电路分析能力，本实训组装好的成品如图 3–1 所示。

（1）实训器材：电烙铁（1 把）、松香（1 盒）、无铅焊锡丝（1 卷）、万用表（1 块）、吸锡器（1 个）、烙铁架（1 个）、镊子（1 把），如图 3–2 所示。

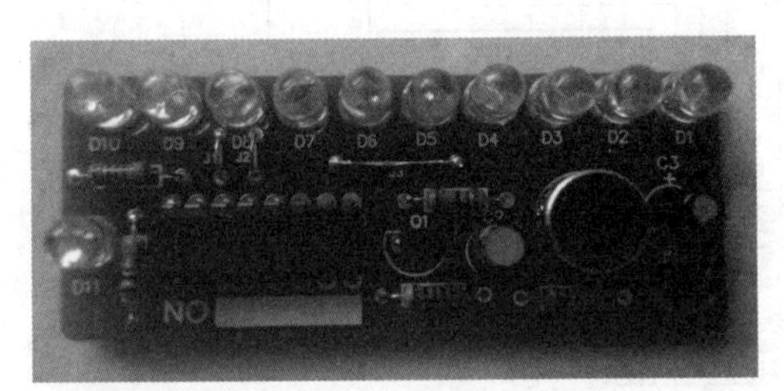

图 3–1　本实训组装好的成品

图 3–2　实验器材

（2）元件清单：

电阻：470 Ω（2 个）、20 kΩ（2 个）、2 MΩ（1 个）。

电容：100 μF（1 个）、1 μF（1 个）。

二极管：发光二极管（11 个）。

三极管：S9014 NPN 管（1 个）。

集成电路：CD4017（十进制计数器，1 个）。

驻极体话筒：（1 个）。

接插件：2P 插针（1 个）。

印制电路板：（1 块）。具体实物如图 3–3 所示。

（3）功能介绍：本电路具有很好的效果，极具趣味性和实用性。采用数字集成电路CD4017十进制计数器实现利用声音控制11个LED依次发光，非常直观地展示CD4017的功能，是学习计数器、分频器、彩灯控制器的首选套件，如图3–4所示。

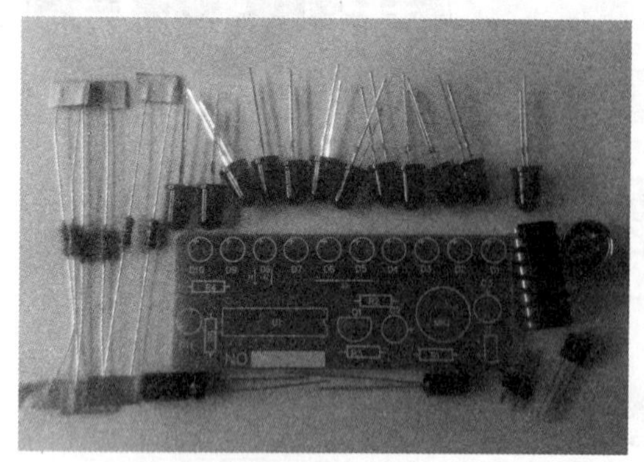

图3–3　元件实物

图3–4　成品效果

10个LED随声音大小和高低依次发光，像流水一样。声音越大速度越快，每循环1次D11闪亮1次，能将CD4017的功能完全直观地展示出来。工作电压为3~5 V均可，电压越高LED会越亮。

（4）电路原理图，如图3–5所示。

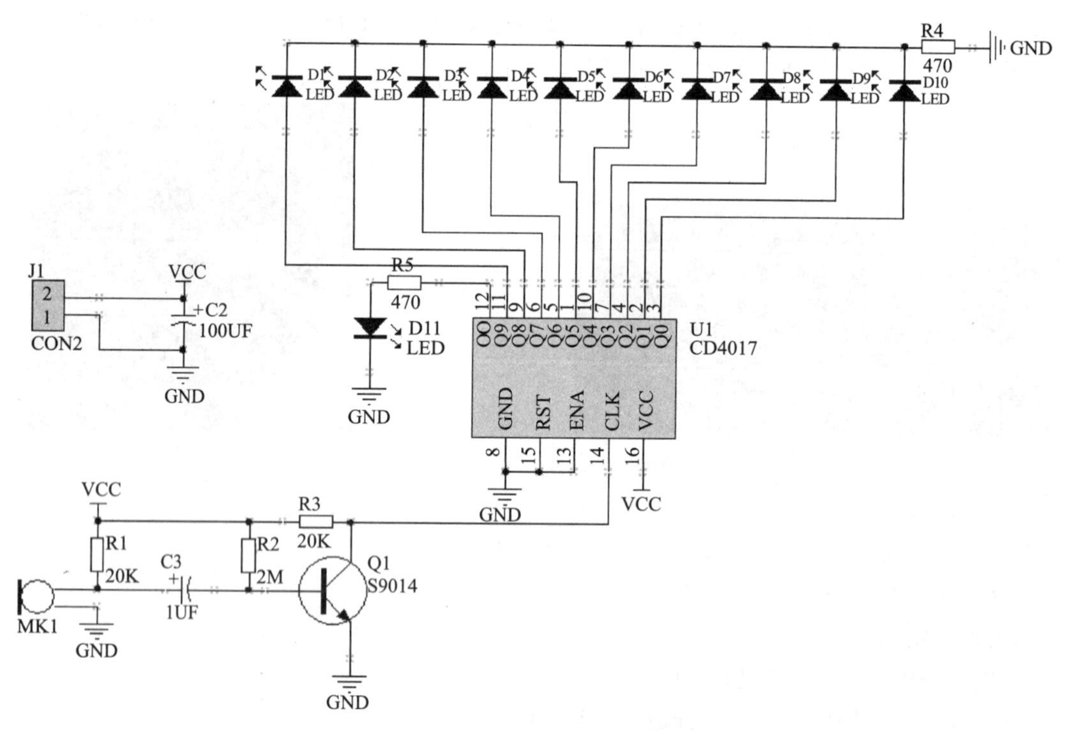

图3–5　声控LED灯电路原理图

2．电路仿真

电路仿真，顾名思义就是设计好的电路图通过仿真软件进行实时模拟，模拟出实际功能，然后通过对其分析改进，从而实现电路的优化设计，是 EDA（电子设计自动化）的一部分。市面上有各种类型的仿真器，如 Multisim、Tina、Proteus、Cadence、Matlab 仿真工具包 Simulink 及 Altium Designer 等，性能优异，专业性强，对初学者不宜入门。

AUTODESK 公司推出了一款基于免费云服务的电路仿真软件系统 Tinkercad Circuits（网址 www.tinkercad.com）。这个软件简单实用，是一款免费且易于使用的面包板模拟器，提供了足够多的组件可以使用，是该公司原来的“123D Circuits”的升级版。将在实训过程中，利用 Tinkercad Circuits 来熟悉电路的基础知识。

要开始使用，请访问 Tinkercad 的网站，然后创建一个账户或登录现有账户。选择屏幕左侧的 Circuits，然后单击“创建新电路”按钮，如图 3–6 所示。

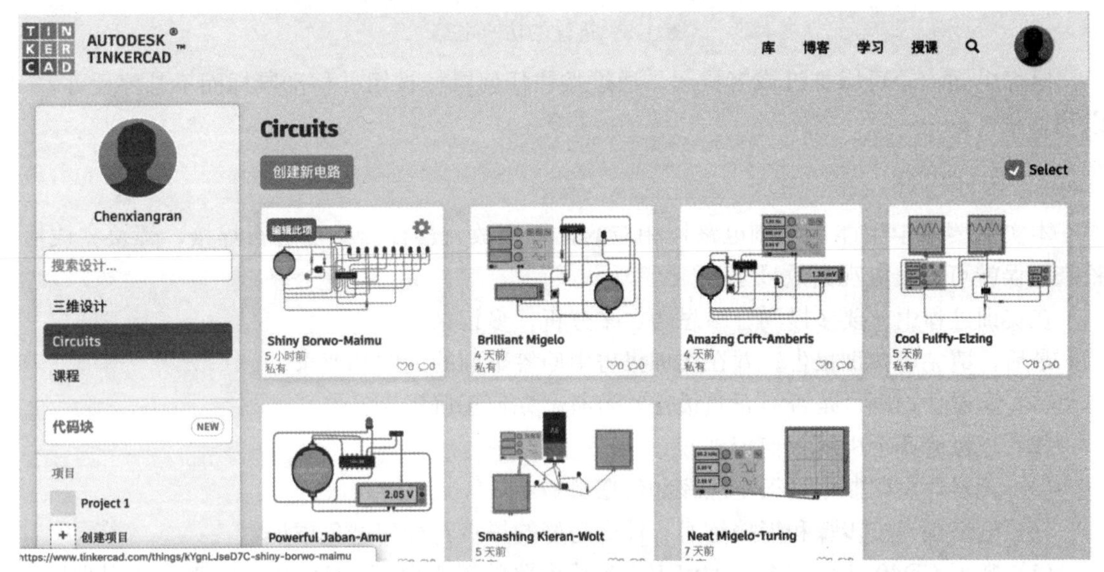

图 3–6　Tinkercad 的网站

通过按住任何鼠标按钮并移动鼠标而不悬停元件，可以移动元件位置，如图 3–7 所示。

图 3–7　元器件的显示与移动

在此软件中，还不能仿真驻极体话筒，因此，需要修改电路，才能仿真模拟。主要是将一个光敏电阻接到三极管基极（R2），将原来的 R1、C3、话筒取消，如图 3–8 所示。

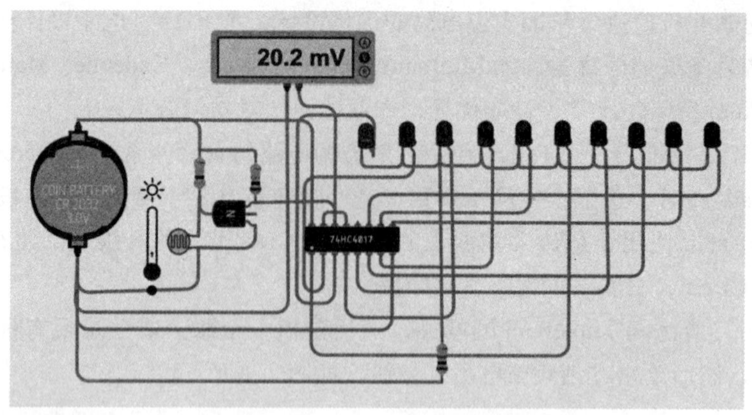

图 3–8　搭建的仿真电路

鼠标中间滚轮可以推进或者拉远，通过按住任何鼠标按钮并移动鼠标而不悬停元件，可以移动相机。

3．实训内容

本实训要求学生能在印制电路板相应的位置摆放元器件，然后进行焊接，焊接完成后，检查无误就可以通电观察效果了。

在实训过程中，要多提问，多思考，多分析，多记录。

最后，请完成实训报告，并在实训报告中回答下面的问题和要求。

（1）元器件识别，是否有正负极性？若有，如何正确识别？

（2）三极管 3 个引脚如何识别？

（3）元器件在印制电路板上应该如何摆放？

（4）电烙铁焊接步骤和焊接练习。什么是好的焊点？如何避免虚焊？

（5）掌握 CD4017 引脚图，如何识别集成电路的第 1 引脚？ 15 引脚 RST、13 引脚 ENA 应该如何接线，为什么？ 14 引脚 CLK 的作用是什么？

（6）电路如果不能正常运转，请分析问题所在，并尝试解决。

（7）请分析两个电容的作用是什么？可以在电路中互换吗？

（8）470 Ω 电阻的作用是什么？是否可以取消？为什么？

（9）要求完成自己的印制板图。

3.2 Arduino 剪刀石头布游戏

本实训要求学生熟练掌握 Arduino 编程，会根据接口选用合适的库，并编写程序来实现。

实训器材：Arduino Uno 主板（1 块）、Servo SG90 电动机（3 台）、红外壁障开关（1 个）、剪刀 / 石头 / 布手型的硬板纸（各 1 个）、导线（若干）。

3.3 Arduino 制作智能垃圾桶

本实训要求学生熟练掌握 Arduino 编程，会根据接口选用合适的库，并编写程序来实现。

实训器材:Arduino Uno 主板（1 块）、Servo SG90 电动机（1 台）、红外壁障开关（1 个）、普通垃圾桶（1 个）、机械机构（1 个）、导线（若干）。

3.4 ESP8266 温湿度云平台

本实训要求学生熟练掌握 ESP8266 的 Arduino 平台编程，会根据接口选用合适的库，并编写程序来实现。

实训器材：ESP8266 主板（1 块）、DHT11 温湿度传感器（1 只）、支持无线访问 Internet 网络、拥有中国移动 OneNET 平台开发者账号、导线（若干）。

3.5 ESP8266 制作智能插座

本实训要求学生熟练掌握 ESP8266 的 Arduino 平台编程，会根据接口选用合适的库，并编写程序来实现。

实训器材:ESP8266 主板（1 块）、3.3V 驱动 220V 继电器（1 只）、普通电源插座（1 个）、支持无线访问 Internet 网络、拥有中国移动 OneNET 平台开发者账号、导线（若干）。

图形符号对照表

图形符号对照表见表 A-1。

表 A-1　图形符号对照表

序　号	名　　称	国家标准的画法	软件中的画法
1	电位器		
2	电阻		
3	发光二极管		
4	二极管		
5	接地		
6	按钮开关		
7	电解电容	+	+
8	三极管